"十三五"职业教育国家规划教材

高等职业教育计算机类课程新形态一体化教材

U0730895

计算机应用基础
（Windows 7+Office 2016）（第4版）

主　编　张　宇　胡晓燕　敬国东
副主编　凌　艳　刘晓蓉　刘　胜　周扬玲

智慧职教学习平台／微课／教学课件 PPT／案例与素材／整体教学设计
习题与操作答案／课程标准／授课计划

"互联网＋"教材
"用微课学"系列

010100101010
010100101010
010100101010

高等教育出版社·北京

内容简介

本书为"十三五"职业教育国家规划教材，同时为国家精品资源共享课程"计算机文化基础"的配套教材。

本书是在国家精品资源共享课程"计算机文化基础"的基础上，融入先进的高等职业教育理念，参照教育部考试中心颁发的全国计算机等级考试大纲一级的要求和教育部办公厅印发的《高等职业教育专科信息技术课程标准（2021 年版）》而编写的。全书内容包括计算机基础知识、计算机硬件与软件基础知识、Windows 7 操作系统、Microsoft Office 2016 办公自动化软件、计算机网络基础与应用。

本书以学生为主体，通过实际工作过程中的典型工作任务来进行训练，培养学生解决和处理实际问题的能力，将被动学习转变为主动学习，突出学生能力的培养，更加符合职业技术教育的特点和规律。

本书配有 103 个微课视频、授课用 PPT、案例素材、任务工作单、学习指导等丰富的数字化学习资源。与本书配套的数字课程"计算机文化基础"已在"智慧职教"网站（www.icve.com.cn）上线，学习者可以登录网站进行在线学习及资源下载，授课教师可以调用本课程构建符合自身教学特色的 SPOC 课程，详见"智慧职教"服务指南。本书同时配有 MOOC 课程，学习者可以访问"智慧职教 MOOC 学院"（mooc.icve.com.cn）进行在线开放课程学习。教师也可发邮件至编辑邮箱1548103297@qq.com 获取相关资源。

本书既可作为高职高专院校信息技术基础课程相关的教材，也可作为全国计算机等级考试一级的指导教材，还可作为办公自动化从业人员的技术参考书。

图书在版编目（CIP）数据

计算机应用基础：Windows 7+Office 2016 / 张宇，
胡晓燕，敬国东主编. --4 版. --北京：高等教育出版
社，2021.8（2022.6 重印）
ISBN 978-7-04-056296-5

Ⅰ．①计… Ⅱ．①张… ②胡… ③敬… Ⅲ．①
Windows 操作系统－高等职业教育－教材 ②办公自动化－应
用软件－高等职业教育－教材 Ⅳ．①TP316.7 ②TP317.1

中国版本图书馆 CIP 数据核字（2021）第 122333 号

Jisuanji Yingyong Jichu

策划编辑	许兴瑜	责任编辑	许兴瑜	封面设计	姜 磊	版式设计	马 云
插图绘制	于 博	责任校对	刘丽娴	责任印制	刘思涵		

出版发行	高等教育出版社	网　址	http://www.hep.edu.cn
社　　址	北京市西城区德外大街 4 号		http://www.hep.com.cn
邮政编码	100120	网上订购	http://www.hepmall.com.cn
印　　刷	北京汇林印务有限公司		http://www.hepmall.com
开　　本	787 mm×1092 mm　1/16		http://www.hepmall.cn
印　　张	15.75	版　次	2012 年 6 月第 1 版
字　　数	450 千字		2021 年 8 月第 4 版
购书热线	010-58581118	印　次	2022 年 6 月第 3 次印刷
咨询电话	400-810-0598	定　价	43.00 元

▮ "智慧职教"服务指南

"智慧职教"是由高等教育出版社建设和运营的职业教育数字教学资源共建共享平台和在线课程教学服务平台,包括职业教育数字化学习中心平台(www.icve.com.cn)、职教云平台(zjy2.icve.com.cn)和云课堂智慧职教 App。用户在以下任一平台注册账号,均可登录并使用各个平台。

- 职业教育数字化学习中心平台(**www.icve.com.cn**):为学习者提供本教材配套课程及资源的浏览服务。

登录中心平台,在首页搜索框中搜索"计算机文化基础",找到对应作者主持的课程,加入课程参加学习,即可浏览课程资源。

- 职教云(**zjy2.icve.com.cn**):帮助任课教师对本教材配套课程进行引用、修改,再发布为个性化课程(**SPOC**)。

1. 登录职教云,在首页单击"申请教材配套课程服务"按钮,在弹出的申请页面填写相关真实信息,申请开通教材配套课程的调用权限。

2. 开通权限后,单击"新增课程"按钮,根据提示设置要构建的个性化课程的基本信息。

3. 进入个性化课程编辑页面,在"课程设计"中"导入"教材配套课程,并根据教学需要进行修改,再发布为个性化课程。

- 云课堂智慧职教 **App**:帮助任课教师和学生基于新构建的个性化课程开展线上线下混合式、智能化教与学。

1. 在安卓或苹果应用市场,搜索"云课堂智慧职教"App,下载安装。

2. 登录 App,任课教师指导学生加入个性化课程,并利用 App 提供的各类功能,开展课前、课中、课后的教学互动,构建智慧课堂。

"智慧职教"使用帮助及常见问题解答请访问 **help.icve.com.cn**。

前　言

目前，以工学结合人才培养模式带动专业建设并引领课程改革，是国家"双高计划"建设中"三教"改革新发展阶段的重要内容。由于计算机技术作为核心的信息技术，已成为人们工作、学习、生活的重要组成部分，掌握计算机的基本操作技能并具备良好的信息素养已成为学校培养高素质专业技术人才的基本要求之一。

本套教材包括《计算机应用基础（Windows 7+Office 2016）（第 4 版）》和《计算机应用基础实训（Windows 7+Office 2016）（第 4 版）》，教材参考了教育部提出的计算机教学基本要求和办公软件国家职业标准，以国家精品资源共享课程"计算机文化基础"为基础，以智慧职教 MOOC 学院和中国大学MOOC 为学习平台，将先进的高等职业教育理念与新型教学模式"翻转课堂"深度融合，构建了"一书、一课、一空间"的创新思路，并按照教育部考试中心颁发的全国计算机等级考试大纲一级要求和教育部办公厅印发的《高等职业教育专科信息技术课程标准（2021 年版）》而编写，是一套有关计算机基础知识与基本技能较为全面、系统的教学用书。本书具有以下特点。

第一，以"学生为中心"，每个章节（学习情境）通过工作任务单和学习指导的形式引导学生进行学习，采用"引导、解析、体验、反思"的教学理念，让学生知道"学什么"→"怎么学"→"怎么用"。

第二，通过学习情境设计来组织内容，每个学习情境都通过一个实际任务项目贯穿整个知识学习和能力培养，一方面提升学生的计算机信息素养，另一方面培养学生应用计算机解决工作、学习、生活中实际问题的能力，具有情景真实性、过程可操作性、结果可检验性的特点。

第三，选取的任务具有综合性、代表性和实用性，与实际工作紧密联系，操作性强，内容具体，要求明确，文字简练，实例丰富，图文并茂，非常便于读者操作和理解。

第四，将"微课"融入教材中，实现学生"随扫随学"，真正实现学生学习"动"+"静"的结合，同时提供立体化教学配套资源，便于教师备课和学生自学。

《计算机应用基础（Windows 7+Office 2016）（第 4 版）》全书共分 7 章，其主要任务是承担知识与方法的学习。《计算机应用基础实训（Windows 7+Office 2016）（第 4 版）》一书为其配套的实训教材，其主要任务是承担知识与方法实践应用的训练指导，实训教材提供了与主教材配套的基础训练和应用实践两大部分内容，并构建了一套完整的步进式训练体系，包括基础训练、定向训练、创意训练、提升训练、综合训练和专项能力训练等，系统地指导学生进行知识学习和职业化训练，以便更好地配合主教材完成课程要求。表 a 是课程教学学时安排，课程总学时计划为 48 学时。课程采用理实一体化教学模式进行教学，在教学过程中，可根据不同专业的具体要求进行缩减教学学时。

表 a 参考学时安排表

序号	章　名	学　时
1	计算机基础知识	4
2	计算机硬件与软件基础知识	4
3	Windows 7 操作系统	8
4	文字处理软件 Word 2016	12
5	电子表格软件 Excel 2016	10
6	演示文稿制作软件 PowerPoint 2016	8
7	计算机网络基础与应用	2
共计		48

本书配套的课程资源见表 b（在线开放课程网址：http://www.icourse163.org/course/CAVTC-1205915803）。

表 b 课程资源表

序号	资源名称	使用对象	资源类型
1	课程导论	教师、学生、社会学习者	Word 文档
2	课程标准	教师、学生、社会学习者	Word 文档
3	授课计划	教师、学生、社会学习者	Word 文档
4	教学设计	教师	Word 文档
5	教案	教师	Word 文档
6	试题样卷	教师、学生、社会学习者	Word 文档
7	说课	教师、学生、社会学习者	MP4 文档
8	教学课件	教师、学生、社会学习者	PPT 文档
9	任务案例与素材	教师、学生、社会学习者	PPT 文档、Word 文档
10	微课	教师、学生、社会学习者	MP4 文档
11	动画	教师、学生、社会学习者	SWF 文档
12	习题与操作	教师、学生、社会学习者	Word 文档
13	习题与操作答案	教师、学生、社会学习者	Word 文档
14	任务工作单	教师、学生、社会学习者	Word 文档
15	学习指导	教师、学生、社会学习者	Word 文档
16	学习任务单	教师、学生、社会学习者	Word 文档
17	学生作品	教师、学生、社会学习者	Word 文档
18	其他资源（小技巧、急救箱、小故事、名词术语解释等）	学生、社会学习者	Word 文档
19	课程考核与评价	教师、学生、社会学习者	Word 文档、PPT 文档
20	在线测试	学生、社会学习者	网站：ASP+Access

本书由多位拥有丰富工程、教学和教材建设经验的一线教师合作编写。四川大学博士生导师周激流教授担任主审；成都航空职业技术学院张宇教授、胡晓燕副教授、四川中医药高等专科学校敬国东副教授担任主编；成都航空职业技术学院凌艳、成都工业职业技术学院刘晓蓉、四川中医药高等专科学校刘胜和周扬玲担任副主编；参与编写的还有成都航空职业技术学院肖伟、郭春梅，四川中医药高等专科学校刘成、徐晓颖、李麟、王伟，四川文化产业职业学院李玉梅、张怀萍、王建中、尹亮、李群维、黄栋南、李佳明、谭蓉。全书微课由成都航空职业技术学院胡晓燕和张宇完成。

在本书的编写过程中，高等教育出版社给予了大力支持和指导，在此表示衷心的感谢。

由于编者水平有限，尽管在编写过程中做了许多努力，但书中难免存在缺点和疏漏之处，敬请广大读者批评指正。编者邮箱：925969384@qq.com。

编　者

2021 年 6 月

目　录

第 1 章　计算机基础知识

1-1 任务工作单
认识计算机

学习情境：认识计算机

学习目标：了解计算机及其发展与应用；熟悉计算机中的数据表示方法，掌握数制及不同进制数的转换；理解计算机病毒与黑客的概念及其防护措施；熟悉多媒体技术；了解云计算、物联网、移动互联网、大数据、人工智能等计算机新技术。

学习内容：

- 计算机的发展与应用。
- 计算机中信息的表示与编码。
- 数制及制数间的转换。
- 计算机信息安全。
- 多媒体技术。
- 计算机新技术。

教学方法建议：引导、解析、体验、反思。

21 世纪的文盲是怎么定义的呢？联合国重新定义了新世纪的文盲：第一类是不能读书识字的人；第二类是不能识别现代社会符号的人；第三类是不能使用计算机进行学习、交流和管理的人。

输入3w点
163点com

3w.163.com

学习单元 1.1　走进计算机世界

1–2 学习指导
走进计算机世界

1–3 学习工作单
走进计算机世界

🎯 单元目标

> 通过对信息社会的了解，能充分认识计算机技术在信息社会中的核心地位。

21 世纪被称为信息时代，其标志就是计算机的广泛应用。随着电子计算机的出现，人类社会迈进了一个高速发展的信息时代，使人类迅速进入了信息社会，这也彻底改变了人们的工作方式和生活方式，对人类的整个历史发展有着不可估量的影响。在 21 世纪，掌握以计算机为核心的信息技术的相关基本知识与应用，是现代大学生必备的基本素质。

工作任务 1.1.1　了解计算机的发展历程

⚙️ 任务目标

明确什么是计算机及其特征，了解计算机的发展历程与应用领域，理解计算机的主要技术指标。

📝 任务描述

PPT 第 1 讲
走进计算机世界

① 回顾计算机的发展，体会电子技术对计算机发展的影响。
② 明确电子计算机的基本特征。
③ 了解计算机的应用领域。
④ 理解计算机的主要技术指标。

⚙️ 任务实现

从人类发明计算机以来，计算机的功能就一直被不断拓展延伸。从最开始应用于科学计算，到后来与网络相连接，以互联网为中心的网络信息技术，将人类从传统的文字、绘画的信息传递方式，转变为以电子邮件、手机短信以及新兴媒体微博、微信等为渠道的信息沟通方式。人们还可以足不出户就可以通过网上售票系统订购飞机票、在网络商城里悠闲购物、在网上图书馆查阅相关书籍资料，以及处理实验数据而不再通过不准确的手动计算，只要使用相应的软件就可得到精确的结论，并对比世界上其他实验者的实验数据……下面就一起走进计算机世界吧！

计算机是一种能按照事先存储的程序，自动、高速地进行大量数据计算和信息处理的电子设备。那么，计算机从诞生到现在是怎样发展的呢？

1. 计算机的诞生

计算机从发明至今只有 70 多年的历史。为了解决导弹弹道计算问题，1946 年 2 月，世界上第一台电子数字计算机 ENIAC（Electronic Numerical Integrator And Calculator，电子数字积分器和计算器）在美国宾夕法尼亚大学诞生，如图 1-1-1 所示。ENIAC 共使用了 18 800 个电子管、8 000 多个电阻、电容，占地 160 平方米，功率 150 千瓦，重量达 30 多吨。它虽然是一个庞然大物，但可以进行 5 000 次每秒的加法运算，它没有今天的键盘和鼠标，人们只能通过搬动其庞大面板上的无数开关向计算机输入信息。ENIAC 的诞生标志着计算机时代的到来，揭开了人类科技的新纪元，也是人们所称的第四次科技革命（信息革命）的开端。

人物介绍
冯·诺依曼

图 1-1-1
ENIAC 的局部照片

2. 计算机的发展历程

从 ENIAC 诞生到现在，电子计算机的发展和普及可谓一日千里，如今已渗透到社会生活的各行各业。对于电子计算机的发展，研究界根据不同的角度提出了很多种划分方法。有人认为电子计算机的发展应分为巨型计算机、微型计算机、计算机网络 3 个时代；还有人认为目前已发展到了"智能化时代"……这些划分方法都有一定的理论根据，但也存在不足之处。

如果根据主要电子元器件的不同进行划分，计算机从诞生到现在经历了 5 个发展阶段，前 4 个发展阶段见表 1-1-1。

表 1-1-1 计算机的发展阶段

发展阶段	时 间	主要元器件	主存储器	特 点
第一代	1946—1957 年	电子管	汞延迟或磁鼓	运行速度慢、可靠性差、体积庞大、耗电量大、造价高
第二代	1958—1964 年	晶体管	磁心	可靠性、体积、能耗、速度、价格远胜电子管，出现了高级语言
第三代	1965—1970 年	集成电路	半导体	体积、功耗进一步减小，可靠性和运算速度进一步提高，操作系统逐渐成熟，出现多种应用软件
第四代	1971—1980 年	大规模和超大规模集成电路	集成度更高的半导体	性能大幅提高，价格大幅下降，操作系统和高级语言功能越来越强大，应用软件多样，出现了多媒体技术

在上述计算机的 4 个发展阶段中，沿用至今的著名的冯·诺依曼原理——"存储程序和程序控制"便应运而生。

到 20 世纪 80 年代初，人们开始研究第五代电子计算机。第五代电子计算机即智能计算机。智能计算机突破了传统的冯·诺依曼式机器的概念，舍弃了二进制结构。其显著特点是具有人的部分智能。它具有理解自然语言、声音、文字和图像的能力，人机能够用自然语言直接对话，而不必编制程序，只要发出命令或提出某一要求，计算机就会自动完成所需程序并提供结果。

3. 电子计算机的基本特征

现代体系的电子计算机已发展了几十年，从其硬件结构来看，都是基于冯·诺依曼思想设计的计算机。冯·诺依曼提出的主要设计思想体现在以下 3 个方面：一是计算机的硬件核心由 5 部分组成，包括控制器、运算器、存储器、输入设备和输出设备；二是计算机采用二进制表示数据；三是程序与数据一起存储在内存中。因此，计算机具有运算速度快、计算精度高、超强记忆和逻辑判断能力及自动化程度高等基本特征。

4. 计算机的发展趋势

随着时代的进步，计算机将朝着超高速、超小型和智能化等方向发展，具有感知、思考、判断、学习和应用一定自然语言的能力。未来的计算机将是微电子技术、光学技术、超导技术和电子仿生技术相互结合的产物。

（1）量子计算机

量子计算机是一类遵循量子力学规律进行高速数学和逻辑运算、存储及处理量子信息的物理装置。

量子计算机的特点主要有运行速度较快、处置信息能力较强、应用范围较广等。与一般计算机相比，量子计算机拥有强大的量子信息处理能力，对于目前海量的信息，使用量子计算机实施运算就更加有利，更能确保运算的精准性。

（2）光子计算机

光子计算机即全光数字计算机。它利用光子取代电子进行数据运算、传输和存储。光子计算机可以对复杂度高、计算量大的任务实现快速地并行处理。光子计算机将使运算速度在目前基础上呈指数上升，具有超高速运算速度。

（3）分子计算机

分子计算机具有体积小、耗电少、运算快、存储量大的特点。其运算过程是蛋白质分子与周围介质相互作用的过程。它将在医疗诊治、遗传追踪和仿生工程中发挥无法替代的作用。

（4）纳米计算机

纳米计算机是用纳米技术研发的新型高性能计算机。纳米管元件尺寸一般在几到几十纳米，质地坚固，有极强的导电性，能代替硅芯片制造计算机。它几乎不消费任何能源，性能远高于今天的计算机。纳米计算机体积小、造价低、存储量大、性能好，将会逐渐取代芯片计算机。

总之，在不久的将来，会诞生超导计算机、神经网络计算机等全新的计算机，届时计算机将发展到一个更高、更先进的水平。

工作任务 1.1.2　了解计算机的主要应用领域

⚙ 任务目标

　　通过了解计算机的应用领域，充分认识计算机所具有的重要地位。

📝 任务描述

　　熟悉计算机的应用领域，从中感受计算机给人们带来的巨大影响。

📑 任务实现

　　随着计算机技术的高速发展，根据计算机的工作原理、用途或性能，可划分出不同种类的计算机，如按性能划分，可分为巨型机、大型机、小型机、微型机。不同类型的计算机所应用的领域也有所不同。但归纳起来，计算机的应用领域主要有以下几个方面。

　　1．科学研究和科学计算

　　科学研究和科学计算主要是利用电子计算机来完成科学研究和工程设计中的数学计算，是计算机最基本的应用。

　　2．信息传输和信息处理

　　信息传输和信息处理主要是利用计算机的高速度、逻辑计算能力和存储能力等特性，将大量数据输入计算机并进行存储、加工、计算、分类和整理，为用户提供检索和排序等服务。

　　3．自动化控制

　　自动化控制也称过程控制或实时控制，它利用计算机的高速度和高精度及时收集并检测数据，按最佳值进行自动控制或自动调节控制对象。这是实现生产自动化的重要手段。

　　4．计算机辅助设计

　　计算机辅助设计（Computer Aided Design，CAD）是用计算机帮助人们进行产品的设计，这不仅可以加快设计过程，还可以缩短产品的研制周期。

　　5．计算机辅助制造

　　计算机辅助制造（Computer Aided Manufacturing，CAM）是利用计算机控制各种机床和设备，从而实现产品的加工、装配、检测和包装等的一种自动化技术。

　　6．计算机辅助教学

　　计算机辅助教学（Computer Aided Instruction，CAI）是用户通过与计算机之间的交互实现教学的技术。

学习提示

计算机作为一个不可缺少的现代化工具，在职业教育领域占有重要地位并被广泛使用。例如，模具设计与制造专业使用计算机及 CAD/CAM 软件工具，运用模具技术和相关工程技术，从事产品成型工艺与模具设计、模具制造工艺编制、模具装配调试、现代模具制造设备操作和模具项目生产组织与管理工作；又如，电气自动化技术专业以计算机为主要信息工具，运用电气设备和自动化装置，从事电力拖动与电气控制、工业自动化设备运行、测控技术应用和自动控制系统，以及现场生产的组织与管理工作；再如，材料成型与控制技术专业利用计算机进行材料科学与行为工艺的计算机模拟设计，材料数据库和新材料、新合金的设计及数控加工工艺设计与程序设计，从事调度、计划和生产管理工作。

通过自己所学专业和周边的实例不难发现，计算机应用越来越广。若要进一步直观认识计算机的应用，可观看微课 1-2：计算机的应用。

工作任务 1.1.3　了解计算机的主要技术指标

任务目标

明确计算机主要技术的性能指标。

任务描述

通过对一台微型计算机的使用，了解影响微型计算机的速度、可靠性、可用性和可维护性的主要技术指标。

任务实现

1. 字长

字长是计算机运算部件一次能同时处理的二进制数据的位数。字长越长，计算机的处理能力就越强。

微型计算机的字长总是 8 的倍数，如 8 位、16 位、32 位、64 位等。字长越长，数据的运算精度就越高，计算机的运算能力也就越强，可寻址的空间也就越大。因此，微型计算机的字长是一个很重要的技术性能指标。

2. 主频

主频是指计算机运行时每秒的时钟频率，其计量基本单位是 Hz。一般而言，主频越高，运算速度越快。现在的计算机 CPU 主频已达到 4 GHz，而且还是多核处理器，处理速度相当快。

3. 运算速度

计算机的运算速度通常是指每秒钟所能执行的加法指令数目，常以百万次每秒（MIPS）来表示。这个指标能直观反映机器的速度。

4. 存储容量

存储容量包括内存容量和外存容量，这里主要指内存储器的容量。

内存容量越大，机器所能运行的程序就越大，处理能力就越强。尤其是当前微型计算机的应用多涉及图像信息处理，因此要求的存储容量会越来越大。在某些情况下，如果没有足够大的内存容量，就无法运行某些软件。

5. 存取周期

内存储器的存取周期也是影响整个计算机系统性能的主要指标之一。

6. 外部设备的配置

主机所配置的外部设备的多少与好坏，也是衡量计算机综合性能的重要指标。

7. 软件的配置

合理安装与使用软件可以充分发挥计算机的作用和效率。

8. 可靠性、可用性和可维护性

可靠性是指在给定时间内，计算机系统能正常运转的概率。可用性是指计算机的使用效率。可维护性是指计算机的维修效率。可靠性、可用性和可维护性越高，计算机系统的性能就越好。

此外，还有一些评价计算机的综合指标，如系统的兼容性、完整性、安全性及性能价格比等。

工作任务 1.1.4　认识计算机中数据的表示方法

任务目标

能认识计算机中数据的表示方法，熟悉 ASCII 码表；能借助二进制、八进制、十进制、十六进制之间的换算方法完成不同进制之间的转换；能利用二进制数据算术运算和逻辑运算的方法完成二进制数据的算术运算和逻辑运算。

任务描述

① 熟悉计算机内部信息的表示和编码方法。
② 掌握二、八、十、十六进制数之间的相互转换。
③ 掌握二进制数据的算术运算和逻辑运算。

任务实现

1. 常用计数单位与换算

计算机中用到的信息单位主要有位和字节等。

（1）位

在计算机内部，无论是存储过程、处理过程、传输过程，还是用户数据、各种指令，使用的都是由 0、1 组成的二进制数。二进制数中的每一个数位称为位。位是计算机存储数据的最小单位，用比特（bit）表示。bit 为 binary digit 的缩写，简写为 b。

（2）字节

字节（byte）简记为 B。1 字节由 8 位二进制数组成：1 B=8 bit。由 0 或 1 两个数组成的一个 8 位二进制数，从 00000000、00000001、00000010 一直到 11111111，共计有 2^8=256 种变化，即一个字节最多可以有 256 个值。字节这个单位非常小，就像质量单位中的克（g）。为了描述大量数据，定义了千字节（KB）、兆字节（MB）、吉字节（GB）、太字节（TB）、拍字节（PB）等单位。它们遵循如下规律，即后者是前者的 2^{10} 倍。

$$1 \text{ KB}=2^{10} \text{ B}=1\ 024 \text{ B}$$
$$1 \text{ MB}=2^{10} \text{ KB}=1\ 024 \times 1\ 024 \text{ B}$$
$$1 \text{ GB}=2^{10} \text{ MB}=1\ 024 \times 1\ 024 \times 1\ 024 \text{ B}$$
$$1 \text{ TB}=2^{10} \text{ GB}=1\ 024 \times 1\ 024 \times 1\ 024 \times 1\ 024 \text{ B}$$
$$1 \text{ PB}=2^{10} \text{ TB}=1\ 024 \times 1\ 024 \times 1\ 024 \times 1\ 024 \times 1\ 024 \text{ B}$$

2. 字符的 ASCII 编码

由于计算机内部只能识别二进制数，因此，要在计算机中实现字符和汉字的存储和传输，必须使每一个字符或汉字对应不同的二进制编码。

字符包括英文字母、数字和符号。它们对应的编码很多，但目前国际上广泛采用的是 ASCII 码（American Standard Codes for Information Interchange，美国国家信息交换用标准字符码），已被国际标准化组织（International Organization for Standardization，ISO）所采用。

从表 1-1-2 中可以看出，一个 ASCII 码的长度不超过 8 个二进制位。因此，保存一个 ASCII 码只需要 1 字节，而 ASCII 码只会占用 1 字节中的低 7 位，最高位为校验位。如果最高位为 0，表示是西文字符；如果最高位为 1，表示是中文编码。例如，字符 A 的 ASCII 码为 01000001。

急救箱 ASCII 码转换的解决办法

表 1-1-2　ASCII 码表

低4位 ＼ 高4位	0000	0001	0010	0011	0100	0101	0110	0111
0000	NUL	DEL	SP	0	@	P	、	p
0001	SOH	DC1	!	1	A	Q	a	q
0010	STX	DC2	"	2	B	R	b	r
0011	EXT	DC3	#	3	C	S	c	s
0100	EOT	DC4	$	4	D	T	d	t
0101	ENQ	NAK	%	5	E	U	e	u
0110	ACK	SYN	&	6	F	V	f	v
0111	BEL	ETB	,	7	G	W	g	w
1000	BS	CAN	(	8	H	X	h	x
1001	HT	EM	)	9	I	Y	i	y
1010	LF	SUB	*	:	J	Z	j	z
1011	VT	ESC	+	;	K	[	k	{
1100	FF	FS	.	<	L	\	l		
1101	CR	GS	−	=	M	]	m	}
1110	SO	RS	。	>	N	↑	n	~
1111	SI	US	/	?	O	↓	o	DEL

3. 数的进制

数制即表示数值的方法，有进位数制和非进位数制两种。表示数值的数码与它在数中位置无关的数制称为非进位数制，如罗马数字就是典型的非进位数制。按进位的原则进行计数的数制称为进位数制（简称进制）。对于任何进位数制 R 中的任意数 N 可表示为

$$N = a_{n-1} \times r^{n-1} + a_{n-2} \times r^{n-2} + \cdots + a_0 \times r^0 + a_{-1} \times r^{-1} + \cdots + a_{-m} \times r^{-m}$$

该表达式称为 R 进制的按权展开式，并可记为

$$N = \sum_{i=-m}^{n-1} a_i \times r^i$$

其中，r 表示基数，表示 R 进制数可用 r 个基本符号（如 $0,1,2,\cdots,r-1$）表示数值。

例如，基数 r 为 10，表示该进制为十进制，该进制有 10 个基本符号，分别为 $0,1,2,\cdots,9$，计算方法为逢十进一。表达式中 a_{n-1}，a_{n-2}，$\cdots$，a_{-m} 都称为数码。表达式中 r^{n-1}，r^{n-2}，$\cdots$，r^{-m} 都称为位权，意指数码在不同位置上的权值，即在进位计数制中，处于不同数位上的数码所代表的数值大小是不同的。例如，十进制数 4 094 最左边的 4 代表 4 000，最右边的 4 代表 4。

在日常生活中，除了十进制外，还有常见的六十进制、二十四进制、七进制等，但在计算机中常用的进制有二进制、八进制和十六进制。表 1-1-3 所示为十进制、二进制、八进制及十六进制之间的对应关系。

表 1-1-3　十进制、二进制、八进制及十六进制之间的对应关系

十进制	二进制	八进制	十六进制	十进制	二进制	八进制	十六进制
0	0	0	0	9	1001	11	9
1	1	1	1	10	1010	12	A
2	10	2	2	11	1011	13	B
3	11	3	3	12	1100	14	C
4	100	4	4	13	1101	15	D
5	101	5	5	14	1110	16	E
6	110	6	6	15	1111	17	F
7	111	7	7	16	10000	20	10
8	1000	10	8	17	10001	21	11

当两种以上进制的数据同时出现时，可以用两种书写方法来区分。第一种是用括号将数括起来，右边用角码标明基数。例如，$(5\,621)_{10}$、$(716)_8$、$(10\,111)_2$、$(A5B)_{16}$ 这 4 个数分别是十进制、八进制、二进制和十六进制数。第二种是在数值后分别跟字母 D（Decimal）、O（Octal）、B（Binary）、H（Hexadecimal），D、O、B、H 分别代表十进制、八进制、二进制和十六进制，如 5621D、716O、10111B、A5BH。

4. 各种进制数间的转换

（1）按权展开法

这种方法适用于将 R 进制转换成十进制。

将 R 进制转换成十进制的方法就是将数码乘以各自的权后累加。

实例 1-1：将二进制数 1001111 转换为十进制数。

$(1001111)_2 = 1 \times 2^6 + 0 \times 2^5 + 0 \times 2^4 + 1 \times 2^3 + 1 \times 2^2 + 1 \times 2^1 + 1 \times 2^0 = (79)_{10}$

实例 1-2：将二进制数 0.1101 转换为十进制数。

$(0.1101)_2 = 1 \times 2^{-1} + 1 \times 2^{-2} + 0 \times 2^{-3} + 1 \times 2^{-4} = (0.812\,5)_{10}$

实例 1-3：将八进制数 $(207.4)_8$ 和十六进制数 $(A10B.8)_{16}$ 转换为十进制数。

$(207.4)_8 = 2 \times 8^2 + 0 \times 8^1 + 7 \times 8^0 + 4 \times 8^{-1} = (135.5)_{10}$

$(A10B.8)_{16} = 10 \times 16^3 + 1 \times 16^2 + 0 \times 16^1 + 11 \times 16^0 + 8 \times 16^{-1} = (41\ 227.5)_{10}$

（2）除基取余法和乘基取整法

该方法适用于十进制转换成 R 进制。其中，整数部分除以 R 取余数，直到将商除为 0，余数从右到左排列；小数部分乘以 R 取整数，整数从左到右排列。

实例 1-4：将十进制数 187 转换为二进制数。

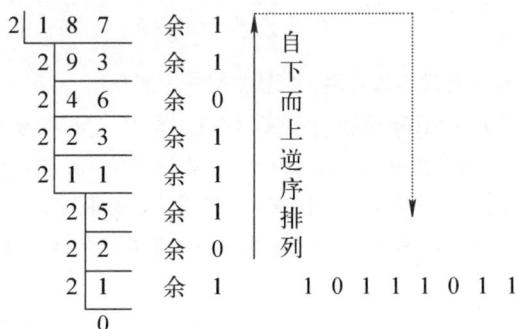

即 $(187)_{10} = (10111011)_2$

实例 1-5：将十进制数 0.8125 转换为二进制数。

即 $(0.8125)_{10} = (0.1101)_2$

> **!注意**
>
> 在将十进制小数转换为二进制的过程中，可能会出现有理数变成无理数的情况，如 $(0.2)_{10} = (0.0011)_2$。

（3）合成法

该方法适用于二进制转换成八进制和十六进制。

① 二进制数转换为八进制数：从小数点算起，左、右分别每 3 位对应一个八进制数，整数最左边不足 3 位时用 0 补齐，小数最右边不足 3 位时用 0 补齐。

实例 1-6：将二进制数 1101101110.110101 转换为八进制数。

$(001\ 101\ 101\ 110.110\ 101)_2 = (1556.65)_8$

$\quad$ 1 5 5 6 6 5

② 二进制数转换为十六进制数：从小数点算起，左、右分别每 4 位对应一个十六进制数，整数最左边不足 4 位时用 0 补齐，小数最右边不足 4 位时用 0 补齐。

实例 1-7：将二进制数 1101101110.110101 转换为十六进制数。

$(0011\ 0110\ 1110.1101\ 0100)_2=(36E.D4)_{16}$

   3   6   E   D   4

（4）分解法

该方法适用于将八进制和十六进制转换成二进制。

八进制或十六进制数转换为二进制数的原则是：依次把每一位八进制或十六进制数转换为 3 位或 4 位的二进制数，不足 3 位或 4 位的用 0 补齐。

实例 1-8：将十六进制数$(C5B)_{16}$转换为二进制数。

（C   5   B ）$_{16}=(110001011011)_2$

1100   0101   1011

（5）过渡法

该方法适用于八进制和十六进制的转换。

过渡法实际上就是先用分解法将八进制转换为二进制，再用合成法将转换的二进制转换为对应的十六进制。这样，就可实现将八进制转换为十六进制，反之亦然。

实例 1-9：将八进制数$(6133)_8$转换为十六进制数。

$(6133)_8 \overset{分解法}{=} (110001011011)_2 \overset{合成法}{=} (C5B)_{16}$

5．二进制的运算规则

（1）算术运算规则

加法规则：0+0=0，0+1=1，1+0=1，1+1=10。

减法规则：0−0=0，10−1=1，1−0=1，1−1=0。

乘法规则：0×0=0，0×1=0，1×0=0，1×1=1。

除法规则：0/1=0，1/1=1。

（2）逻辑运算规则

逻辑"与"运算（AND）：0∧0=0，0∧1=0，1∧0=0，1∧1=1。

逻辑"或"运算（OR）：0∨0=0，0∨1=1，1∨0=1，1∨1=1。

逻辑"非"运算（NOT）：~0=1，~1=0。

逻辑"异或"运算（XOR）：0⊕0=0，0⊕1=1，1⊕0=1，1⊕1=0。

6．数字编码

对于任何进制的数值，其绝对值都可以转换成二进制，并可用计算机进行保存。数值可能是正的数值（数值前带一个正号），也可能是负的数值（数值前带一个负号）。如果要在计算机中表示带有正负号的数值，正负号也采用编码的方法，其表示方法是将一个二进制的最高位定义为符号位，0 表示正号，1 表示负号，这种表示方法称为原码。其实，在计算机中，带符号数还可用反码和补码的表示方法。

正数的原码、反码和补码相同，负数的反码就是将它的原码除了符号位"1"不变，其余各数字位按位取反，即"1"变为"0"，"0"变为"1"，而负数的补码为反码加 1。

7．汉字编码

文字（字符、汉字）信息的编码体系包括机内码、输入码、字形码、交换码、地址码和控制码。其中，最主要的是机内码、输入码和字形码。

机内码（简称内码）是计算机内部进行文字信息处理时使用的编码。当文字信息输入计算机后，都要转换为机内码才能进行各种处理，包括存储、加工、传输、显示和打印等。对一种文字而言，其机内码是唯一的。

汉字输入曾经是应用计算机进行汉字处理的瓶颈，经过前期大量的研究，目前已有了键盘输入、语音输入和字形识别这 3 种输入方式。其中，键盘输入使用仍然最普遍。汉字输入码（简称外码），是汉字信息由键盘输入计算机时使用的编码，如常用的拼音输入法、五笔输入法等。外码到内码的转换过程如图 1-1-2 所示。

图 1-1-2
从外码到内码的转换

汉字字形码是指汉字字形存储在字库中的数字化代码。用于计算机显示汉字和打印汉字输出汉字的"形"，即字形码决定了汉字显示和打印的外形。字形码是汉字的点阵表示，称为"字模"，也称字体或字库。通常汉字显示使用 16×16 点阵，汉字打印可选用 24×24、32×32、48×48 点阵等。图 1-1-3 所示是汉字"你"字的点阵构成示意图。

急救箱
使用计算器无法实现小数进制转换的解决办法

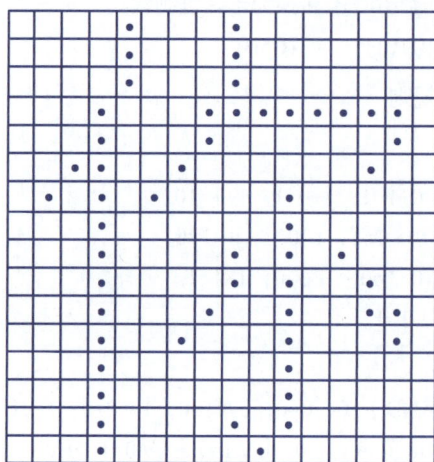

图 1-1-3
汉字"你"字的点阵构成

交换码是汉字信息处理系统之间或通信系统之间传输信息时，对每一个汉字所规定的统一编码，我国已指定汉字交换码的国家标准《信息交换用汉字编码字符集》（GB 2312—80），又称为"国标码"。所有汉字编码都应该遵循这一标准，汉字机内码的编码、汉字字库的设计、汉字输入码的转换、输出设备的汉字地址码等，都以此标准为基础。GB 2312—80 规定，一个汉字用 2 字节表示，每字节只有 7 位，最高位为 1，表示是中文编码，与 ASCII 码相似。

学习提示

在二进制、十进制与十六进制之间进行换算时，关键是记住换算方法。当然，也可使用 Windows "附件"提供的程序员计算器进行不同进制之间的转换，非常方便。若要进一步直观学习计算机中数据的表示和转换方法，可观看微课 1-3：计算机中数据的表示和转换。

微课 1-3
计算机中数据的表示和转换

学习单元 1.2 计算机信息安全

PPT 第 2 讲
计算机信息安全

单元目标

了解信息安全，具备使用一种常用杀毒软件对计算机进行防毒和杀毒的能力。

随着 Internet 的发展和计算机网络的日益普及，计算机病毒的传播更加广泛。电子邮件已成为病毒传播的主要途径，严重威胁着人们使用的计算机。

工作任务 1.2.1 了解信息安全

任务目标

了解信息安全，能认识计算机病毒的危害性，具备鉴别计算机是否感染病毒的能力。

任务描述

理解信息安全和计算机病毒的基本概念，了解病毒的发展、特征、类型和表现。

任务实现

应用实践
计算机体检

信息安全是指计算机网络信息系统的安全。国际标准化组织（ISO）给计算机信息安全的定义是：为数据处理系统建立和采取的技术和管理的安全保护，保护计算机硬件、软件和数据不因为偶然或恶意的原因而遭受破坏、更改和泄露。

信息安全就是要保护信息的完整性、可用性、机密性、可控性和不可抵赖性。但威胁计算机信息安全的因素多种多样，主要有自然因素和人为因素。自然因素是指一些意外事故造成的威胁；人为因素是指人为有意的入侵和破坏，如计算机病毒和黑客攻击。

1. 计算机病毒

常见问题
关于计算机病毒的
问与答

计算机病毒（Computer Virus）在《中华人民共和国计算机信息系统安全保护条例》中被明确定义为："编制或者在计算机程序中插入的破坏计算机功能或者破坏数据，影响计算机使用，并能够自我复制的一组计算机指令或者程序代码"。它是一种人为设计的程序，借助计算机系统的运行和资源共享，在不同的计算机系统之间繁殖、传播和生存，干扰计算机系统的正常运行，篡改和破坏计算机系统的用户数据、程序和系统资源，给用户造成不同程度的影响。

计算机病毒具有以下主要特征。

（1）隐蔽性

隐蔽性又称潜伏性。计算机病毒不同于普通文件，它不是以文件形式独立存储于计算机中，而是能自动附着在其他文件中，使用常规的文件查看工具看不到计算机病毒程序。

病毒想方设法隐藏自身，就是为了防止用户察觉。此外，计算机感染病毒后不一定会立即发作，这使人们不易察觉感染了病毒。

（2）传染性

计算机病毒可通过计算机网络、移动硬盘、U 盘等进行自动、大量地自我复制。例如，感染振荡波病毒后，它不仅自动建立一些相关文件，还会随机扫描 IP 地址，对存在漏洞的计算机进行自动攻击，并打开有关端口上传病毒文件。由于目前计算机网络日益发达，计算机病毒可以在极短的时间内通过网络传遍世界。

（3）破坏性

无论何种病毒程序，一旦侵入系统，都会对操作系统的运行造成不同程度的影响。即使病毒程序不直接产生破坏作用，也要占用系统资源（如占用内存空间、占用磁盘存储空间及系统运行时间等）。病毒程序还可以改写用户数据、删除数据、干扰系统正常运行、阻断计算机网络，甚至烧毁计算机硬件，造成灾难性的后果。

（4）可触发性

计算机病毒一般都有一个或者几个触发条件，触发的实质是一种条件的控制，病毒程序可以依据设计者的要求，在一定条件下实施攻击。例如，因某个事件或数值的出现，诱使病毒实施感染或进行攻击。

目前，计算机病毒的种类很多，破坏表现形式不同，从已经发现的计算机病毒来看，计算机病毒可以按传染方式、寄生方式、破坏程度来分类。如果按照计算机病毒的综合考虑划分，可以有以下 5 种。

急救箱
中了木马病毒的
解决办法

（1）引导型病毒

引导型病毒是感染驱动扇区和硬盘系统引导扇区的病毒，它随着计算机的启动而进入计算机系统，从而进行破坏。

（2）文件型病毒

文件型病毒（也称为寄生病毒）是感染计算机中的文件，如 COM、EXE、SYS、DOC 格式的文件。

（3）宏病毒

宏病毒是感染 Office 系列文件，然后通过 Office 通用模板进行传播。

（4）网络病毒

网络病毒是通过计算机网络感染可执行文件的病毒。

（5）混合病毒

混合病毒就是两种或两种以上病毒的混合。

计算机感染病毒后将无法正常工作，所以了解计算机病毒的感染症状，能快速判别计算机病毒种类并采取相应的解决措施。如果计算机出现以下异常情况之中的一种或几种，应该怀疑其感染了病毒。

① 屏幕显示异常，蓝屏或黑屏。

② 某些文件字节数突然变大，这可能是由于病毒程序已附加在文件上。

③ 系统运行异常，如突然死机，无故重启或无法启动，发出蜂鸣声。

④ 在没有运行大型程序的前提下系统提示资源不足，这可能是由于病毒占用了内存和 CPU 资源。

⑤ 文件使用异常，如文件打不开或重复打开多次。

⑥ 提示硬盘空间不够，这可能是病毒复制了大量的病毒文件而占用了空间。

⑦ 出现大量来历不明的文件，这可能是病毒复制的文件。

⑧ 某些数据丢失，这可能是病毒删除了文件。

⑨ 系统自动执行操作，这可能是病毒在后台执行非法操作。

不过，计算机出故障可能不只是因为感染病毒，有时是因为计算机本身的软件、硬件故障引起的。只有充分了解情况并借助杀毒软件等，才能做出正确的判断。

2. 黑客

黑客（Hacker）是一个中文词语，通常是指对计算机科学、编程和设计方面有深刻理解的人，如研究智取计算机安全系统专业的专业人员或者研究修改计算机产品的业余爱好者。

黑客攻击手段可分为破坏性攻击和非破坏性攻击两类。破坏性攻击是以侵入他人计算机系统、盗取系统保密信息、破坏目标系统的数据为目的；非破坏性攻击一般是为了扰乱系统的运行，并不盗取系统资料。例如，使用扫描器盗取别人的信息，用 IP 包毫无目的地广播轰炸，危害网络安全或造成网络瘫痪。2020 年 2 月 16 日，瑞星安全研究院截获一起黑客利用"新型冠状病毒性肺炎"话题进行病毒传播的网络安全事件。攻击者以新冠肺炎为话题制作文件，并利用社交软件大肆传播，从而诱骗受害者下载并打开病毒文件。这些话题文件内带有远程控制木马病毒，一旦中招，受害者的计算机将被攻击者控制，从而盗取全部数据，甚至进行其他恶意操作。

急救箱
防火墙影响 BT 下载
问题的解决办法

下面是几种预防黑客攻击的策略。

① 设置用户登录安全口令，口令命名原则应包含大小写字母、数字和符号的综合使用。

② 通过加密算法对数据进行加密，并采用数字签名及认证以确保数据的安全。

③ 谨慎使用共享软件。

④ 做好数据备份。

⑤ 使用防火墙。

⑥ 不要随意打开陌生的链接和未知者发来的邮件附件。

工作任务 1.2.2 计算机病毒的防范

任务目标

具备防治计算机感染病毒的基本能力。

任务描述

明确计算机病毒的防范措施。

任务实现

预防计算机病毒，安全使用计算机，可以从以下两方面入手。

1. 防毒

首先，必须养成一些好习惯。例如，给计算机硬盘分区，在不同的分区中分别安装系统、软件和存放资料，最好将下载的文件单独放在一个文件夹中。对重要的数据及时进行备份，使用备份软件恢复操作系统，如 Ghost。对于一些保存重要数据的计算机，除了做好数据备份外，还应该从物理上隔离该计算机。给操作系统打上最新补丁，安装杀毒软件和防火墙，定期查杀病毒，杀毒软件必须定期升级。另外，还需要注意不要在所有地方都使用同一个密码，这样一旦被黑客破解，资料都将泄露。在上网时，不要随意浏览一些不良网站（特别是一些黑客网站），因为这些网站通常是传播计算机病毒的传染源。不要轻易打开邮箱中来路不明的邮件，也不要随意下载软件，从网上下载的文件在打开前必须对其进行病毒扫描。

2. 治毒

一旦中毒，可以选择一种或多种杀毒软件进行病毒清理。常用的杀毒软件有 360 安全卫士等。

急救箱
木马防火墙不能
开启的解决办法

微课 1-4
计算机病毒与防范

> **学习提示**
>
> 计算机病毒的危害性非常大，有时可能会遇到一些非常顽固的病毒，杀毒软件也对其束手无策，这时就需要采取其他方法，如格式化带毒硬盘、重新安装操作系统等。但应注意，这些方法会删除数据，因此，建议在尝试多种杀毒软件后仍无法解决问题的情况下使用。若要进一步直观学习计算机病毒与防范方法，可观看微课 1-4：计算机病毒与防范。

学习单元 1.3　多媒体技术

PPT 第 3 讲
多媒体技术

单元目标

> 了解多媒体技术，熟悉多媒体文件格式，会使用音频和视频播放软件。

多媒体技术的应用，促进了多媒体计算机的兴起与发展，已经使人们能够较容易地处理以文本、图形、声音、图像和视频等多种形式表示的数字化信息。

工作任务 1.3.1　了解多媒体技术

应用实践
录制声音

任务目标

能通过信息社会日常生活中的例子了解多媒体技术，并能充分认识信息的基本特征。

应用实践
编辑视频

任务描述

① 明确什么是多媒体技术。
② 通过几个多媒体技术渗透日常生活的例子，认识多媒体技术对人类社会生活的影响。

任务实现

1. 多媒体和多媒体技术

多媒体在计算机信息领域中泛指一切信息载体。多媒体技术是指利用计算机能够同时获取、处理、编辑、存储等综合处理的技术，它具有有效性、多样性、实时性和交互性等特点。

2. 常见的媒体元素

媒体元素是指多媒体应用中可显示给用户的媒体组成成分，目前常见的媒体元素有如下几种。

① 文本：指各种文字，包括各种字体、字号、格式及色彩的文本。

② 图形和图像：图形是指从点、线、面到三维空间的黑白或彩色几何图；图像是由像素组成的画面。

③ 视频：指连续的画面，它是图像数据的一种。当连续的图像变化超过 24 帧每秒画面以上时，根据视觉暂留原理，人眼无法辨别单幅静态画面，看上去是平滑连续画面的视觉效果。静止的图片称为图像，视频信息中的单幅图像画面称为帧。

④ 音频：指音乐、语音和各种音响。

⑤ 动画：利用人眼的视觉暂留特性，快速播放一连串静态图像，使人们产生图像在运动的感觉。

学习提示

信息即在指尖（Information is on your fingertip），这是微软（Microsoft）公司的一句口号，然而信息的获取和处理并不像所说的那样简单，可以信手拈来。但随着多媒体计算机的兴起与发展，人们已经能够较容易地处理文本、图形、图像、声音和视频等多种形式的数字化信息。若要进一步直观认识多媒体技术改变人类生活，可观看微课 1-5：多媒体技术改变人类生活。

微课 1-5
多媒体技术
改变人类生活

工作任务 1.3.2 认识常用的多媒体硬件设备和软件

任务目标

能通过对多媒体技术的研究认识常用多媒体硬件设备和多媒体软件。

任务描述

认识常用多媒体硬件设备和软件。

任务实现

一个完整的多媒体计算机系统由硬件和软件两部分组成。其核心是一台计算机，外部主要是视听等多种媒体设备。多媒体系统的硬件是计算机主机及可以接收和播放多媒体信息的各种输入/输出设备，其软件是多媒体操作系统及各种多媒体工具软件和应用软件。

1. 多媒体硬件结构

多媒体硬件结构主要包括主机、音频部分、视频部分、基本输入/输出设备、高级多媒体设备等。常见的多媒体输入/输出设备配置见表 1-3-1。

表 1-3-1　常见的多媒体输入/输出设备

名　称	图　例	名　称	图　例
数码摄像机		打印机	
摄像头		麦克风	
数码相机		扫描仪	
录音笔		投影仪	
刻录机		手写板	

2. 多媒体软件组成

多媒体软件组成按功能可分为多媒体系统软件和多媒体应用软件。

多媒体系统软件主要包括多媒体操作系统、媒体素材制作软件及多媒体函数库、多媒体创作工具与开发环境、多媒体外部设备驱动软件和驱动器接口程序等。

多媒体应用软件主要是一些创作工具或多媒体编辑工具，包括字处理软件、绘图软件、图像处理软件、动画制作软件、声音编辑软件及视频编辑软件。概括而言，这些软件分别属于多媒体播放软件和多媒体制作软件。

学习提示

多媒体计算机（Multimedia Computer）是能够对声音、图像、视频等多媒体信息进行综合处理的计算机，若要进一步直观认识常用的多媒体硬件设备和软件，可观看微课 1-6：常用的多媒体硬件设备和软件。

微课 1-6
常用的多媒体硬件设备和软件

工作任务 1.3.3　了解常用媒体文件格式

任务目标

具备识别不同媒体文件格式的能力。

任务描述

通过日常生活的例子认识常用媒体文件格式。

任务实现

1. 常见声音和音乐文件格式

常见声音和音乐文件格式见表 1-3-2。

表 1-3-2　常见声音和音乐文件格式

文件格式	文件扩展名	说　明
WAV	.wav	波形文件，利用该格式记录的声音文件和原声基本一致，质量非常高，但文件数据量较大，几乎所有的音频编辑软件都支持该格式
MP3	.mp3	波形文件，但它是一种有损压缩格式，该格式是目前比较流行的声音文件格式，因其压缩率大，在网上被广泛应用
MIDI	.mid/.rmi	目前较成熟的音乐格式，记录的并不是一段录制好的声音，而是记录声音的信息，现已经成为一种产业标准
Audio	.au	一种经过压缩的数字声音文件格式，是网上常用的声音文件格式

2. 常见的图像、视频和动画文件格式

视频和图像是两个既有联系又有区别的概念。静止的图片称为图像，多幅单一的图像画面能构成视频信息，视频信息中的单幅画面称为帧。另外，图像与视频的输入设备也不同，图像输入要靠扫描仪、数码相机等，视频输入要靠摄像机、录像机等可以输出连续图像信号的设备。虽然利用摄像机也可以输入图像，但是图像的质量比不上数码相机。

常见图像和视频文件格式见表 1-3-3。

表 1-3-3　常见图像和视频文件格式

文件格式	文件扩展名	说　明
BMP	.bmp	一种与硬件设备无关的 Windows 环境中的标准图像文件格式，是未经压缩的图像文件，文件数据量较大
GIF	.gif	一种比较常用的动态图像格式，多数是由多帧图像合并在一起组成的 GIF 格式动画，当然也有单帧的
JPEG	.jpg 或.jpeg	采用一种特殊的有损压缩算法，将不易被人眼察觉的图像颜色删除，从而达到较大的压缩比（可达到 2∶1，甚至 40∶1），因为该格式的文件尺寸较小，下载速度快，所以是网上最广泛使用的格式之一
PNG	.png	与 JPG 格式类似，网页中的很多图片都是这种格式，压缩比高于 GIF 格式，支持图像透明
TIFF	.tiff	其特点是图像格式复杂、存储信息多，在 Mac 中广泛使用，正因为它存储的图像细微层次的信息非常多，图像的质量也较高，因此非常有利于原稿的复制，该格式多用于印刷
PDF	.pdf	一种与操作系统无关的用于电子文档发行和数字化信息传播的文件格式
SWF	.swf	一种矢量动画格式，动画缩放时不会失真，并能与 HTML 充分结合，添加音乐，形成二维有声动画，因此常用于网页，成为一种"准"流式媒体文件格式
AVI	.avi	一种音频和视频交错格式，可以将音频和视频交织在一起同步播放,主要用来保存电影、电视等各种影像信息
WMV	.wmv	一种采用独立编码方式并且可以直接在网上实时观看视频节目的文件压缩格式
MP4	.mp4	一种用于音频、视频信息的压缩编码标准，该格式主要用于网络、光盘、语音发送（视频电话）及电视广播等
FLV	.flv	一种新的视频格式。由于其形成的文件极小、加载速度极快，使得网络观看视频文件成为可能，它的出现有效解决了视频文件导入 Flash 后，使导出的 SWF 格式文件体积庞大，不能在网络上很好使用等问题

3. 常用媒体播放软件介绍

（1）声音播放软件

声音播放常用的软件包括 Windows 自带的录音机播放软件、Winamp、Windows Media Player 等。其中，Windows 自带的录音机播放软件只能播放 WAV 格式文件，其窗口界面如图 1-3-1 所示。

常见问题
AVI 文件不能播放的解决办法

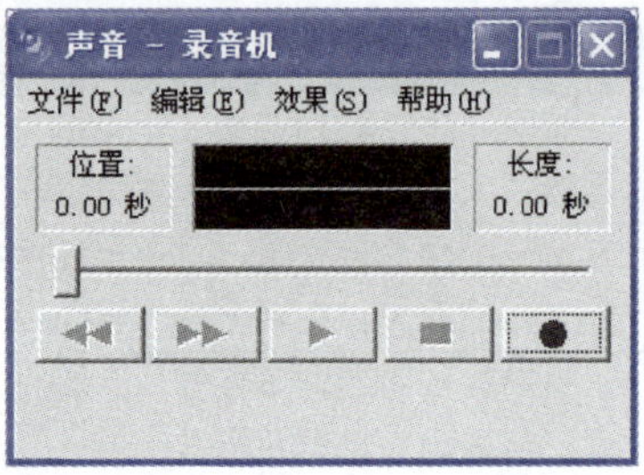

图 1-3-1
录音机窗口界面

（2）图形图像浏览软件

常用的图形图像浏览软件有 ACDSee、FastPictureViewer 等。

（3）动画播放软件

常用的动画播放软件有 Flash Player、Windows Media Player 等。

（4）视频播放软件

常用的视频播放软件有 RealPlayer、Windows Media Player 及暴风影音等。其中，RealPlayer 是一个通过流技术实现视频实时传输的在线收看工具软件。

微课 1-7
格式工厂软件的使用

> 💡 **学习提示**
>
> 　　由于音频和视频有不同类型的文件格式，使用格式工厂（FormatFactory）多媒体格式转换器可将所有类型视频转为 MP4、3GP、MPG、AVI、WMV、FLV、SWF 等文件格式，将所有类型音频转为 MP3、WMA、MMF、AMR、OGG、M4A、WAV 等文件格式。若要进一步直观学习不同媒体文件的格式与其转换方法，可观看微课 1-7：格式工厂软件的使用。

学习单元 1.4　计算机新技术

🎯 单元目标

　　理解云计算、物联网、移动互联网、大数据和人工智能基本概念；熟悉它们的特征和应用。

　　现在人们说到的"云物移大智"是指云计算、物联网、移动互联网、大数据和人工智能。它们已成为新一代信息技术的重要标志，深刻影响了经济、社会、教育、医疗和行政管理等多个领域，极大促进了产业发展转型、管理方式变革和社会效率提升。

工作任务 1.4.1　认识无处不在的云计算

任务目标

理解云计算的基本概念，了解云计算的分类，熟悉其特征与应用。

任务描述

通过日常生活的例子认识云计算。

任务实现

"云"实质上是一种网络。云计算（Cloud Computing）是分布式计算的一种，是先通过网络"云"将巨大的数据计算处理程序分解成无数个小程序。然后，通过多部服务器系统处理和分析这些小程序，得到结果并返回给用户。所以，云计算的核心概念就是以互联网为中心，提供快速且安全的云计算服务和数据存储，让每一个用户都可以使用网络上的庞大计算资源和数据。

云计算不是一种全新的网络技术，而是一种全新的网络应用概念，是使用计算资源（硬件和软件）的一种模式。计算资源所在地（远方的一个或者多个机房）称为云端，人们使用的输入/输出设备（如个人计算机、手机、Pad 等）称为云终端，两者通过网络连接在一起，给人们提供更加安全、便宜、高效、便捷的资源及应用的使用方式。例如，生活和工作中使用的 App 或搜索引擎等，它们的服务器和应用程序都是基于云计算的。例如，在没有电子日历之前，人们只能通过纸和笔记录重大节日和事情，当在手机上安装电子日历后就可以更方便地记录；还有电子邮件，人们可以利用云计算将工作邮件和日常邮件统一起来一并查看；还有地图导航，当安装地图导航软件后就可以方便地查看普通纸质地图所不具备的功能，如天气和路况信息；还有个人网盘，如百度网盘就可以让人们将自己的信息放在个人网盘上，其安全系数较高，必须输入用户名和密码才能查看信息。

按照云计算的服务范围可以将云计算系统划分为公有云、私有云和混合云 3 种类型。公有云的最大意义在于以低廉的价格，提供有吸引力的服务给最终用户创造新的业务价值。私有云是为一个客户单独使用而构建的云计算资源，提供对数据、安全性和服务质量的最有效控制。混合云是公有云和私有云两种服务的结合。由于安全和控制原因，并非所有的企业信息都能放置在公有云上，而是选择同时使用公有云和私有云。

云计算的可贵之处在于其高灵活性、可扩展性和高性价比等，与传统的网络应用模式相比，它具有规模大、虚拟化、高可靠性、可扩展性和高性价比等特征与优势，常常用于云存储、云服务、云安全、云物联等领域。

> 应用实践
> 文件云备份

学习提示

其实云计算的应用就在人们身边，可通过 Zoom 云视频会议的使用，体验云计算技术协同、会议和直播功能。若要进一步直观学习云计算，可观看微课 1-8：云计算。

> 微课 1-8
> 云计算

工作任务 1.4.2　认识不可小觑的物联网

🛠 任务目标

理解物联网的基本概念，熟悉其特征与应用。

📝 任务描述

通过日常生活的例子认识物联网技术。

⚙ 任务实现

物联网（The Internet of Thing，IoT）是指利用射频识别、红外感应器、全球定位系统、激光扫描器等信息传感设备，按约定的协议，让智能终端物品通过互联网进行信息交换和通信，以实现对物品的智能化识别、定位、跟踪、监控和管理的一种网络。实际就是物与物相连的互联网。

物联网的基本特征可以概括为全面感知、可靠传输、智能处理。物联网技术的应用有效推动了工业、农业、环境、交通、物流和安保等行业的智能化发展，小到家居、医疗健康、教育、金融、服务业和旅游业等日常生活的方方面面，大到国防，如卫星、导弹、飞机、潜艇等装备系统，物联网技术的嵌入将有效提升军事智能化、信息化和精准化，可大大提高战斗力，并有可能成为军事变革的关键技术。

> 💡 **学习提示**
>
> 在信息时代，物联网应用领域非常广泛，其主要应用领域有智能交通、环境保护、政府工作、公共安全、智能家居、智慧农业、智慧城市、工业监测、工业物联网等。若要进一步直观学习物联网技术，可观看微课 1-9：物联网。

微课 1-9
物联网

工作任务 1.4.3　认识无所不能的移动互联网

🛠 任务目标

理解移动互联网的基本概念，了解其发展趋势与特征。

📝 任务描述

通过日常生活的例子理解移动互联网技术的基本概念，了解其发展趋势与特征。

⚙ 任务实现

移动互联网是移动通信和互联网结合的产物，是互联网的技术、平台、商业模式和应用与移动通信技术结合并实践的活动总称。移动互联网的核心是互联网。因此，一般认为移动互联网是桌面互联网的补充和延伸。传统互联网的接入设备是个人计算机，而移动互联网的接入设备主要是移动终端，如智能手机、平板电脑和可穿戴的设备等。移动互联网具有应用轻便、定位功能、高便携性、私密性、安全性更加复杂等特征。

移动互联网的浪潮正在席卷社会的方方面面，移动用户规模更是超过了个人计算机用户，移动互联网领域由于其巨大的潜在商业价值为业界所看重。目前，企业向移动应用市场的发展主要有两大趋势。第一是基于位置的服务，这是未来的趋势。企业可以通过用户的位置信息进行更多的精准营销，例如小程序，根据用户所在的位置，用户能搜索到 5 km 范围内的商家，店铺根据距离来排名，与品牌大小无关。第二是大数据挖掘随着移动宽带技术的发展而迅速提升，更多的传感设备、移动终端能随时随地接入网络，加上云计算、物联网等技术的发展，中国移动互联网也逐渐步入"大数据"时代。未来随着大数据相关技术的发展，人们对数据挖掘的不断深入，针对用户个性化定制的应用服务和营销方式将成为发展趋势，它将是移动互联网的另一片蓝海。

总之，无论什么样的移动终端，其个性化程度都相当高。移动互联网能够针对不同的个体，提供更为精准的个性化服务。随着时代与技术的进步，人类对移动信息的需求急剧上升。越来越多的人希望在移动的同时高速接入互联网，获取信息，完成想做的事情。所以，移动与互联网的结合是时代发展的必然趋势。

学习提示

移动互联网体现了无处不在的网络和无所不能的业务思想，它改变的不仅是接入手段，也不仅是对桌面互联网的简单复制，而是一种新的能力、新的思想和新的模式。若要进一步直观了解移动互联网，可观看微课 1-10：移动互联网。

微课 1-10
移动互联网

工作任务 1.4.4　认识精准推送的大数据

任务目标

理解大数据的基本概念，了解其特征与应用。

应用实践
网络爬虫——
大数据技术体验

任务描述

通过日常生活的例子理解大数据的基本概念，并了解其特征与应用。

任务实现

大数据（Big Data）也称海量数据或巨量数据，是指数据量大到无法利用传统数据处理方法在合理的时间内获取、存储、管理和分析的数据集合。"大数据"除了用来描述信息时代产生的海量数据外，也被用来命名与之相关的技术、创新与应用。

大数据具有海量的数据规模、快速的数据流转、多样的数据类型和价值密度低这四大特征。大数据是随着互联网、尤其是移动互联网的普及和物联网的广泛应用而产生的。例如，在社交网络媒体上发表文章，上传照片和视频，在购物网站购物，利用搜索引擎搜索信息，利用支付宝或微信付费，以及在物联网中的各类传感器、监控设备等都会产生大量数据。传统的个人计算机处理数据通常是吉字节/太字节（GB/TB）级别，而大数据至少是拍字节/艾字节（PB/EB）级别，在太字节的基础上继续翻倍。目前全球数据量已达到泽字节（ZB）数量级。比泽字节更高的是尧字节（YB）数量级。人类社会何时能达到 YB 数量级，谁也无法预测，但这样的数据量已经大到难以想象。

现在研究大数据的价值有两个方面：一是帮助企业了解用户；二是帮助企业了解自己。总而言之，研究大数据技术的作用就是为决策服务。换句话说，就是让数据为用户精准服务。目前，大数据已成为世界各国抢占科技制高点的基础性战略资源。

微课 1-11
大数据

💡 学习提示

大数据是在云计算和物联网之后的又一 IT 行业颠覆性技术，它引起了国家层面的关注，特别是在 2020 年国家在控制和准确定位新冠病毒感染人群中起到了关键的作用。若要进一步直观学习大数据，可观看微课 1-11：大数据。

工作任务 1.4.5 认识能听会说的人工智能

⚙ 任务目标

理解人工智能的基本概念，了解其研究领域与应用。

📝 任务描述

通过日常生活的例子理解人工智能的基本概念，并了解其研究与应用。

📋 任务实现

人物介绍
图灵与图灵奖

人工智能（Artificial Intelligence，AI）是一个模拟人类能力和智慧行为的跨领域学科，它是计算机科学的一个重要分支。人工智能是利用数字计算机或者数字计算机控制的机器模拟、延伸和扩展人的智能，感知环境、获取知识并使用知识获得最佳结果的理论、方法、技术及应用系统。它所涉及的科学学科非常广泛，有哲学、认知科学、数学、神经生理学、心理学、计算机科学、信息论、控制论和不定性论等。

人工智能融合了多个领域的专业技术，它主要研究如何利用计算机的软件和硬件来模拟人类某些智能行为的基本理论、方法和技术。在理论和实践上，人工智能都已自成为一个系统。人们常说的机器人、图像识别、语音识别、自然语言处理和专家系统等，都属于人工智能研究领域的分支。目前，人工智能的研究有两个广阔的领域。第一个是关于让系统在没有人介入的状态下存活的科学，是关于在没有人指导的情况下仍然有用的科学；

第二个是与增强人类能力有关的，研究出更多"看门人类型"的系统，它能够在人们耳边低语从而帮助人们在日常生活中做出更好的决定。它已经超越了人和机器，使人类走进"人机智能"的全新时代。

人工智能的研究目标是使机器能够胜任一些通常需要人类智能才能完成的复杂工作，所以以人工智能的应用逐渐出现了指纹识别、人脸识别、虹膜识别、机器视觉、智能控制、博弈、自动程序设计、自动规划和智能搜索等。

💡 学习提示

人工智能是一种工具，用于帮助或者代替人类思维。它本质上是一项计算机程序，能够自我学习，可以独立存在于数据中心或者个人计算机中，也可通过诸如机器人之类的设备体现出来，基于人工智能的无人驾驶技术在今后也会到来。若要进一步直观学习人工智能，可观看微课1-12：人工智能。

微课 1-12
人工智能

📚 知识库

1. 5G

第五代移动通信技术（5th Generation Mobile Networks 或 5th Generation Wireless Systems、5th-Generation，简称 5G 或 5G 技术）是最新一代蜂窝移动通信技术，也是即 4G、3G 和 2G 系统之后的延伸，5G 的性能目标是高数据速率，减少延迟，节省能源降低成本，提高系统容量和大规模设备连接，5G 网络的峰值理论传输速度可达每秒 1 GB，比 4G 网络的传输速度快数百倍，如，1 部 1G 的电影可在 8 秒之内下载完成，随着 5G 的诞生，用智能终端分享 3D 电影、游戏以及超高画质节目的时代正在来临，5G 网络的主要目标是让终端用户始终处于联网状态，所以支持的设备远远不止是智能手机，它还要支持智能手表，健身腕带、智能家居设备，如鸟巢式室内恒温器等。

2. VR 和 AR

VR（Virtual Reality，虚拟现实）是指利用计算机技术模拟一个逼真的三维空间虚拟世界，使用户完全沉浸其中，并能与其进行自然交互，就像在真实世界中一样。例如，VR 游戏可以让用户完全沉浸在游戏中，用户有身临其境的感受。

AR（Augmented Reality，增强现实）是把真实环境和虚拟环境结合起来的一种技术。与 VR 不同的是，AR 是在现实环境中叠加虚拟内容，实现虚实结合。目前，AR 主要应用于零售、教育、医疗、娱乐和游戏、广告和军事等领域。例如，在零售领域，可以利用 AR 进行试装和试妆，让消费者得到更好的购物体验；在教育和培训领域，可利用 AR 生动演示相关知识和应用；在医疗领域，做微创手术时可以利用 AR 实时观察手术部位，相当于增强了外科医生的视力。

3. 3D 打印

3D 打印技术与普通打印工作原理相同，区别在于，普通打印机的打印材料是墨水和纸张，而 3D 打印机的打印材料是一些实实在在的液体和粉末等。3D 打印机利用光固化和分层叠加等技术，通过计算机控制把打印材料层层叠加，最终将计算机上的设计图打印成实物，所以这种打印技术又被称为 3D 立体打印技术。

本 章 回 顾

    本章通过信息社会日常生活中的例子，使读者从计算机文化角度出发，介绍了计算机的诞生和发展、特点和应用，着重讲解了信息在计算机中的表示、位与字节的概念、存储单位的换算，通过各种例题讲解数制间的转换和汉字编码的方法。另外，为了便于将计算机技术有效应用于工作、学习和生活，还简要介绍了计算机信息安全、病毒与防治、多媒体技术和计算机新技术等相关知识。通过本章的学习，读者可对计算机及其应用有一个整体的认识，从而为后续课程的学习打下基础。

1-4 学习评价表
认识计算机

思考与练习题

一、判断题

（1）世界上第一台电子计算机的主要元器件是晶体管。   （   ）

（2）计算机网络是计算机技术和通信技术相结合的产物。   （   ）

（3）1 KB 的准确值为 1 000 字节。   （   ）

（4）在计算机内部，信息都是以二进制形式存在的。   （   ）

（5）计算机病毒是一种计算机程序。   （   ）

二、单选题

（1）冯·诺依曼为现代计算机的结构奠定了基础，他的主要设计思想是（   ）。

　　A. 程序存储　　　　　　　　　　B. 数据存储

　　C. 虚拟存储　　　　　　　　　　D. 采用电子元件

（2）"民航联网售票系统"是计算机在（   ）领域的应用。

　　A. 数据处理　　　　　　　　　　B. 科学计算

　　C. 实时控制　　　　　　　　　　D. 计算机辅助设计

（3）"64 位微机"中的"64 位"指的是（   ）。

　　A. 微机型号　　　　　　　　　　B. 机器字长

　　C. 内存容量　　　　　　　　　　D. 存储单位

（4）计算机中最小的信息单位是（   ）。

　　A. KB　　　　　　　　　　　　B. bit

　　C. MB　　　　　　　　　　　　D. byte

三、多选题

（1）世界上第一台电子数字计算机 ENIAC 于（   ）诞生于（   ）。

　　A. 1945 年　　　　　　　　　　B. 1946 年

　　C. 美国　　　　　　　　　　　　D. 英国

（2）在计算机中，采用二进制是因为（   ）。

　　A. 可降低硬件成本　　　　　　　B. 二进制的运算法则简单

　　C. 系统具有较好的稳定性　　　　D. 上述 3 种说法都不对

（3）病毒感染计算机的途径通常是（   ）。

A. 电子邮件   B. 外来软盘

C. 盗版光盘   D. VCD 盘片

四、填空题

在表格内完成不同进制数的转换。

二进制	八进制	十进制	十六进制
10011101			
	17		
		12	
			4E

五、思考与问答题

（1）什么是计算机？要安全地使用计算机必须养成哪些良好的使用习惯，以及应具备的信息素养和应承担的社会责任。

（2）5G 时代的到来，会给人类带来什么样的变化？

思考与练习题答案

在线测试

第2章 计算机硬件与软件基础知识

2-1 任务工作单
计算机硬件与软件

学习情境：装配一台个人计算机

学习目标：利用计算机工作原理的相关知识，完成一台微型计算机的配置。

学习内容：

- 计算机系统的组成结构。
- 计算机硬件系统及工作原理。
- 计算机软件系统的构成。
- 计算机硬件配置。
- 键盘的布局及常用键的功能。

教学方法建议： 引导、解析、体验、反思。

随着科技的发展和社会信息化程度的提高，计算机作为功能强大的信息处理工具，已经成为人们学习、工作、生活中不可缺少的一部分。在享受计算机带来方便的同时，人们也经常被各种各样的软件、硬件问题所困扰。那么，你们到底了解计算机多少呢？计算机结构组成是怎样的？计算机的外部和内部分别有哪些部件？它们是怎样工作的？自己如何动手组装计算机？那么就从这里开始学习吧。

我想自己组装计算机

那你知道需要哪些硬件设备吗？

2-2 学习指导
计算机硬件与软件

2-3 学习工作单
计算机硬件与软件

PPT 第 1 讲
计算机硬件与软件

学习单元 2.1 让计算机不再神秘

🎯 单元目标

> 能充分认识计算机系统构成部分之间的关系，解密计算机的内部结构，并能进行计算机外部连接。

从 20 世纪 40 年代中期计算机发明开始，计算机技术飞速发展，直到现在人们的日常生活和工作已经越来越离不开计算机。对于计算机的结构，很多人都觉得神秘，下面就来解密我们身边的计算机吧！

工作任务 2.1.1 了解计算机硬件结构

🛠 任务目标

根据计算机的功能需求，具备在配置计算机时能合理选择各部件的能力。

📝 任务描述

① 通过计算机进行 "2+3" 运算的工作过程模拟演示，认识计算机硬件系统的组成结构。
② 通过认识计算机硬件系统的组成，理解计算机的工作原理。
③ 认识各个部件以及它们所承担的工作。

🖥 任务实现

计算机是一种能独立对各种信息进行快速处理的电子设备。计算机硬件系统是构成计算机所有实体部件的集合，如图 2-1-1 所示。

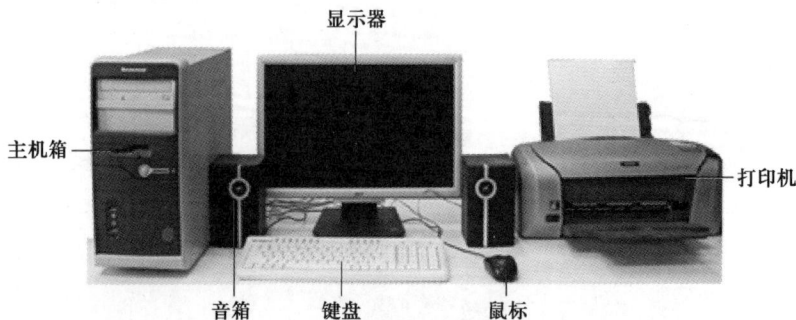

图 2-1-1
计算机硬件（外观）

显示器
主机箱
打印机
音箱 键盘 鼠标

一台计算机的硬件系统包括人们看得见、摸得着的所有物理实体。最主要的硬件系统是由电子元器件及其他必要的机械组件等组成的。

通常，人们把没有安装任何软件的计算机称为裸机。裸机只能运行机器语言程序。对普通用户来说，这样的计算机是无法使用的。因此，通常人们面对的都不会是裸机，而是已安装了若干软件之后构成的一个计算机系统。因此，一个完整的计算机系统应该包括硬件系统和软件系统两个部分，如图 2-1-2 所示。

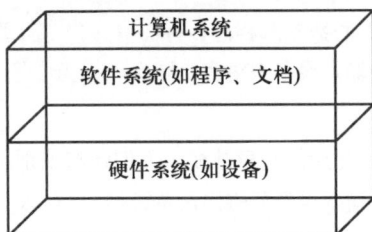

常见问题
如何进行计算机的日常维护

图 2-1-2
计算机系统组成

在计算机的发展过程中，计算机软件技术随着计算机硬件技术的发展而发展，反过来，软件技术的发展和完善又促进了硬件技术的发展。图 2-1-3 所示为计算机硬件系统结构图。计算机硬件系统由运算器、控制器、存储器、输入设备和输出设备 5 个部分组成。虽然计算机的制造技术从计算机出现至今已经发生了极大的变化，但在基本的硬件结构方面还是一直沿袭美籍匈牙利数学家冯·诺依曼于 1946 年提出的计算机硬件体系结构思想进行设计，其工作原理就是存储程序和程序控制。

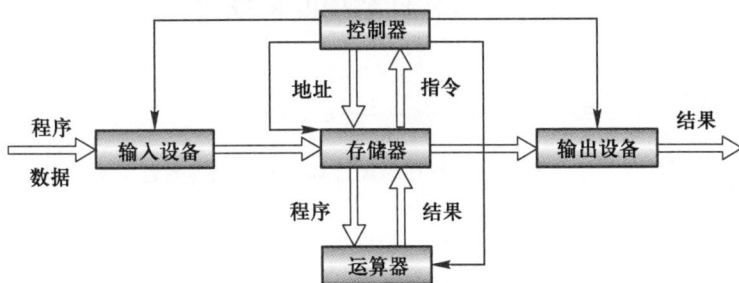

图 2-1-3
计算机硬件系统结构图

1. 运算器

运算器又称算术逻辑单元（Arithmetic Logic Unit，ALU），它对二进制数码进行算术运算和逻辑运算，是对信息加工和处理的部件。

2. 控制器

控制器是计算机的"神经中枢"。它指挥计算机各部件按照指令功能的要求自动协调地进行所需的各种操作。

运算器和控制器集成在一个芯片上，称为中央处理器（Central Processing Unit，CPU）。CPU 是整个计算机硬件系统的核心。

3. 存储器

存储器是计算机用来存放程序和原始数据及运算的中间结果和最后结果的记忆部件。微型机的存储器分为两大类，一类是内存储器（简称内存或主存储器）；另一类是外存储器。

内存储器主要是临时存放当前运行的程序和使用的数据，绝大多数内存储器由半导体材料构成，按功能可分为随机访问存储器（Random Access Memory，RAM）和只读存储器（Read Only Memory，ROM）。

- 随机访问存储器的存储特点是断电后信息丢失，一般存放用户程序或数据。
- 只读存储器的存储特点是断电后信息不丢失，开机信息恢复，一般用于计算机厂家存放程序。

用户要长期保存数据一般使用外存储器。外存储器中的数据应先调入内存，再由 CPU

31

进行处理。常见的外存储器有磁盘、光盘等。

4．输入设备

输入设备接收用户输入的数据和程序，并将其转换为计算机能够识别的机器语言，然后存放到内存中。常见的输入设备有键盘、鼠标和扫描仪等。

5．输出设备

输出设备是将计算机处理后的结果转换为人们能够识别的形式。常见的输出设备有显示器、打印机和音箱等。输入设备和输出设备统称为 I/O 设备。

> 💡 **学习提示**
>
> 　　计算机（Computer）也俗称为"电脑"，是一种具有计算功能、记忆功能和逻辑判断功能的机器设备。若要进一步直观感受计算机是如何工作的，可观看微课 2-1：计算机工作原理。

微课 2-1
计算机工作原理

工作任务 2.1.2　了解计算机软件系统的构成

⚙️ 任务目标

了解计算机软件系统的构成，具备在装配计算机时根据需要选择安装软件的能力。

📝 任务描述

认识计算机软件的构成。

任务实现

　　一台只有硬件（裸机）的计算机，是无法使用的，还需要给它安装相应的软件后才能对其进行操作，如 Windows 操作系统、Office 办公系统等。因此，一个计算机系统的层次结构如图 2-1-4 所示。

　　软件是计算机系统中各类程序、有关文档及所需要数据的总称。计算机软件系统一般分为两大类：系统软件和应用软件。计算机软件系统的组成如图 2-1-5 所示。

图 2-1-4
计算机系统层次结构

图 2-1-5
计算机软件系统组成

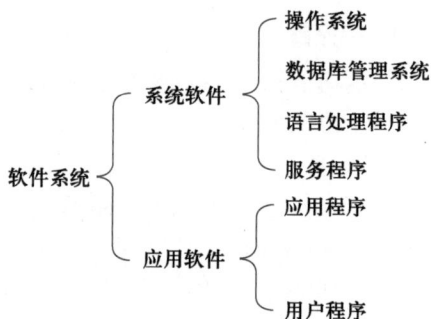

1．系统软件

系统软件的主要功能是实现对计算机系统的管理、调度、监视和服务等，其目的在于提高计算机的使用效率，扩展系统的功能。系统软件主要分为 4 类。

（1）操作系统

操作系统（Operating System，OS）是直接运行在裸机上最基本的系统软件，任何其他软件都必须在操作系统的支持下才能运行。其主要功能是管理计算机软硬件资源，组织计算机的工作流程，方便用户使用，并为其他软件的开发与使用提供必要的系统支持。操作系统是典型的系统软件。

目前的操作系统大致分为批处理操作系统、分时操作系统、实时操作系统和网络操作系统。常用的桌面操作系统有 Windows、OS/2、Linux 等，网络操作系统有 NetWare、Windows NT、Windows Server、Linux、UNIX 等。对于个人用户来说，操作系统的重要功能是提供一个友好、易用、便于维护的人机界面。

（2）数据库管理系统

数据库就是能够有组织地、动态地存储大量相关数据，方便用户查询、检索、修改和访问相关信息的一种特殊软件。数据库和数据管理软件一起组成了数据库管理系统（Database Management System，DBMS）。常见的数据库管理系统有 Access、Oracle 和 SQL Server 等。

（3）语言处理程序

常用的语言处理程序包括汇编程序、编译程序和解释程序等。

（4）服务程序

服务程序提供各种运行所需的服务，是一种辅助计算机工作的程序。

2．应用软件

应用软件是指为了解决计算机应用中的各种实际问题而编写的程序。应用软件具有很强的实用性、专业性，正是由于这些特点，计算机的应用才能日益渗透到社会的方方面面。例如，我们使用的文字处理软件、电子表格软件、绘图软件、网络通信软件及各种游戏软件都属于应用软件范畴。

学习单元 2.2　微型计算机的主要配置与组装

单元目标

> 根据计算机硬件的不同品牌、性能和价格，能合理配置不同用途的计算机。

PPT 第 2 讲
微机的主要
配置与组装

前面学习了计算机硬件系统的组成及工作原理，认识了计算机硬件系统的结构，那么在现实生活中人们所使用的计算机究竟是由哪些硬件组成的呢？下面以个人计算机为例进行简单介绍。

应用实践
双显示器连接

工作任务 2.2.1　了解主机内部设备的组成

任务目标

了解主机内部设备的组成，能合理配置计算机主机。

📝 **任务描述**

① 认识微机主机的基本部件。
② 根据不同的应用，能侧重规划配置的重心并进行主机配置。

⚙ **任务实现**

　　个人计算机（Personal Computer，PC），俗称电脑，它是一种微型计算机（简称微机）。一个完整的微机系统同样也是由硬件系统和软件系统组成的。微机的核心部件是由一片或几片超大规模集成电路组成的，称为微处理器（CPU），例如英特尔公司的 Intel（R）酷睿 i7 7700 处理器。所谓微型计算机，就是以微处理器为核心，由大规模集成电路制成的存储器、输入和输出接口电路、系统总线所组成的计算机。通常将这样的计算机分为主机和外部设备两大部分。

　　主机是计算机的核心部分，机箱内安装有电源、主板、微处理器、内存条、硬盘、光驱、声卡、显卡或网卡等组件。

　　如果要完成台式个人计算机的基本配置，首先应了解个人计算机的内部设备组成。图 2-2-1 所示为机箱外观与内部结构。

图 2-2-1
机箱外观与内部结构

　　表 2-2-1 为一款针对办公家用、平面设计、轻度 3D 设计、轻度视频编辑和游戏为一体的台式个人计算机配置清单。

表 2-2-1　办公家用学习型自助装机配件清单

配件名称	品牌型号	参考价格/元
处理器	Intel 酷睿 i3-10100F（十代）	589
散热器	玄冰 400	89
主板	微星 H410M-A BOMBER	449
内存	威刚 8 GB 2666	175
显卡	影驰 GTX1650 4 GB	999
硬盘	西数 250 GB NVME M.2	289
机箱	鑫谷图灵 N5	159
电源	鑫谷战斧 500 plus	199
显示器	用户自选	—
键鼠	用户自选	—
总计/元	2948	

其实，如果只是用于普通办公、编辑文字、制作 PPT 等，用集成显卡即可。但这款计算机采用的是第十代处理器，增加了独立显卡，这主要是应对轻度的 3D 设计和视频编辑工作。另外，无论是办公还是 3D 设计，由于每天都要面对显示器，建议在选择显示器尺寸方面控制在 21～24 寸为宜，屏幕太大看起来会很吃力。若主要是用于影音娱乐方面，显示器的尺寸可自己把握，建议 23～27 寸。

通过表 2-1-1 可以看出，一个完整的个人计算机配置清单主要反映组装计算机两大部分的设备：一是主机内部设备；二是外部设备（即个人计算机外部设备）。下面首先了解个人计算机的主机内部设备组成。

1. 主板

主板是主机箱中最大的电路板，又称母板（Mother Board），如图 2-2-2 所示。在主板上集成了 CPU 插座、内存插槽、控制芯片组、总线扩展槽、BIOS 芯片、键盘与鼠标插座以及各种外设接口等。微型机正是通过主板将 CPU、内存、显卡、声卡、网卡、键盘、鼠标等部件连接成一个整体并协调工作的。随着超大规模集成电路技术的发展，主板的集成度越来越高，芯片数目越来越少，故障率逐渐减少，速度及稳定性也随之提高。

应用实践
微型计算机硬件系统的网上市场调查

图 2-2-2
主板

2. CPU

CPU 由运算器和控制器两部分组成，如图 2-2-3 所示。它是计算机最核心的部件，负责整个计算机系统的协调、控制及程序运行。人们在计算机上的所有操作最后都会经过 CPU 处理，然后控制其他部件完成。目前，世界上生产 CPU 的厂商主要有 Intel 和 AMD 两家公司。CPU 的生产技术是微电子和信息技术最尖端的技术，它代表了一个国家科技的综合实力。

图 2-2-3
CPU

3. 主存储器

个人计算机的程序和数据都是以二进制代码的形式存放在存储器中的，在执行程序和使用数据时必须先装入主存储器的 RAM 芯片中。RAM 也就是经常提到的内存条，如图 2-2-4 所示。内存条作为个人计算机的重要部件之一，随着 CPU 主频的不断提升，其性能也逐步升级。从内存条类型来看，已经从 SDR、DDR、DDR2、DDR3 发展到 DDR4，购买内存条时请注意对类型、内存频率和内存容量大小的选择。例如，威刚台式机 DDR4 2666 8 GB 内存条，后面的数字表示内存频率和内存容量，数字越大，速度越快。内存条不能单独使用，只有当内存条被用于计算机系统或构成运算设备必需的存储器时才能发挥作用。内存常见的品牌有威刚、金士顿、金邦和海盗船等品牌。

图 2-2-4
内存条

4. 外存储器

辅助存储器又称外存储器（简称外存），外存通常使用磁性介质、光盘或闪存（Flash 芯片）作为存储介质，外存能长期保存信息，断电时仍能保存，最常见的外存储器有硬盘存储器、光盘存储器和 U 盘等。

硬盘存储器由硬盘片、硬盘驱动器和适配卡组成，简称硬盘。常见的硬盘品牌有希捷（Seagate）、西部数据（West Digital）、日立和三星等。根据存储介质的类型和数据存储方式，硬盘可以分为传统的温氏硬盘和新式的固态硬盘，如图 2-2-5 所示。

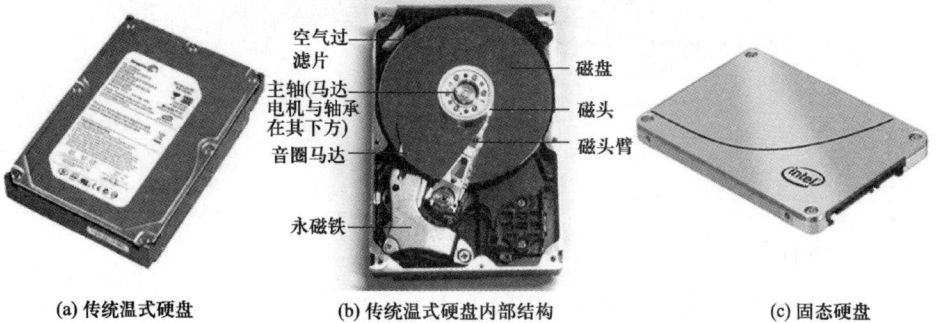

图 2-2-5
硬盘外观与内部结构

(a) 传统温式硬盘　　　　**(b) 传统温式硬盘内部结构**　　　　**(c) 固态硬盘**

传统的温氏硬盘，在电机的带动下高速旋转，通过磁头读取盘片上的信息，其转速多为 7 200 r/min。新式的固态硬盘采用 DRAM 作为存储介质，没有电机加速旋转的过程，不用磁头，能相对固定地快速随机读取数据，从而具有启动快、写入速度快、不怕碰撞、冲击和震动的优点。现已是笔记本电脑外存储器的首选，目前高端的台式计算机也在使用。

根据硬盘的体积，可以分为 1.8 英寸硬盘、2.5 英寸硬盘和 3.5 英寸硬盘。1.8 英寸硬盘常用于 MP4 播放器等小型移动设备，2.5 英寸硬盘则用于笔记本电脑，3.5 英寸硬盘主要用于台式计算机。

硬盘一般以千兆字节（GB）为单位，现在也有容量更大的硬盘，其接口也从 IDE 向 SATA 过渡。在一些专业领域，SCSI 接口硬盘也比较常见，主要应用于中、高端服务器和高档工作站中。

5. 光存储器

光存储器通常被人们称为光驱，如图 2-2-6 所示。它利用光学方式读写数据，在光盘表面附着一层光学介质，使用激光灼烧可在这层光学介质表面形成微小的凹凸模式，用来表示二进制代码。

图 2-2-6
光驱

随着人们对信息存储的要求越来越高，光存储器也在不断发展中。由过去的 CD 走向 DVD，而一个比较明显的趋势就是由只读型向读写型发展，因此光盘刻录机已经取代普通光驱成为很多用户购买计算机时的标准配置。常见的光驱品牌有先锋、华硕、三星和 BENQ 等。

6. 声卡、显卡与网卡

声音是一种模拟信号，将数字信号和模拟信号进行相互转换就是计算机声卡的主要功能，一方面是声音的播放（数模转换），另一方面是声音的采集（模数转换）。

显卡的作用和声卡类似，过去使用 CRT（阴极射线管）显示器时，需要将数字信号转换为显示器电子枪能够识别的模拟信号。在普通家用办公领域，使用集成的显卡就能满足日常需要。但是对于一些发烧友，他们需要的是性能强劲的显卡，以在运行大型、复杂的 3D 游戏时获得更好的效果和更快的速度。

网卡就好比计算机的门户，是计算机与外界联系的必要设备，是计算机网络传输介质的接口。一般主板集成了一个自适应网卡，除了有线方式外，不少笔记本电脑用户也会选择无线网卡。

> 常见问题
> 显卡图像输出
> 问题解决办法

工作任务 2.2.2　了解主要外部设备

⚙ 任务目标

能根据用户的需求完善计算机的外部设备配置。

📝 任务描述

在已配置好主机的情况下，根据需要完成最基本的外部设备配置。

⚙ 任务实现

从表 2-2-1 可以看出，要配置一台计算机，除配置好主机外，还需要配置输入设备和输出设备等外部设备。计算机的外部设备种类非常多，常见的有键盘、鼠标、扫描仪、显示器、打印机和音箱等，如图 2-2-7 所示。用户可根据需要和具体情况进行选配。

对很多用户来说，显示器是一台计算机的面子。显示器的发展和电视机的发展极为相似，从 CRT 显示器的球面管、平面（视觉平）、纯平到现在的液晶显示器，可视面积越来越大，分辨率越来越高，这充分体现了科技的进步，是人们对更真实、更开阔的视觉效果的一种追求。CRT 显示器的接口为 D-SUB，液晶显示器因为是全数字信号，多采用数字接口 DVI，能够同时传输音视频信号的 HDMI 接口，也逐渐应用在一些高端产品中。

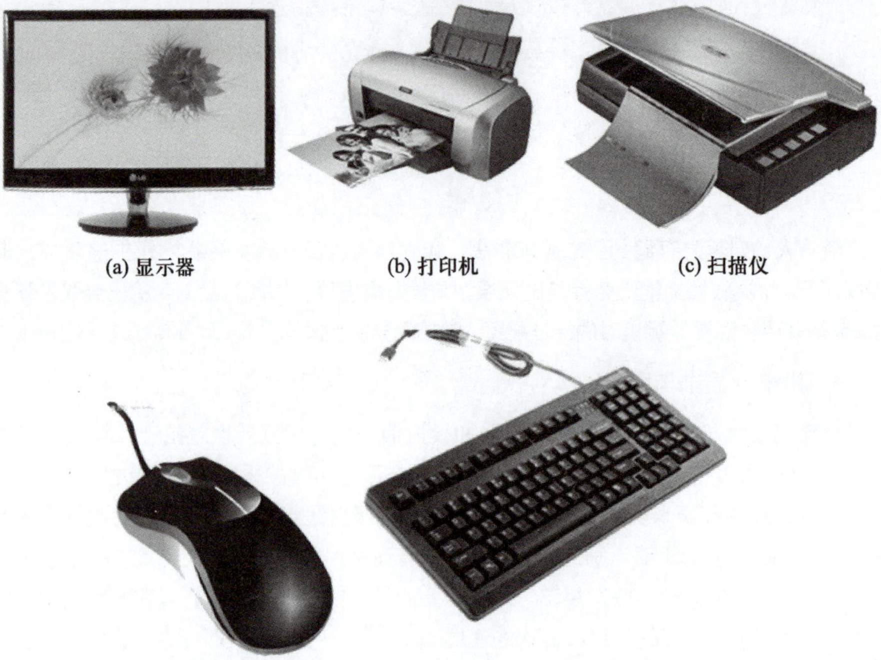

| (a) 显示器 | (b) 打印机 | (c) 扫描仪 |

(d) 鼠标　　　　　　　　　　　(e) 键盘

图 2-2-7
主要外部设备

微课 2-2
调制解调器的
工作原理

💡 **学习提示**

在配置一台计算机时，用户若通过电话接入网络时，还需要一个称为调制解调器（Modem）的配件，若要了解它的作用和工作原理，可观看微课 2-2：调制解调器的工作原理。

工作任务 2.2.3　了解微型计算机的选购知识

⚙ 任务目标

了解微型计算机的选购知识，能正确选购个人计算机。

📝 任务描述

了解微型计算机的选购知识。

🔧 任务实现

今天，计算机已经成为人们工作、学习和生活中不可缺少的一部分。如何选择一台满足人们需要的计算机是大家应该知道的。

其实，通常所使用的个人计算机有两种：一种是购买的品牌整机；另一种是自己组装的组装机。这两者相比，选择品牌机主要是因为其性能稳定、配置合理、产品质量高、省心方便、售后服务好、有品牌效应、个性化强和常附送配件等优点。但它在配置自由、升级性、性价比和方便改造等方面显得较弱，因为品牌机升级硬件比较麻烦，特别是在保修期内，不允许用户擅自打开机箱。另外，品牌机的机箱一般都比较紧凑，安装硬件时较麻烦，甚至有些不能安装。品牌机的弱势正是组装机可发挥的优势。

　　如果用户对计算机不是很精通，建议购买品牌机。目前市场上的计算机主要有进口品牌和国产品牌两大类，目前它们在产品的稳定性、可靠性、服务质量等方面都比较好，但在产品的价格与可扩展性等方面比较差。因此，购买计算机时应根据自己的需要来选择。如果是工作、学习用，建议选择常规配置、稳定性较好的计算机，如果是娱乐、游戏用，建议选择稳定性较好、配置较高、扩展兼容性较佳的计算机。

　　在了解上述知识的情况下，也可以自己动手组装，组装机在价格上有优势，升级也方便，同时便于日后自己维护。若自己动手组装，此时应该有明确的认识，例如，主机是否含光驱、刻录机、网卡、视频采集卡等，是否配齐了键盘、鼠标、显示器、音箱、麦克风、DVD 机、摄像头、打印机及扫描仪等外部设备，是否需要各种软件、网络服务账号及其他周边服务等。

工作任务 2.2.4　了解微型计算机的组装过程

任务目标

了解整机组装知识与步骤。

任务描述

明确计算机组装过程。

任务实现

　　为了人和计算机的安全，首先要了解组装计算机所必备的知识，务必遵守一定的原则和注意事项。一是要认真阅读说明书。在阅读说明书时，应首先阅读主板说明书，并根据其说明设定主板的跳线、连接面板连线。其次，阅读硬盘、光驱、显卡和声卡说明书，硬盘和光盘有主从之分，需要根据实际情况进行设置。二是操作前清除静电。因为人的身体有时可能带有静电，尤其是冬天穿了多层不同质地的衣物时，静电往往是各敏感部件（如 CPU、显卡等）的"头号杀手"，因此，在操作前应先洗手或触摸接地良好的导体（如水龙头）来释放身体静电，以防部件受损。三是严禁带电操作。一般来说，各部件的安装都必须断电操作，严禁在通电的情况下拔插各部件。最后值得注意的是，在电源接通或断开之间应有时间间隔。

　　做好这一切后就可以组装计算机了，整机组装过程可简单归纳为以下 4 步。

　　① 安装机箱电源，并将光驱、硬盘固定到机箱架上。

　　② 安装 CPU、风扇到主板上，然后将主板固定在机箱上。

　　③ 将内存条、显卡、声卡等安装在主板上，然后为主板连接跳线，将电源线接到主板、光驱和硬盘，并且连接光驱和硬盘的数据线到主板上。

　　④ 内部安装完毕，然后连接外部设备，这样就完成了硬件安装。

急救箱
计算机自动关机或
重启的解决办法

急救箱
计算机运行时出现
蓝屏的解决办法

在硬件安装完成后，就可以开机检测，当计算机发出"滴"的一声时，计算机开始自检，此时计算机的组装工作就完成了。接下来就是安装操作系统和设备的驱动程序。现在的主板都支持即插即用，所以一般情况下不需要单独安装设备的驱动程序，但个别设备的还是需要单独安装驱动程序。任务完成后，组装机就可以使用了。

> 💡 **学习提示**
>
> 　　在组装计算机之前，还应了解 Windows 的安装方法以及准备安装的软件。若要进一步直观学习微型计算机的组装过程，可观看微课 2-3：微型计算机的组装过程。

学习单元 2.3　键盘输入技术

🎯 单元目标

> 　　通过本单元的学习，具备准确操作计算机键盘的能力。

　　正确地使用计算机键盘，熟悉键位分布可以大大提高输入信息的工作效率，这也是使用计算机时非常重要的一步。

工作任务 2.3.1　认识计算机键盘

⚙️ 任务目标

　　根据键盘的键位分布，掌握字母键、数字键、符号键和主要功能键的使用。

📝 任务描述

　　按各键功能逐一理解，分清各键的使用方法。

⚙️ 任务实现

　　键盘是计算机中最常用的输入设备，其工作原理比较简单，就是组装在一起的键位矩阵，当某一个键被按下时，就会产生与该键对应的二进制代码，从而向计算机发出命令或输入数据等。

1. 键盘的分类

　　按照键盘结构的不同，可分为薄膜式键盘、机械式键盘和电容式键盘等。薄膜式键盘是平时最常见的类型。

　　按照键盘接口，可分为 PS2 键盘、USB 键盘、无线键盘。

　　按照键盘造型，可分为标准键盘和人体工程学键盘。

2. 键盘的键位分布

为了方便 Windows 操作系统的使用，在设计时对计算机键盘进行了多次调整。习惯上总是根据按键的个数来说明键盘的类型，如最初使用的键盘按键数为 83 个，就称为 83 键盘。继 Windows 95 之后，又出现了 101 键盘和 104 键盘，现在普遍使用的是 104 键盘。尽管各种键盘的按键个数不同，但其按键的排列布局是基本一致的。图 2-3-1 所示为 104 标准键盘的按键布局结构。

急救箱
键盘失灵的
解决办法

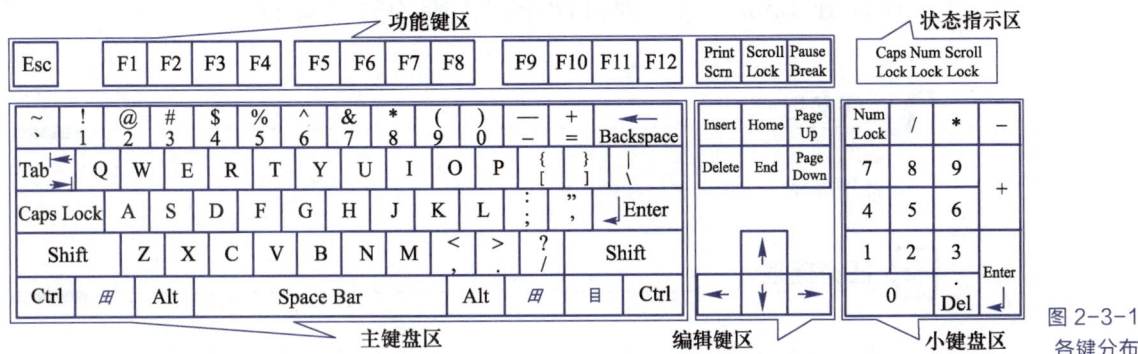

图 2-3-1　各键分布

标准键盘按照功能的不同一般分为 5 个区，分别是功能键区、主键盘区、编辑键区、小键盘区和状态指示区。

3. 键盘按键功能

掌握键盘的常规功能是操作计算机的基础。键盘上每个按键都有其特定的符号和作用。下面将按键整理为表格形式，以便于参考和记忆。常用按键及其作用见表 2-3-1。

表 2-3-1　键盘常用按键及其作用

按键符号	作用	按键符号	作用
Shift	上挡键（或转换键）	Print Screen	屏幕复制键
Caps Lock	大小写切换键	⊞	Windows 键
Ctrl	控制键	Esc	取消键
Tab	制表符定位	Alt+Tab	切换窗口
Ctrl+ Alt+Delete	打开任务管理器	Alt+F4	关闭窗口
Alt	转换	Ctrl+Shift	输入法的切换
Delete	删除键	Shift+Space	全角与半角切换
Space Bar	空格键	Ctrl+Space	打开与关闭输入法
Enter	回车键或换行	Home	行首键
Insert	插入状态和改写状态切换键	End	行尾键
Pause/Break	暂停键	↑、↓、←、→	上、下、左、右移动
Scroll Lock	滚动锁定键	Ctrl+A	全选
Page Up	前翻页键	Ctrl+C	复制
Page Down	后翻页键	Ctrl+X	剪贴
Num Lock	数字键盘锁定或解锁	Ctrl+V	粘贴
Backspace	退格键	Ctrl+Z	撤销

工作任务 2.3.2　掌握键盘操作的正确姿势与要领

任务目标

能正确操作计算机和规范使用键盘。

任务描述

① 在进行计算机输入和操作时，能规范地操作，保持良好的操作姿势。

② 熟悉并记忆键盘的键位分布和指法要领。

任务实现

1. 保持良好姿势

为快速、准确地输入信息，同时不易产生疲劳，就需要符合人体工程学，因此在键盘操作时要保持正确的姿势。正确的打字姿势如图 2-3-2 所示。

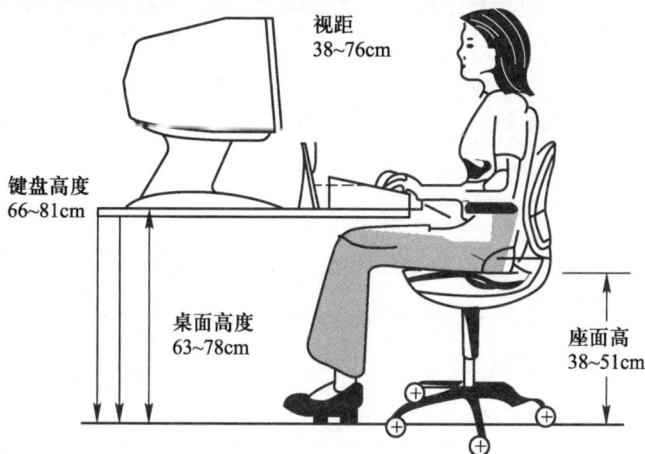

图 2-3-2
正确的打字姿势

调整坐椅到合适的高度，身体坐直或稍微倾斜，使坐椅的靠背完全托住用户的后背，双脚平放在地板上或者脚垫上。

调整显示器到视线的正前方，距离刚好是手臂的长度。颈部要伸直，不能前倾。屏幕的顶部与眼睛保持同一高度，显示器稍微向上倾斜，资料在键盘左或右放置，便于阅读。

42

两肩齐平，上臂自然下垂并贴近身体，胳膊肘成 90°（或者稍微更大一点）。前臂和手应该平放，两手放松。手腕处于自然位置，既不向上，也不向下；既不向左，也不向右。手指自然弯曲并轻轻放在基准键上。

2．主键盘区指法要领

主键盘区是日常操作中使用最为频繁的按键区域，也是提高输入速度的关键。主键盘指法分布如图 2-3-3 所示。从中可以看到，主键盘区共分为 5 排，将中间一排设置为基准键位区，将手指初始摆放的位置称为基准键位。左手基准键位为"F、D、S、A"，由左手的食指到小指依次放在键位上；右手基准键位为"J、K、L、;"，由右手的食指到小指依次放在键位上，当手指离开基准键位按键并输入后，应及时回到基准键位。基准键位是为帮助盲打时的定位，在左、右手食指基准键"F"和"J"上设计了突起，可通过触觉感知。

应用实践
打字训练

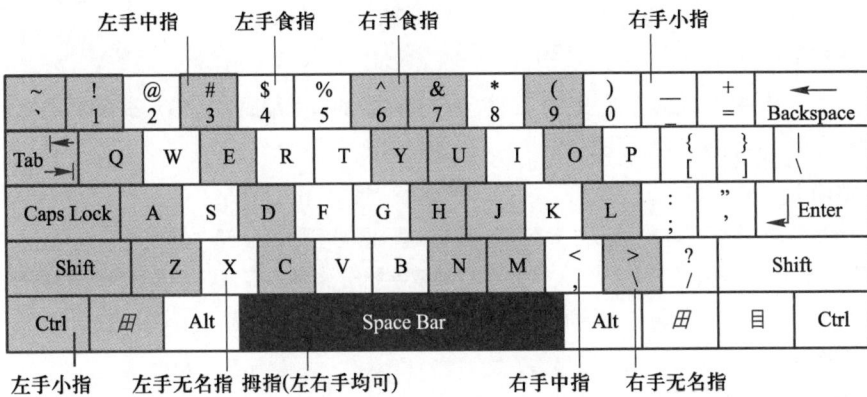

图 2-3-3
指法分布

键盘右下角的 Alt、Ctrl、Shift 键相对使用频率较低，在进行指法练习时可以不用去考虑。

3．小键盘区指法要领

小键盘区用于大量数字的快速输入，是数字键与编辑键的复合键区。小键盘指法分布如图 2-3-4 所示，由 Num Lock 键控制切换，当 Num Lock 键按下时（Num Lock 灯亮），切换到数字键模式，否则，处于编辑键模式。

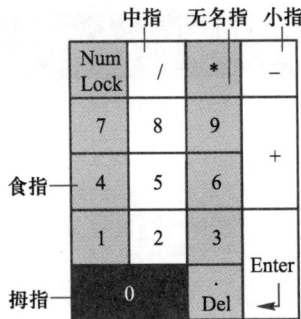

图 2-3-4
小键盘指法

在数字键模式下，小键盘由右手操作，它的基准键位是"4、5、6、+"，其中在"5"键位处设计了一个突起，用于盲打定位。

为什么有的人能十指如飞地在键盘上跃动？其实方法很简单，就是多摸多练。同时还要注意，敲击键盘及使用鼠标时不要太用力，肌肉尽量放松。正确的打字姿势对身体各部位的健康有着重要的作用。

微课 2-5
姿势与要领

学习提示

按正确的姿势和指法操作计算机，可以大大提高工作效率。若要进一步直观学习正确的姿势和指法操作过程，可观看微课 2-5：姿势与要领。

知识库

汉字输入是日常办公自动化经常进行的工作，常见的汉字输入方法有以下 3 种。

（1）拼音输入法（音码）

拼音输入法可分为全拼、简拼、双拼等，它是用汉语拼音作为汉字的输入编码，以输入拼音字母实现汉字的输入。特点是：不需要专门的训练，但重码率高。

（2）字形输入法（形码）

字形输入法是把一个汉字拆成若干偏旁、部首（字根）或笔画，根据字形拆分部件的顺序输入汉字。特点是：重码率低，速度快，但必须重新学习并记忆大量的字根和汉字拆分原则。专业打字员使用五笔输入法输入的速度可超过 120 字/分，常见的字形输入方法有五笔字型码和郑码等。

（3）音形输入法（音形码）

音形输入法是把拼音输入法和字形输入法结合起来的一种汉字输入方案。一般以音为主，以形为辅，音形结合，取长补短。

本 章 回 顾

本章主要介绍了计算机系统的组成结构，计算机硬件系统及工作原理，计算机软件系统的构成，计算机硬件配置，键盘的布局、常用键的功能及常用汉字输入方法。

思考与练习题

2-4 学习评价表
装配一台个人计算机

一、判断题

（1）计算机的核心是运算器。　　　　　　　　　　　　　　　　　　　　（　　）

（2）内存具有的特点是，一旦断电，存储在其上的信息将全部消失且无法恢复。

（　　）

（3）要编辑一个已有的磁盘文件，应首先把文件读至内存储器。　　　　（　　）

（4）显示器显示的信息既有用户输入的内容，又有计算机输出的结果，所以显示器既是输入设备，又是输出设备。　　　　　　　　　　　　　　　　　　　（　　）

（5）在计算机中，通常用主频来描述计算机的运算速度。　　　　　　　（　　）

二、单选题

（1）计算机的软件系统可分为（　　　）。

A. 程序和数据　　　　　　B. 操作系统和语言处理系统

C. 程序、数据和文档　　　D. 系统软件和应用软件

（2）下列关于存储器的叙述中，正确的是（　　　）。

A. CPU 能直接访问存储在内存中的数据，也能直接访问存储在外存中的数据

B. CPU 不能直接访问存储在内存中的数据，但能直接访问存储在外存中的数据

C. CPU 只能直接访问存储在内存中的数据，不能直接访问存储在外存中的数据

D. CPU 既不能直接访问存储在内存中的数据，也不能直接访问存储在外存中的数据

（3）微型计算机外（辅助）存储器是指（　　　）。

A. RAM　　　　　　　　　B. ROM

C. 磁盘　　　　　　　　　D. 虚盘

（4）在个人计算机的硬件设备中，既可以作为输出设备，又可以作为输入设备的是（　　　）。

A. 绘图仪　　　　　　　　B. 扫描仪

C. 手写笔　　　　　　　　D. 磁盘驱动器

（5）把内存中的数据传送到计算机的硬盘，称为（　　　）。

A. 显示　　　　　　　　　B. 读盘

C. 输入　　　　　　　　　D. 写盘

三、多选题

（1）微型计算机主机箱中装有（　　　）。

A. CPU　　　　　　　　　B. 磁盘驱动器

C. 内存条　　　　　　　　D. 主机电源

（2）下列设备中可作为输入设备的有（　　　）。

A. 显示器　　　　　　　　B. 鼠标

C. 键盘　　　　　　　　　D. 绘图仪

（3）中央处理器（CPU）主要包括（　　　）。

A. 输入设备　　　　　　　B. 控制器

C. 运算器　　　　　　　　D. 存储器

（4）下列描述中，正确的有（　　　）。

A. 内存储器也可称为主存储器

B. 显示器是标准输出设备

C. 因为硬盘的容量比软盘大，所以它的速度比软盘慢

D. 键盘是标准输入设备

（5）下列设备中既能向主机提供数据又能保存主机输出数据的是（　　　）。

A. 硬盘　　　　　　　　　B. U 盘

C. 只读光盘　　　　　　　D. 键盘

思考与练习题答案

在线测试

四、填空题

（1）一个计算机系统由_____、_____两大部分组成。

（2）中央处理器简称_____。

（3）通常，软件系统分为_____和_____两大类。

（4）计算机硬件的组成部分主要包括_____、运算器 、_____、输入设备和输出设备。

五、思考与问答题

（1）简述计算机是怎么进行工作的，它由哪些硬件组成。

（2）根据计算机工作原理配置一台最基本的计算机，应考虑哪些部件或设备？

第 3 章　Windows 7 操作系统

🔍 **学习情境：Windows 7 操作系统的使用**

3-1 任务工作单
Windows 7 操作
系统的使用

学习目标：能灵活运用 Windows 7 操作系统对计算机的资源进行设置和管理。

学习内容：

- Windows 7 的基本操作。
- Windows 7 的资源管理器。
- Windows 7 的文件与文件夹管理。
- Windows 7 的个性化设置。
- Windows 7 的磁盘管理。
- Windows 7 的系统设置。
- Windows 7 的常用附件。
- Windows 7 的常见问题处理。

教学方法建议：引导、解析、体验、反思。

　　Windows 操作系统是一款由美国微软公司开发的窗口化操作系统，采用了 GUI 图形化操作模式。GUI 是图形用户界面（Graphical User Interface）的英文简称，又称图形用户接口。它比起从前的指令操作系统如 DOS 更为人性化。由于全国计算机等级考试一级考试环境采用是 Windows 7，因此，本书将重点讲解有关 Windows 7 的基本知识、安装方法和基本操作方法。那么，怎样对 Windows 7 进行安装，安装时对环境有何要求呢？如何使用 Windows 7 进行文件管理和系统设置呢？那就从这里开始学习吧！

计算机组装结束后就能使用了吧

还需要安装操作系统，由它对计算机进行管理……

3-2 学习指导
认识与安装 Windows 7

学习单元 3.1 认识与安装 Windows 7

单元目标

3-3 学习工作单
认识与安装 Windows 7

> 了解 Windows 操作系统的发展历程，明确 Windows 7 操作系统的安装环境，具备安装 Windows 7 操作系统的基本能力。

Windows 7 是 Microsoft（微软）公司推出的一款客户端操作系统。是当前主流微型计算机操作系统之一。与以往版本的 Windows 系统相比，Windows 7 在用户界面、性能、易用性、安全性等方面都有了非常明显的提高。

工作任务 3.1.1 认识 Windows 7 操作系统

PPT 第 1 讲
认识与安装 Windows 7

任务目标

了解 Windows 操作系统的功能和种类，熟悉 Windows 7 的常见版本。

任务描述

① 了解 Windows 操作系统功能和种类。
② 熟悉 Windows 7 的常见版本。

任务实现

1. 操作系统功能和种类

操作系统（Operating System，OS）是管理和控制计算机硬件与软件资源的计算机程序，是直接运行在"裸机"上的最基本的系统软件，任何其他软件都必须在操作系统的支持下才能运行。操作系统是用户和计算机之间沟通的桥梁，是整个计算机系统必不可少的一部分。计算机各个部件在操作系统的管理与控制下，相互协调、相互配合，才能有条不紊地工作。

按照操作系统功能进行分类，计算机操作系统可分为批处理操作系统、分时操作系统、网络操作系统和个人计算机操作系统（通常是微型计算机）4 种基本类型。目前，批处理操作系统已不多见，典型的分时操作系统有 Unix 和 Linux。常见的网络操作系统有 Windows Server。常见的个人计算机操作系统有 Mac OS、Linux、Windows 等，手机嵌入式操作系统有 Android（安卓）、iOS（苹果）等。

2. Windows 7 简介

Windows 7 作为 Windows Vista 的继任者，其优点吸引了广大用户与各界厂商。绚丽的界面、方便快捷的触摸屏、快速的启动和关闭足以让用户满意。同时，Windows 7 操作系统在设计方面更加模块化，更加基于功能。总体来说，Windows 7 相对于 Windows 以前版本来说更加先进。

3．Windows 7 常见版本

Windows 7 包含 6 个版本，分别为 Windows 7 Starter（初级版）、Windows 7 Home Basic（家庭普通版）、Windows 7 Home Premium（家庭高级版）、Windows 7 Professional（专业版）、Windows 7 Enterprise（企业版）及 Windows 7 Ultimate（旗舰版）。

> **学习提示**
>
> Windows 操作系统是目前世界上使用较广泛的操作系统，若要进一步直观学习 Windows 的发展历程可观看微课 3-1：Windows 的发展。

微课 3-1
Windows 的发展

工作任务 3.1.2　安装 Windows 7

任务目标

具备安装 Windows 7 系统的初步能力。

任务描述

① 了解 Windows 7 系统的安装方法。
② 熟悉 Windows 7 系统的安装过程。

任务实现

1．Windows 7 的安装方法

Windows 7 系统的安装方式包括全新安装和升级安装两种，其中全新安装是指在启动计算机时，利用 Windows 7 安装光盘中的系统安装自启动文件，进入 Windows 7 安装程序执行操作系统的安装过程。也可以使用 U 盘进行安装，当然首先要制作安装系统的 U 盘。升级安装是指通过在 Windows XP 等其他操作系统中启动 Windows 7 安装光盘中的 Setup.exe，来执行 Windows 7 系统的安装程序，从而安装 Windows 7 操作系统。

以下情况适合升级安装。
① 正在使用 Windows 早期版本且支持升级方式。
② 希望使用 Windows 7 替换旧版本 Windows 操作系统。
③ 需要保留现存的数据和参数设置。

以下情况适合全新安装。
① 硬盘是全新的，没有安装操作系统。
② 当前操作系统没有升级到 Windows 7 的能力。
③ 不需要保留现存的数据、应用数据和参数设置，可以干干净净地安装。

④ 有两个分区，希望建立双重启动配置，在计算机上同时运行 Windows 7 和当前操作系统。

2. Windows 7 的安装过程

相对于 Windows XP 来说，Windows 7 的安装显得简单与快捷，安装的整个过程（选择安装语言/时间货币/键盘输入方式→开始安装→许可协议→安装类型→安装磁盘分区→安装过程→设置用户名→设置密码→输入产品密匙→更新设置→设置时间日期→设置当前位置）基本与 Windows XP 相似，具体步骤如图 3-1-1 所示。

图 3-1-1
Windows 7 安装
过程

微课 3-2
U 盘安装 Windows 7
操作系统

学习提示

若需要进一步直观学习 Windows 7 系统的安装方法与过程，可以在一台已安装操作系统的计算机上使用虚拟机软件（如 VMware Workstation），创建一个虚拟机，此时创建好的虚拟机可看成一台物理机，也需要安装操作系统，这可以通过 U 盘进行安装，具体操作过程可观看微课 3-2：U 盘安装 Windows 7 操作系统。

单元目标

> 熟悉与理解 Windows 7 操作系统中的基本术语，具备 Windows 7 的基本操作能力。

Windows 7 基本操作包括启动与退出、桌面应用、图标应用、任务栏设置、"开始"菜单设置、窗口操作、输入法安装、回收站使用与管理，以及使用帮助和支持中心等。

PPT 第 2 讲
Windows 7 基本
操作方法

工作任务 3.2.1　启动与退出 Windows 7 操作系统

任务目标

能够正确启动与退出 Windows 7 操作系统。

任务描述

启动和退出 Windows 7 操作系统。

任务实现

1. 启动 Windows 7

打开计算机外部设备的电源，然后打开主机电源，计算机就会自动启动 Windows 7 操作系统。在正常启动后，系统会显示登录界面，对于没有设置密码的账户，只需单击相应的用户图标即可登录。如果该计算机设置了多个用户及密码，则登录界面会列出已经创建的所有用户账户，并且每个用户都配有一个图标，单击相应的用户图标时，会弹出一个文本框，输入正确的密码后才能登录系统。

2. 退出 Windows 7

打开"开始"菜单，然后单击右下角的三角形箭头按钮，随后会看到很多选项，如图 3-2-1 所示。

小技巧
Windows 7 自动关
机与重启命令

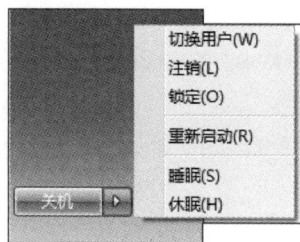

切换用户(W)
注销(L)
锁定(O)
重新启动(R)
睡眠(S)
休眠(H)
关机

图 3-2-1
Windows 7 退出选项

51

- 关机：退出正在运行的程序，关闭计算机，在关闭之前，要正确保存程序和数据，以免丢失数据。
- 注销：指向系统发出清除现在登录用户的请求，清除后即可使用其他用户重新登录系统。
- 重新启动：当计算机长时间运行后，运行速度会明显变慢，或新安装了需要重新启动后才能运行的程序等，这时就需要重新启动计算机。
- 睡眠：也称为待机，它是指用户在长时间不使用计算机的情况下，将计算机当前的会话保存在内存中并使计算机处在一个低功耗的环境下运转。
- 休眠：也是为了节约功耗而设定的，它是指用户在不使用计算机的情况下，将计算机当前的会话状态保存，然后关闭计算机。
- 切换用户：在不关闭计算机的情况下，使用其他用户来重新登录系统。

用户可根据实际情况选择不同的退出方式。

学习提示

对于 Windows 7 的几种关机模式，建议在实际的使用中进行体验、总结和使用。若要进一步直观学习正确开关机的方法，可观看微课 3-3：正确的开关机。

工作任务 3.2.2　认识桌面和桌面小工具

任务目标

认识 Windows 7 的桌面及桌面常用图标，可以根据自己的喜好自定义桌面。

任务描述

① 认识桌面的组成。
② 理解桌面常用图标。
③ 自定义桌面背景。
④ 了解桌面小工具。

任务实现

1. 认识 Windows 7 桌面

桌面是登录后看到的屏幕，它由桌面背景、桌面图标和任务栏 3 部分组成。桌面是计算机最重要的特性之一。Windows 7 的桌面如图 3-2-2 所示。

（1）桌面背景

桌面背景是 Windows 7 的背景图片，默认为 Windows 背景，用户可以根据自己的喜好设置桌面背景。

（2）桌面图标

桌面图标是指 Windows 7 桌面上显示的小图标，代表某些应用程序、文件或计算机信息。桌面图标分为系统图标和快捷方式图标两种方式。

图 3-2-2
Windows 7 的桌面

- 系统图标是 Windows 7 安装后系统自带的图标，包括用户的文件、计算机、网络、回收站和控制面板等。
- 快捷方式图标实质上是一些指针文件，是由用户创建的链接到相应文件、文件夹或应用程序的，双击该图标便可打开其指向的文件、文件夹或应用程序。

（3）任务栏

任务栏通常位于桌面的最下方，由"开始"按钮、快速启动栏、任务按钮区、语言栏、通知区域和显示桌面按钮等部分组成。

2. Windows 7 桌面小工具

Windows 7 操作系统内有一些实用的小工具，安装快捷且使用方便，小工具有时钟、日历、天气等日常应用。

Windows 7 默认并不开启小工具，需要手动操作，操作方法十分简单：右击桌面空白处，在弹出的快捷菜单中选择"小工具"命令即可开启窗口，如图 3-2-3 所示。

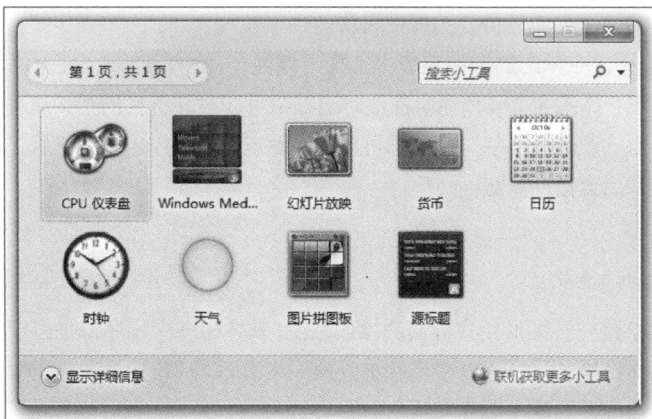

图 3-2-3
Windows 7 的桌面小工具

> **学习提示**
>
> 桌面是人机交互的第一个界面。若需要进一步直观学习 Windows 7 桌面，可观看微课 3-4：认识 Windows 7 桌面。

工作任务 3.2.3　使用"开始"菜单、任务栏、窗口和对话框

任务目标

了解 Windows 7 中"开始"菜单、任务栏、窗口及对话框的基本组成。掌握"开始"菜单、任务栏、窗口及对话框的基本操作。

任务描述

① 认识"开始"菜单。
② 使用"开始"菜单打开应用程序窗口。
③ 熟悉窗口的打开、移动、最大化、最小化、切换、关闭等操作。
④ 熟悉菜单类型，掌握菜单、窗口等基本操作。

任务实现

1．"开始"菜单

"开始"菜单存放操作系统或设置系统的绝大多数命令，而且还可以运行安装到当前系统中的所有程序。Windows 系统中几乎所有操作都可以通过"开始"菜单来完成。

打开"开始"菜单有两种方式：一种方式是单击任务栏左侧的"开始"按钮，另一种方式是直接按键盘上的▦键。

2．任务栏

在 Windows 7 系统中，任务栏是指位于桌面最下方的小长条，主要由"开始"按钮、快速启动栏、任务按钮区、语言栏、通知区域和显示桌面按钮等组成，它是使用最多的 Windows 组件。下面介绍任务栏的属性设置。

右击任务栏，在弹出的快捷菜单中选择"属性"命令，打开"任务栏和「开始」菜单属性"对话框，如图 3-2-4 所示。在该对话框中可以对任务栏的相关属性进行设置。例如，当选中"自动隐藏任务栏"复选框再单击"确定"或"应用"按钮后，会发现任务栏在鼠标指针移开后会自动隐藏。

3．窗口

（1）窗口的基本组成

Windows 7 是一种图形用户界面的操作系统，其中每一个程序都是以窗口形式显示在桌面上。窗口操作是 Windows 7 中最基本的操作。下面以"日记本"应用程序窗口为例介绍窗口的基本组成，如图 3-2-5 所示。

图 3-2-4
任务栏的属性对话框

工具栏　　标题栏　　菜单栏

小技巧
窗口操作

工作区

图 3-2-5
"日记本"应用程序窗口

大多数应用程序窗口都是由标题栏、菜单栏、工具栏、工作区等组成。

① 标题栏：主要用于显示窗口名称。双击标题栏可实现"最大化"窗口或"恢复"窗口大小的操作。

② 菜单栏：应用程序中命令的集合。每个菜单都包含一系列相关命令项，用户可以通过这些菜单命令来执行各种操作。

③ 工具栏：由一系列命令按钮组成。每个命令按钮对应一条菜单命令，它是某一菜单命令的快捷方式，当用户单击某一命令按钮时，就可以执行相应的操作。

④ 工作区：用于显示窗口目前工作运行的状态区域。

（2）窗口的基本操作

① 打开窗口：当需要打开一个窗口时，可以通过以下两种方式实现。

● 双击要打开的窗口图标，即可实现打开操作。

● 在选择的图标上右击，在弹出的快捷菜单中选择"打开"命令。

② 移动窗口：当窗口没有最大化时，拖动窗口标题栏即可将其移动到合适的位置。

③ 缩放窗口：将鼠标指针放在边框的水平或垂直位置或边框任意角进行拖动。

④ 最大化与最小化操作：单击标题栏上的"最大化"与"最小化"按钮，或使用控制菜单中的"最大化"与"最小化"命令。

⑤ 切换窗口操作：可以通过单击窗口在任务栏应用程序中的图标进行切换，或使用Alt+Tab 快捷键进行切换。

⑥ 关闭窗口：关闭窗口可以使用以下几种方式完成。

小技巧
窗口快捷键盘操作

● 直接单击标题栏右上角的"关闭"按钮。

● 右击任务栏上对应的窗口按钮，在弹出的快捷菜单中选择"关闭"命令。

● 选择"文件"→"关闭"菜单命令。

● 单击控制图标，在弹出的控制菜单中选择"关闭"命令。

● 双击控制图标。

● 按 Alt+F4 组合键。

4. 对话框

对话框是计算机与用户之间最常用的人机对话方式之一。它是一个特殊的窗口，是各种命令与用户沟通的桥梁，当选择的命令需要进一步操作时，就会弹出对话框来接收用户指令或者输入、回答或选择一些项目和信息后，可单击"确定"按钮继续执行命令，也可单击"取消"按钮结束。与应用程序窗口不同的是，对话框无法更改窗口的尺寸。Windows对话框如图 3-2-6 所示。

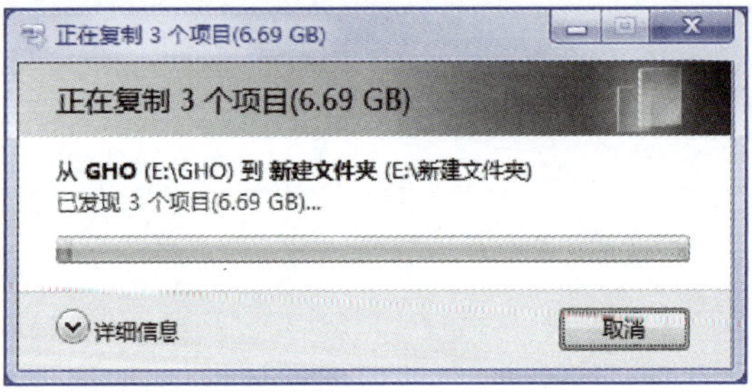

图 3-2-6
Windows 对话框

微课 3-5
认识与使用"开始"菜单、任务栏、窗口和对话框

学习提示

若要进一步直观学习"开始"菜单、任务栏、窗口和对话框的操作方法与技巧，可观看微课 3-5：认识与使用"开始"菜单、任务栏、窗口和对话框。

工作任务 3.2.4　安装输入法

任务目标

熟悉 Windows 7 中输入法的安装。

任务描述

安装搜狗输入法。

任务实现

① 在网上下载搜狗输入法的安装包及一些字体文件，双击运行下载完成的输入法安装包，打开选择安装方式界面，如图 3-2-7 所示。

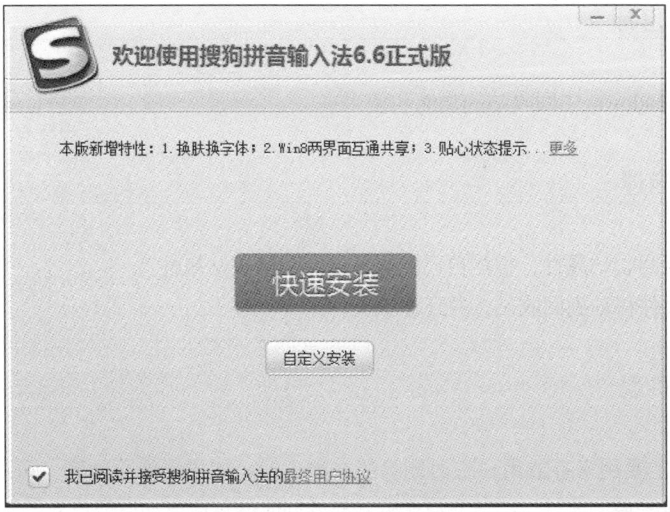

图 3-2-7
选择安装方式界面

② 在打开的选择安装方式界面中给出了两种安装方案，若选择"快速安装"，则按官方配置的安装信息进行安装；若选择"自定义安装"，则按照用户配置的安装信息进行安装。这两种安装方式各有优点。这里选择"快速安装"，单击"快速安装"按钮，打开设置安装路径界面，如图 3-2-8 所示。

图 3-2-8
设置安装路径界面

③ 单击"安装"按钮，系统将自动安装搜狗输入法。

微课 3-6
输入法的安装

工作任务 3.2.5　使用和管理回收站

任务目标

　　认识 Windows 中回收站的功能和使用。

任务描述

　　① 查看回收站属性,根据自己的需要自定义回收站属性。
　　② 将文件移动到回收站,并还原该文件。

任务实现

　　回收站主要用来存放用户临时删除的文档资料。如果误删除内容,可从回收站中恢复。使用和管理好回收站,打造富有个性功能的回收站可以更加方便日常的文档维护工作。

　　右击"回收站"图标,在弹出的快捷菜单中选择"属性"命令,打开图 3-2-9 所示的"回收站 属性"对话框。

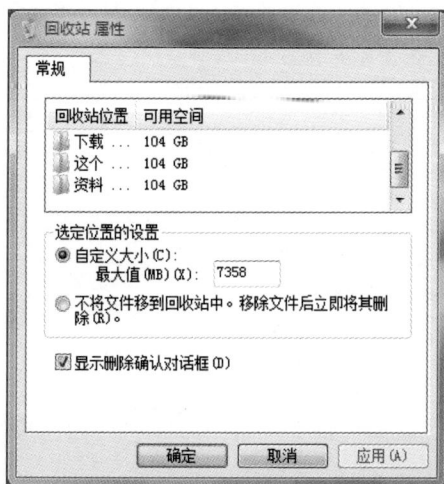

图 3-2-9
"回收站 属性"对话框

　　在该对话框中,会显示每个磁盘回收站的容量,可以设置回收站的最大值,或设置文件不移到回收站而立即删除。若选择"显示删除确认对话框"复选框后,用户在删除文件时,会再次让用户确认是否删除文件,这也在一定程度上避免了用户误删文件。

回收站只是硬盘上的一个区域，在用户将文件放进回收站时，并不是立即将文件从硬盘移除，而只是利用回收站对该文件进行了标记，表示该文件已经列入删除列表，在一定时间内，用户如果希望恢复该文件，可以从回收站中找到该文件图标并右击，在弹出的快捷菜单中选择"还原"命令，文件将还原到之前的位置。当用户确定回收站中的内容可以彻底删除时，可右击"回收站"图标，在弹出的快捷菜单中选择"清空回收站"命令。

💡 学习提示

在删除文件时，若按住 Shift 键，文件将不会进入回收站，而被永久性删除，这时不可再恢复文件。若要进一步直观学习回收站的使用和管理方法，可观看微课 3-7：使用和管理回收站。

微课 3-7
使用和管理回收站

工作任务 3.2.6　使用帮助和支持中心

⚙ 任务目标

了解在 Windows 7 操作中遇到问题时如何求助。

📝 任务描述

能够查看和调用 Windows 7 操作系统中自带的帮助命令系统。

🖥 任务实现

选择"开始"→"帮助和支持"菜单命令或按功能键 F1，将弹出"Windows 帮助和支持"窗口，如图 3-2-10 所示。

图 3-2-10
"Windows 帮助和支持"窗口

在该窗口中，用户可以找到很多简单的 Windows 7 入门教程，它能迅速地帮助用户解决在使用 Windows 7 时遇到的问题。"Windows 帮助和支持"还可以为用户制定一些学习计划。当然，也可以通过输入关键字的方式快速搜索到所需要的帮助。

学习单元 3.3　Windows 7 的文件与文件夹管理

◎ 单元目标

> 了解资源管理器的作用，能够熟练使用资源管理器进行一系列的文件管理。

3-4 学习指导
Windows 7 资源管理器的使用

资源管理器在 Windows 7 操作系统中占有十分重要的地位，为计算机用户提供了强大的管理作用，通过资源管理器可以完成对文件的浏览，并能对文件进行移动、复制和删除等操作。

工作任务 3.3.1　认识 Windows 7 资源管理器

⚙ 任务目标

3-5 学习工作单
Windows 7 资源管理器的使用

理解资源管理器的概念及作用，能使用资源管理器组织文件。

✍ 任务描述

① 在 Windows 7 操作系统中使用多种方法打开资源管理器，观察资源管理器的布局形式及作用。

② 通过资源管理器显示文件。

③ 组织资源管理器中的文件内容。

⚙ 任务实现

1. 认识资源管理器

资源管理器就是一个查看和管理计算机中所有资源的程序。它是用户查看文件的重要窗口，可以通过资源管理器查看计算机中的所有资源，能够清晰、直观地对计算机中的文件和文件夹进行管理。其功能与控制面板类似，都是系统管理工具，只是控制面板主要用来添加或删除程序、设置打印机和字体、添加或删除硬件设备等，而资源管理器侧重于文件管理。

2. 打开资源管理器

打开 Windows 7 中资源管理器的方法如下。

① 在"开始"菜单中，选择"所有程序"→"附件"→"Windows 资源管理器"命令。

② 右击"开始"菜单，在弹出的快捷菜单中选择"资源管理器"命令。

3. 资源管理器的组成

Windows 7 的资源管理器窗口分为两部分：左侧窗格用于显示所有磁盘和文件夹的列表，右侧窗格用于显示选定磁盘和文件夹的内容。与一般窗口类似，资源管理器也有菜单栏、工具栏、地址栏和状态栏等部分，如图 3-3-1 所示。

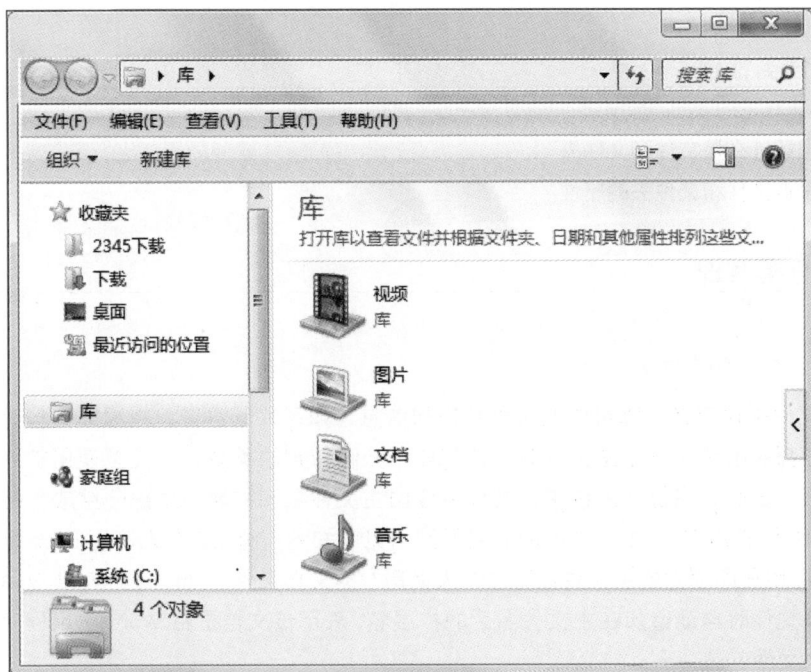

图 3-3-1
资源管理器

4. 通过资源管理器管理文件

Windows 7 资源管理器是通过树状结构来对文件进行统一的管理和组织。

在 Windows 7 资源管理器左侧窗格中，整个计算机的资源被划分为五大类，包含收藏夹、库、家庭组、计算机和网络，其目的是为了让用户更好地组织、管理和应用资源，进行高效操作。例如，在收藏夹下"最近访问的位置"中可以查看到最近打开过的文件和系统程序，方便用户再次使用。更加强大的是"库"的功能，它将各个不同位置的文件资源组织在一个个虚拟"仓库"中，这样集中在一起的各类资源就可以极大地提高用户的使用效率。在 Windows 7 资源管理器右侧窗格中，显示选择文件夹中的内容，如图 3-3-1 中右侧窗格中显示的是"库"的内容。

学习提示

在资源管理器窗口中，用户可以根据自己的喜好为窗口中的文件和文件夹设置不同的显示方式，以便于查阅和管理。Windows 7 中提供了超大图标、大图标、中等图标、小图标、列表、详细信息等类型的显示方式，方便用户查看文件的不同信息。若要进一步直观学习资源管理器的使用，可观看微课 3-8：资源管理器。

微课 3-8
资源管理器

工作任务 3.3.2　认识文件和文件夹的基础知识及属性

任务目标

能区分文件和文件夹，能够设置文件和文件夹的属性。

任务描述

理解什么是文件和文件夹。
设置文件和文件夹的属性。

小技巧
文件管理

任务实现

1. 文件和文件夹

文件是保存在计算机中的各种数据和信息，如图片、声音、视频或文档等。每个文件都被赋予了一个主文件名，并且属于一种特定的类型，该类型使用扩展名进行标识。因此，在操作系统中，文件名应由主文件名和扩展名两部分组成，格式为"主文件名.扩展名"，主文件名的命名原则为见名知意，例如，个人简历.docx 是指由 Word 应用程序创建的主文件名为"个人简历"的文档文件，.docx 是 Word 应用程序在保存文件时自动追加在主文件名后的扩展名，表示该文档是由 Word 应用程序创建的文档文件。

在资源管理器中，显示文件有多种视图方式，如大图标、中图标、小图标、列表、详细信息和平铺等。若在平铺显示方式下，文件主要由文件图标、文件名称、分隔符、文件扩展名及文件描述信息等部分组成。

文件夹是用于存放文件及下一级子文件夹的场所，用户可以将大量的文件分类后保存在不同名称的文件夹中，以便于查找。文件夹的外观由文件夹图标和文件夹名组成。

2. 文件和文件夹属性设置

常见的文件和文件夹属性有隐藏属性、只读属性和存档属性等。

- "只读"属性：具有"只读"属性的文件或文件夹，只能浏览，不能修改。
- "隐藏"属性：具有"隐藏"属性的文件或文件夹，在默认情况下不显示。
- "存档"属性：具有"存档"属性的文件或文件夹，既可以浏览，也可以修改或删除。通常创建的文档，一般默认为存档属性。

图 3-3-2 所示是通过右击文件夹图标，在弹出的快捷菜单中选择"属性"命令后，打开的文件夹属性对话框。在该对话框中，可以看到文件夹的基本属性、位置、大小及占用空间等基本信息，以及查看和设置文件夹的属性。用户可以根据自身文件夹使用情况进行属性设置。

图 3-3-3 所示是通过右击文件图标，在弹出的快捷菜单中选择"属性"命令后，打开的文件属性对话框。在该对话框中，可以看到文件的基本属性，包括它的类型、大小及

占用空间等基本信息，以及查看和设置文件的属性。同样，用户可以根据自身文件使用情况进行属性设置。

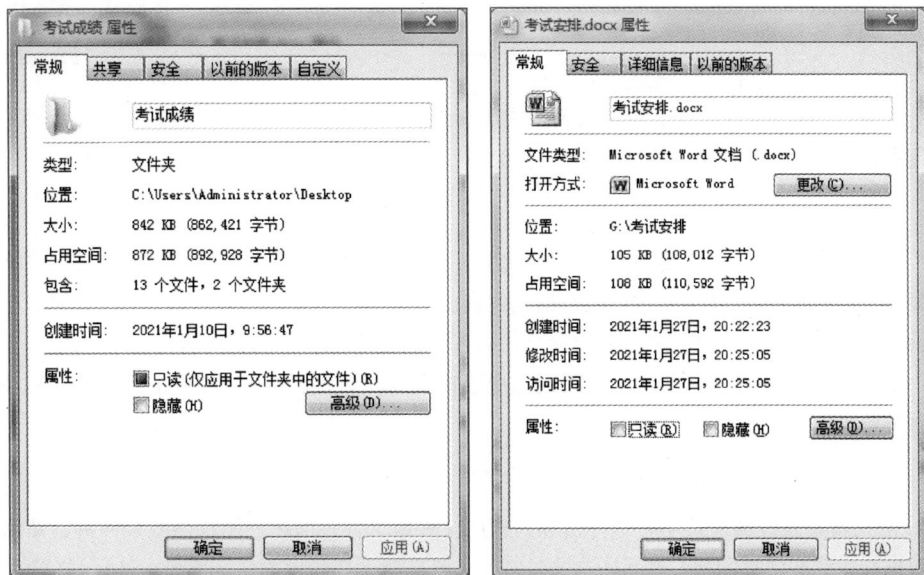

图 3-3-2
文件夹属性对话框

图 3-3-3
文件属性对话框

急救箱
Windows 7 文件夹拒
绝访问的解决办法

学习提示

在默认情况下，计算机不显示文件扩展名。在资源管理器窗口中，若要显示文件扩展名，可依次选择"组织"→"文件夹和搜索选项"命令，在弹出的文件夹选项窗口中，选择"查看"选项卡，在"高级设置"选项区域中取消选择"隐藏已知文件类型的扩展名"复选框。若要进一步直观学习文件与文件夹的定义和属性设置，可观看微课3-9：文件与文件夹。

微课 3-9
文件与文件夹

工作任务 3.3.3　文件与文件夹的基本操作

任务目标

① 具备在资源管理器中新建文件或文件夹的能力。

② 具备在资源管理器中完成打开、复制、移动、删除和重命名等操作的基本能力。

任务描述

① 学会创建文件或文件夹。

② 学会打开、查看文件或文件夹。

③ 学会选择连续或不连续的多个文件或文件夹。

④ 学会复制、移动、删除文件或文件夹。

⑤ 学会文件或文件夹的重命名。

任务实现

在 Windows 7 操作系统中，大量信息都是以文件和文件夹的形式组织和存放。对于用户来说，学会有效地创建和使用文件和文件夹十分重要。

1. 创建文件或文件夹

打开资源管理器，选择所需要创建文件或文件夹的位置，若选择"文件"→"新建"→"文本文档"菜单命令，则在指定位置创建一个扩展名为.txt 的新文件；若选择"文件"→"新建"→"文件夹"菜单命令，则在指定位置创建一个文件夹。

若要创建文件或文件夹，也可以在资源管理器右侧窗格的空白处右击，在弹出的快捷菜单中选择"新建"命令。

2. 打开文件或文件夹

在资源管理器窗口中，选择需要打开的文件或文件夹所在的驱动器或文件夹，然后双击文件或文件夹图标。也可右击文件或文件夹图标，在弹出的快捷菜单中选择"打开"命令。

3. 选择文件或文件夹

若要选择多个不连续的文件或文件夹时，可以按住 Ctrl 键进行选择。若要选择多个连续的文件或文件夹，可以按住 Shift 键进行选择。按 Ctrl+A 组合键可以迅速选择该界面中的所有文件和文件夹。选择文件或文件夹的目的在于对这些对象进行诸如复制、移动、删除等操作。

4. 文件或文件夹的复制和移动

使用资源管理器可以非常方便地复制、移动文件或文件夹，操作步骤如下。

① 打开资源管理器窗口，选择要移动或复制的文件或文件夹右击。

② 在弹出的快捷菜单中，若想要移动，则选择"剪切"命令，若想要复制，则选择"复制"命令。

③ 找到放置该文件或文件夹的驱动器或文件夹右击，在弹出的快捷菜单中选择"粘贴"命令。

5. 删除文件或文件夹

当用户不再需要某个文件时，可以将其从计算机中删除，操作步骤如下。

右击要删除的文件，在弹出的快捷菜单中选择"删除"命令，然后在弹出的对话框中单击"是"按钮。此时，删除的文件并未立即从硬盘上清除，而是移动到回收站中，用户可以通过回收站还原文件。

若在弹出的快捷菜单中选择"删除"命令，并同时按住 Shift 键，将彻底删除文件。

6. 查找文件或文件夹

打开资源管理器窗口，在标题栏右侧的搜索框中输入要查找的文件名或输入要查找的文件夹名称，Windows 7 就会自动搜索出所对应的文件或者文件夹。

在查找文件或文件夹时，可以使用通配符进行模糊查找。

- 星号（*）：星号可以在文件中代表任意的字符串。例如，搜索*.doc，可以搜索到系统中所有以.doc 作为扩展名的文件。搜索 a*.*，可以搜索以 a 开头的所有文件。
- 问号（？）：问号可以代表文件中的一个字符。例如，搜索?a*. doc，可以搜索到系统中文件名第 2 位是 a，扩展名为.doc 的所有文件。

7. 设置快捷方式

将常用的文件或程序生成一个快捷方式放在桌面上，会使工作学习效率提高很多。选择需要创建快捷方式的文件右击，在弹出的快捷菜单中选择"发送到"→"桌面快捷方式"命令，即可在桌面生成一个快捷方式图标。

> **学习提示**
>
> Windows 7 支持的文件或文件夹名称的长度不超过 255 个字符，名称中可包含空格，但不能有?、/、*、\"、<、>和|等字符。若要进一步直观学习对文件的管理技巧，可观看微课 3-10：文件管理技巧。

微课 3-10
文件管理技巧

工作任务 3.3.4　设置文件或文件夹的权限

任务目标

① 理解文件或文件夹的权限作用。
② 能够设置文件或文件夹的权限。

任务描述

学习设置文件或文件夹权限的方法。

任务实现

设置文件或文件夹权限的操作步骤如下。
① 找到设置的文件或文件夹所在的位置，右击该文件图标。
② 在弹出的快捷菜单中选择"属性"命令，打开其属性对话框。
③ 在属性对话框中选择"安全"选项卡。
④ 单击"编辑"按钮，打开权限设置对话框，如图 3-3-4 所示。
⑤ 在权限设置对话框中选择要设置权限的用户。

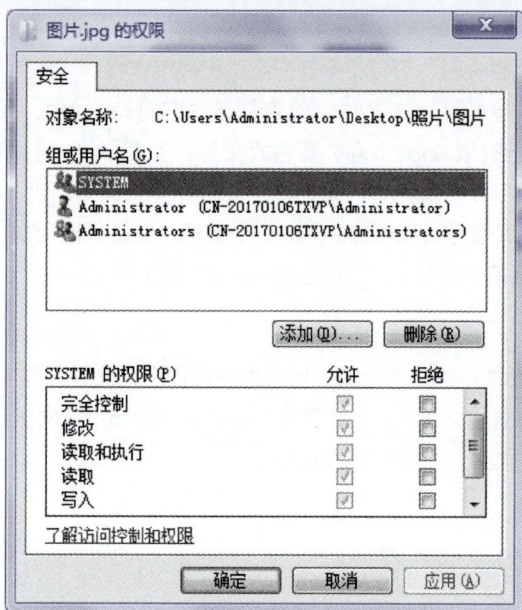

图 3-3-4
权限设置对话框

⑥ 设定权限，单击"确定"按钮。

微课 3-11
文件或文件夹的权限
设置

学习提示

权限设置要根据实际情况而定，权限开放要适度，否则会对计算机带来一定的安全隐患。若要进一步直观学习文件或文件夹的权限设置，可观看微课 3-11：文件或文件夹的权限设置。

学习单元 3.4 Windows 7 的个性化设置

单元目标

能够根据用户的需求与喜好来美化计算机。

初次体验 Windows 7 后，一定会给用户留下很深的印象，其实，它还为用户提供了个性化功能，通过使用 Windows 7 的个性化功能，会让用户的系统外观更加绚丽。

工作任务 3.4.1 设置外观、主题等视觉效果

PPT 第 3 讲
Windows 7 个性化设
置与磁盘管理

任务目标

设置桌面视觉效果。

任务描述

① 设置桌面背景。

② 设置窗口颜色和外观。

③ 设置屏幕保护程序。

④ 设置屏幕分辨率。

任务实现

启动计算机进入 Window 7 后，首先会与系统桌面进行"对话"，而在具体的操作或设置中，Windows 7 还为窗口边框提供了丰富的颜色类型，不仅可以对颜色进行调整，还可以设置半透明的效果。

1. 设置桌面背景

设置桌面背景的操作步骤如下。

① 在桌面空白处右击，在弹出的快捷菜单中选择"个性化"命令，打开"个性化"窗口。

② 单击下方的"桌面背景"链接按钮，在打开的"桌面背景"窗口的列表框中选择背景图片，其他保持默认设置。

③ 单击"保存修改"按钮，返回"个性化"窗口后关闭窗口，回到桌面后就可看到桌面背景已经应用了所选的图片。

2. 设置窗口颜色和外观

Windows 7 为窗口边框提供了丰富的颜色类型，不仅可以对颜色进行调整，还可以设置半透明的效果，其操作步骤如下。

① 在桌面空白处右击，在弹出的快捷菜单中选择"个性化"命令，打开"个性化"窗口，单击下方的"窗口颜色"链接按钮。

② 在打开的"窗口颜色和外观"窗口中选择所需的颜色类型，如选择"大海"颜色模块，取消选中"启用透明效果"复选框，其他保持默认设置，此时窗口已经发生改变。

③ 单击"保存修改"按钮，完成设置。

3. 设置屏幕保护程序

设置屏幕保护程序的操作步骤如下。

① 打开"个性化"窗口，单击下方的"屏幕保护程序"链接按钮，打开"屏幕保护程序设置"对话框，在"屏幕保护程序"下拉列表框中选择所需的选项，如选择"气泡"选项。

② 在"等待"数值框中输入开启屏幕保护程序的时间，如输入"10"，然后单击"预览"按钮，显示预览设置后的效果，单击"确定"按钮使设置生效。

4. 设置屏幕分辨率

在安装 Windows 7 的过程中，会自动调整正确的屏幕分辨率，通常液晶显示器的标准分辨率是系统推荐的最大数值的屏幕分辨率。如果需要手动调整，其操作步骤如下。

　　① 在桌面空白处右击，在弹出的快捷菜单中选择"个性化"→"显示"→"调整分辨率"命令，打开"屏幕分辨率"窗口。

　　② 在"分辨率"下拉列表框中，通过拖动滑块来改变分辨率的大小，确认后单击"确定"按钮。

微课 3-12
个性化桌面设置

> **学习提示**
>
> 　　屏幕保护程序是使显示器处于节能状态，用于保护计算机屏幕的一种程序。Windows 7 提供了三维文字、气泡、彩带和照片等多种屏幕保护程序，用户还可以从网络搜索获取更多的屏幕保护程序。若要进一步直观学习外观与主题设置方法，可观看微课 3-12：个性化桌面设置。

工作任务 3.4.2　自定义任务栏和"开始"菜单

任务目标

能合理使用 Windows 7 任务栏和"开始"菜单。

任务描述

① 调整任务栏的位置。
② 调整任务栏的大小。
③ 设置任务栏中的图标。
④ 设置"开始"菜单。

任务实现

　　通过改变任务栏的位置和大小可以改变整个屏幕显示内容的布局，同时还可以对工具栏进行设置，使各项操作方便、快捷，并且具有个性化的使用环境。

1．调整任务栏的位置

　　如果对任务栏位于屏幕底部不满意，或者感觉使用起来不方便，可以将任务栏移动到桌面的左侧、右侧或顶部。操作步骤如下。

　　① 在任务栏的空白处右击，在弹出的快捷菜单中选择"属性"命令，打开"任务栏和「开始」菜单属性"对话框。

　　② 在"屏幕上的任务栏位置"下拉列表框中寻找所需的位置选项。

　　③ 单击"确定"按钮，完成调整任务栏位置的设置。

2．调整任务栏大小

　　根据需要可以调整任务栏的大小，其操作步骤如下。

① 在任务栏的空白处右击，在弹出的快捷菜单中取消选择"锁定任务栏"命令。

② 将鼠标指针移到任务栏的边缘，按住鼠标左键不放，通过拖动鼠标调整任务栏的大小。

急救箱
任务栏中音量图标
消失的解决办法

3. 设置任务栏中的图标

设置任务栏中的图标是指设置程序在任务栏中对应的快速启动图标的显示方式，与调整任务栏位置的方法类似，其操作步骤如下。

① 在任务栏的空白处右击，在弹出的快捷菜单中选择"属性"命令，打开"任务栏和「开始」菜单属性"对话框。

② 在"任务栏按钮"下拉列表框中，若选择"从不合并"选项，然后单击"确定"按钮，此时任务栏将各个应用程序窗口以按钮的形式显示在任务栏指定区域上。

4. 设置"开始"菜单

Windows 7"开始"菜单也可以进行一些自定义的设置。如果担心"开始"菜单中的 JumpLists 功能会泄露隐私，那么可以在"开始"菜单上右击，在弹出的快捷菜单中选择"属性"命令，在打开的属性对话框中取消显示最近打开的程序和文件列表。

在该对话框中若单击"自定义"按钮，在弹出的"自定义「开始」菜单"对话框中可以看到一系列"开始"菜单项显示方式的设置。例如，将"计算机"设置为"显示为菜单"后，当回到"开始"菜单中，即可看到"计算机"选项后多了二级菜单，这样用户就可以通过"开始"菜单直接进入各个分区。

> **学习提示**
>
> 通过"任务栏和「开始」菜单属性"对话框的"工具栏"选项卡，可在任务栏中添加工具栏（如地址栏），这样可提高操作计算机的效率。若要进一步直观学习任务栏和"开始"菜单的设置方法，可观看微课 3-13：任务栏和"开始"菜单。

微课 3-13
任务栏和
"开始"菜单

工作任务 3.4.3　设置鼠标

任务目标

能合理进行鼠标设置。

任务描述

设置鼠标速度、鼠标指针样式等参数。

任务实现

设置鼠标主要包括调整双击鼠标的速度、更换鼠标指针样式等，其操作步骤如下。

① 在桌面空面处右击，在弹出的快捷菜单中选择"个性化"命令，打开"个性化"窗口，单击导航窗格中的"更改鼠标指针"链接按钮。

　　② 打开"鼠标 属性"对话框，选择"指针"选项卡，然后在"方案"下拉列表框中选择鼠标样式方案，如选择"Windows 黑色（系统方案）"选项，单击"确定"按钮，此时，所有操作的鼠标指针样式就变为设置后的样式。

　　若想单独更改某一操作的鼠标指针样式，如重新设置"后台运行"的鼠标指针样式。可以直接在"自定义"列表框中选择"后台运行"，然后单击"浏览"按钮，打开"浏览"对话框，系统就会自动定位到可选择指针样式的文件夹。当在文件夹列表框中选择一种样式后，如选择 aero.busy.ani 选项，再单击"确定"按钮。"后台运行"的指针样式就会按所选指针样式进行显示。

💡 **学习提示**

　　采用类似方法也可以设置键盘参数。若要进一步直观学习鼠标的设置方法，可观看微课 3-14：鼠标的设置。

微课 3-14
鼠标的设置

学习单元 3.5　Windows 7 磁盘管理

🎯 **单元目标**

　　了解磁盘管理的主要内容，具备进行磁盘分区和查看磁盘属性等基本能力。

　　无论在哪个系统中，对于磁盘的如何使用和管理都是必不可少的工作。

工作任务 3.5.1　认识磁盘分区和更改驱动器号

⚙ **任务目标**

应用实践
磁盘管理

　　能进行磁盘分区并更改磁盘驱动器号。

📝 **任务描述**

　　① 认识磁盘分区。
　　② 更改驱动器号。

🖥 **任务实现**

小技巧
减少磁盘扫描
等待时间

　　对硬盘进行分区使用，主要是从文件存放和管理的安全性、便捷性的角度出发，在不同分区中存放不同类型的文件，如存放操作系统、应用程序、数据文件等。一般操作系统存放在 C 盘，若系统崩溃需要重装系统，除影响 C 盘的数据全部丢失，其他分区的数据（如 D 盘或 E 盘等的数据）将不会丢失。

1. 磁盘分区

　　设置磁盘分区的操作步骤如下。

① 右击桌面上的"计算机"图标，在弹出的快捷菜单中单击"管理"命令，打开"计算机管理"窗口。

② 选择左侧窗格中"存储"→"磁盘管理"选项，即可看到当前计算机中所有磁盘分区的详细信息，如图 3-5-1 所示。

图 3-5-1
磁盘分区

③ 若要对某个磁盘进行磁盘分区，可将鼠标指针指向该磁盘后右击，在弹出的快捷菜单中选择"压缩卷"命令进行分区，若选择"删除卷"命令，则该分区可以和其相邻分区合并。

2. 更改驱动器号

在图 3-5-1 所示窗口中，右击更改驱动器号的磁盘，在弹出的快捷菜单中选择"更改驱动器号和路径"命令，打开"更改驱动器号和路径"对话框。单击"更改"按钮，在"分配以下驱动器号"下拉列表框中选择一个驱动器，如图 3-5-2 所示。单击"确定"按钮，完成驱动器号的更改。

应用实践
数据恢复

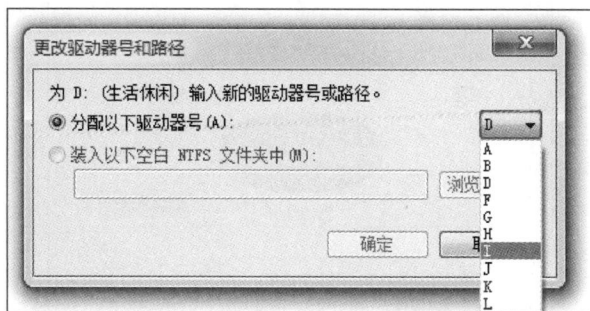

图 3-5-2
分配驱动器号

💡 **学习提示**

系统安装好后如果还要重新分区，则必须做好数据备份，以免数据丢失。若要进一步直观学习磁盘分区的设置方法，可观看微课 3-15：磁盘分区。

微课 3-15
磁盘分区

工作任务 3.5.2　查看和设置磁盘属性

任务目标

能查看和设置磁盘的常规属性。

任务描述

查看和设置磁盘的常规属性。

任务实现

磁盘的属性通常包括磁盘的类型、文件系统、空间大小、卷标等常规信息，以及磁盘的查错、碎片整理等处理程序和磁盘的硬件信息。

查看和设置磁盘属性的操作步骤如下。

① 双击"计算机"图标，打开"计算机"窗口。

② 右击需要查看和设置属性的磁盘图标，在弹出的快捷菜单中选择"属性"命令。

③ 打开磁盘属性对话框，选择"常规"选项卡，如图 3-5-3 所示。

小技巧
划回删除文件

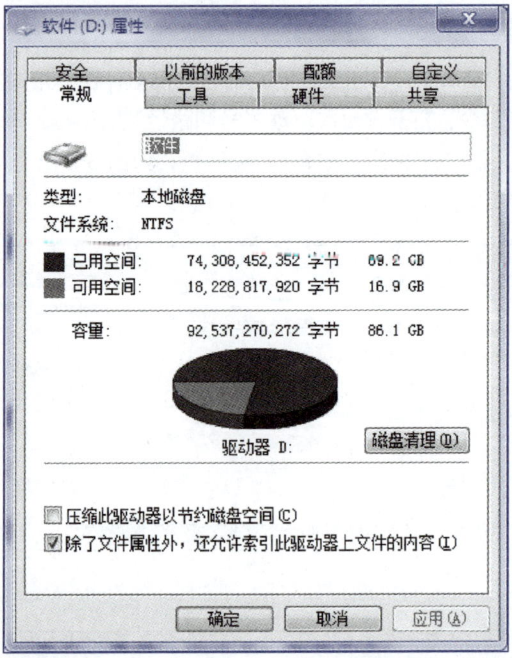

图 3-5-3
磁盘属性对话框

④ 用户可以在其中查看磁盘属性或在文本框中重新输入该磁盘的卷标，如输入卷标"软件"。

⑤ 单击"确定"按钮，完成磁盘卷标的设置。

学习提示

在磁盘属性对话框中，除了可查看到该磁盘的类型、文件系统、已用空间及可用空间等信息外，还可单击"磁盘清理"按钮，启动磁盘清理程序进行磁盘清理等，也可选中"压缩此驱动器以节约磁盘空间"复选框对该磁盘进行压缩。

学习单元 3.6　Windows 7 系统设置

单元目标

能使用控制面板进行添加或删除软件或硬件，能根据用户的需要设置 Windows 7 系统环境。

在 Windows 7 中，用户可以根据自己的需要配置系统，即 Windows 7 允许用户对系统进行设置，这些都可以通过控制面板来完成。

工作任务 3.6.1　创建、配置和管理账户

PPT 第 4 讲 Windows 7 系统设置与常用附件

任务目标

学会 Windows 7 系统账户的创建、配置和管理。

任务描述

① 创建账户。
② 进行管理账户。

任务实现

1. 创建账户

创建账户的操作步骤如下。

① 打开"开始"菜单，单击"控制面板"菜单命令，打开控制面板，如图 3-6-1 所示。

② 在控制面板窗口中，单击"用户账户和家庭安全"链接按钮。

③ 在"用户账户和家庭安全"窗口中，单击"用户账户"链接，进入"用户账户"界面。

④ 单击相应按钮添加用户账户即可。当然这里也可完成用户账户的删除。

急救箱
误删除账户无法登录系统的解决办法

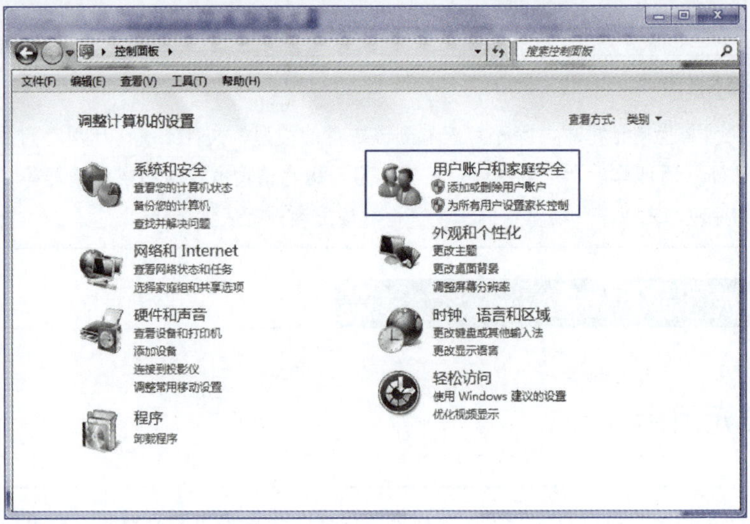

图 3-6-1
控制面板

2. 管理账户

在用户创建界面中，单击用户图片，将会进入账户管理界面，在其中可以进行相应的设置，包括更改账户名称、创建密码、更改图片、设置家长控制、更改账户类型、删除账户、管理其他账户等。

学习提示

账户管理对于维护计算机的安全非常重要，对不同用户应分配不同的账户权限。若要进一步直观学习用户账户的创建与设置方法，可观看微课 3-16：用户账户的创建与设置。

微课 3-16
用户账户的创建与设置

工作任务 3.6.2　安装、卸载应用程序

任务目标

具备在 Windows 7 系统下进行安装和卸载应用程序。

任务描述

应用实践
安装打印机

① 安装程序。
② 卸载程序。

任务实现

1. 安装程序

双击需要安装的程序（或者右击，在弹出的快捷菜单中选择安装程序），进入安装界面，然后选择安装目录，选择必要选项，最后单击“确定”按钮安装程序。

2. 卸载应用程序

① 进入"开始"菜单，单击控制面板。

② 单击"程序"链接按钮。

③ 单击"程序和功能"链接。

④ 单击"卸载程序"链接按钮，在打开的窗口中选择要卸载的程序，单击"卸载"按钮或者右击该程序，在弹出的快捷菜单中选择"卸载/更改"命令即可卸载应用程序。

急救箱
Windows 7 系统卸载
IE 浏览器的解决办法

💡 学习提示

在卸载已安装的程序文件时，切忌直接从安装目录下进行删除操作，一定要在控制面板下通过"添加或删除程序"窗口进行卸载，这样才能将软件从计算机中彻底卸载。若要进一步直观学习应用程序的安装与卸载方法，可观看微课 3-17：安装与卸载应用程序。

微课 3-17
安装与卸载应用程序

学习单元 3.7　Windows 7 的常用附件

🎯 单元目标

能使用 Windows 7 的常用附件，能利用 Windows 7 操作系统自带的附件完成一些常用操作。

在 Windows 7 操作系统中，"开始"菜单的"附件"选项中自带了不少实用的小程序，许多都是通常能使用的，如记事本、写字板、计算器和画图等。

工作任务 3.7.1　使用多功能计算器

⚙️ 任务目标

认识 Windows 7 中提供的"计算器"，具备使用"计算器"进行计算与数制转换的基本能力。

📝 任务描述

① 了解 Windows 7 中提供的"计算器"。

② 学会使用"计算器"进行数制转换。

📠 任务实现

在 Windows 7 的附件中，其提供的"计算器"有标准型、科学型、程序员型和统计信息型 4 种模式。若要使用计算器完成不同进制的转换，必须选择程序员型计算器，例如，将十进制 56 转换成对应的二进制，其操作方法如下。

①选择"开始"→"所有程序"→"附件"→"计算器"菜单命令，打开标准型计算器。

②选择"查看"→"程序员"菜单命令，进入程序员型计算器界面。

③在左侧区域选择"十进制"单选按钮，在右侧数字区域单击输入十进制数 56，如图 3-7-1（a）所示。

④在左侧区域选择"二进制"单选按钮，数据框中的数据就会自动转换成对应的二进制数 111000，如图 3-7-1（b）所示。

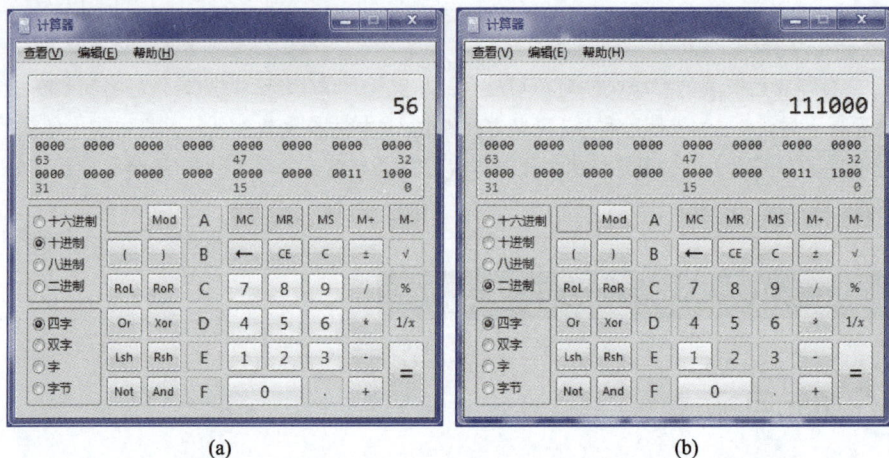

图 3-7-1
计算器
(a)　　　　　　　　　　　　(b)

微课 3-18
巧用计算器进行不同
进制的转换

💡 学习提示

若要进一步直观学习利用计算器进行不同进制的转换方法，可观看微课 3-18：巧用计算器进行不同进制的转换。

工作任务 3.7.2　使用记事本

⚙ 任务目标

具备使用"记事本"创建和保存文件的基本能力。

📝 任务描述

使用"记事本"创建和保存文档。

🖥 任务实现

1. 打开记事本

选择"开始"→"所有程序"→"附件"→"记事本"菜单命令，打开记事本程序。

2. 新建文件

选择"文件"→"新建"菜单命令，新建文件将关闭已打开的文档，如果在"记事本"中对文本修改而未保存，系统会打开保存文件的提示框。此时，无论单击"保存"按钮还是"不保存"按钮，都将再打开一个新的文档窗口。

3．打开文件

① 选择"文件"→"打开"菜单命令，打开"打开"对话框。

② 在"打开"对话框中选择要打开文件的位置和文件名。

③ 单击"打开"按钮，打开文档后即可阅读文档。

4．文档编辑的基本操作

（1）设置"自动换行"

在"记事本"中输入的文本是不会自动换行的。如果要自动换行，选择"格式"→"自动换行"菜单命令即可。

（2）使用常用快捷键移动插入点（光标）

① Home：插入点移动到本行文本的行首。

② End：插入点移动到本行文本的行尾。

③ Ctrl+Home：插入点移动到文件的开头。

④ Ctrl+End：插入点移动到文件的结尾。

⑤ Page Up：插入点上移一页。

⑥ Page Down：插入点下移一页。

（3）在"记事本"中插入日期和时间

如果要在当前插入点处插入系统的当前日期和时间，选择"编辑"→"日期时间"菜单命令即可。也可在文档首行处输入".LOG"命令，以后每次打开文档后，都会在文档中插入日期和时间。通常把含有此命令的文档称为日志文档。

5．保存文件

所谓保存文件，就是把当前所编辑或修改的文档在磁盘中存储，但不关闭文档。保存文档的操作步骤如下。

① 选择"文件"→"保存"菜单命令，如果当前文档是一个新建文档，会打开"另存为"对话框。

② 在"另存为"对话框中选择要保存文件的位置，输入保存的文件名。

③ 单击"保存"按钮。

💡 **学习提示**

"记事本"是一个不带任何格式的文档，有些程序员会用它编写程序代码。若要进一步直观学习创建日志文档的方法，可观看微课 3-19：使用记事本进行日志记录。

微课 3-19
使用记事本
进行日志记录

急救箱
鼠标右击没有新建记
事本选项的解决办法

工作任务 3.7.3　使用"画图"工具创建修改图画

任务目标

具备使用"画图"工具创建或修改图画的基本能力。

📝 任务描述

① 使用"画图"工具创建图画。

② 使用剪贴板剪贴图像。

⚙ 任务实现

"画图"程序是一款位图编辑应用程序，可以对各种位图格式的图画进行编辑。用户可以自己绘制图画，也可以对扫描仪或照相机传输的图片进行编辑，在编辑完成后，可以保存为 BMP、JPG 或 GIF 等格式，还可以直接设置为桌面背景或在电子邮件中发送。

1. 打开画图程序

选择"开始"→"所有程序"→"附件"→"画图"菜单命令，即可打开"画图"窗口，如图 3-7-2 所示。

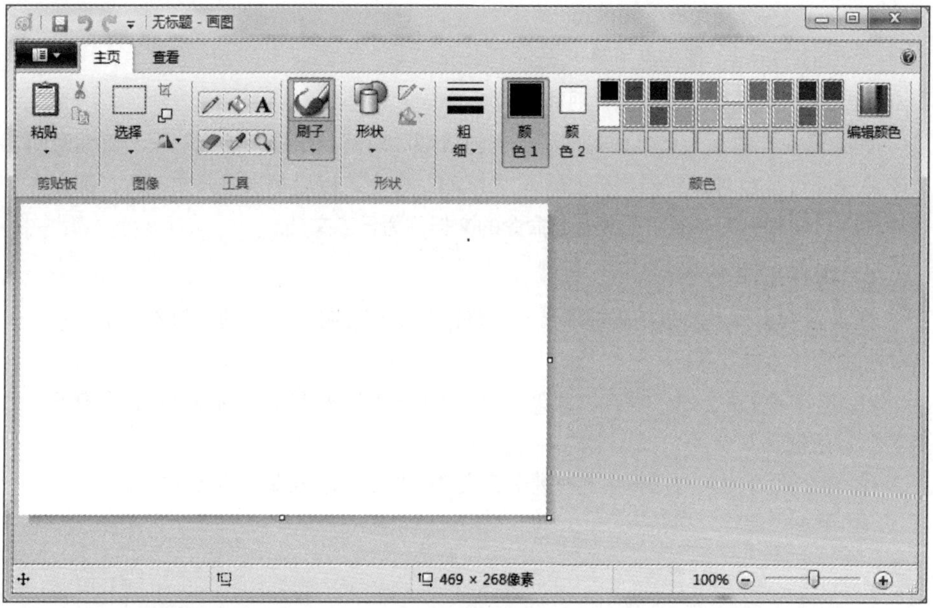

图 3-7-2
"画图"窗口

2. 颜色的选择

在"画图"窗口中，"颜色 1"和"颜色 2"按钮分别代表前景颜色和背景颜色。改变前景颜色和背景颜色的方法一样。若选择"颜色 1"按钮，并在颜料盒中找到所需颜色并单击，就可改变前景颜色，若选择"颜色 2"按钮，并在颜料盒中找到所需颜色并单击，就可改变背景颜色。如果想自己调配新的颜色，可以单击"编辑颜色"按钮，打开"编辑颜色"对话框，如图 3-7-3 所示，在其中可以编辑和自定义颜色。

3. 绘图

绘图主要通过鼠标操作完成，可通过左右键配合来绘制，还可以配合键盘绘制。

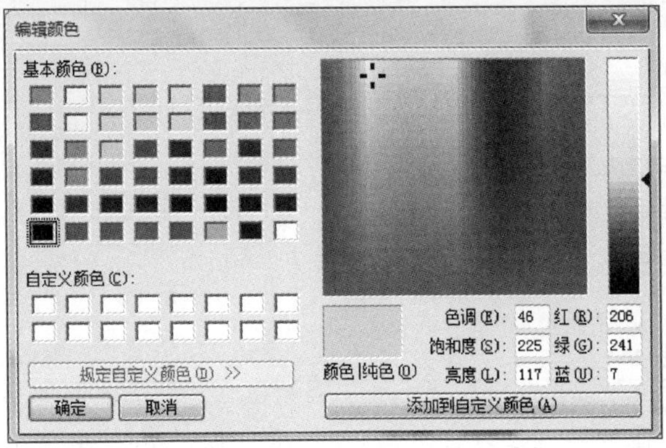

图 3-7-3
"编辑颜色"对话框

① 直线工具+Shift 键：绘制出水平线、垂直线或 45° 角倍数的直斜线。

② 矩形工具+Shift 键：绘制出正方形。

③ 椭圆工具+Shift 键：绘制出圆形。

④ 按住左键拖动：线条显示为前景色。

⑤ 按住右键拖动：线条显示为背景色。

4．保存图像

选择"文件"→"保存"菜单命令，打开"另存为"对话框，对图像进行保存。在保存图像时，可以根据需要选择图像格式。

💡 **学习提示**

如果用户对图形有更高的要求，就需选择专业的绘图软件完成。若要进一步直观学习"画图"工具的基本操作方法与技巧，可观看微课 3-20：使用"画图"工具创建修改图画。

微课 3-20
使用"画图"工具
创建修改图画

学习单元 3.8 Windows 7 常见问题处理

🎯 **单元目标**

能分析和处理 Windows 7 操作系统的常见问题，并能通过各种途径获取解决方法。

在使用 Windows 7 操作系统过程中，可能会出现一些问题需要处理，如有时需要结束某一个应用程序的运行或清理系统垃圾文件、无用文件等。

工作任务 3.8.1 使用任务管理器

⚙ **任务目标**

具备使用任务管理器的对应用程序进行切换、结束或执行一个新任务的基本能力。

任务描述

① 切换应用程序。
② 结束应用程序。
③ 执行应用程序。

任务实现

1. 应用程序间的切换

当启动多个应用程序时，可以通过任务管理器提供的"切换至"按钮，将在后台运行的应用程序切换到前台来运行，操作步骤如下。

① 打开"Windows 任务管理器"窗口，有两种方法，一种是右击任务栏的空白处，在弹出的快捷菜单中选择"任务管理器"命令，另一种是使用 Ctrl+Alt+Delete 快捷键。

② 选择相应的应用程序，在"应用程序"选项卡中单击"切换至"按钮，如图 3-8-1 所示。

急救箱
计算机任务管理
器无法使用的解
决办法

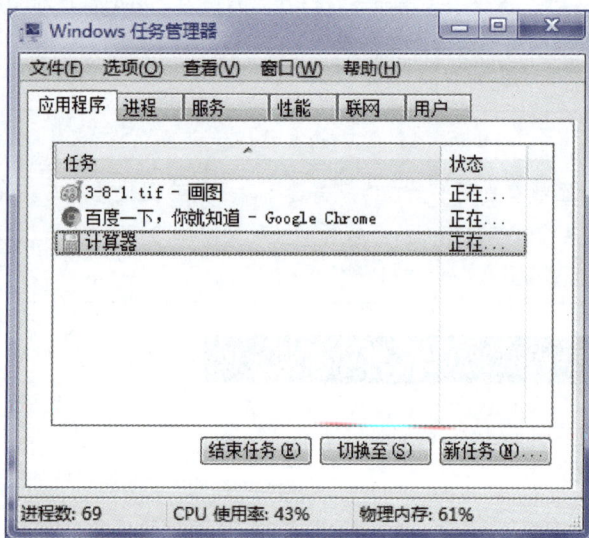

图 3-8-1
Windows 7 任务
管理器

2. 结束应用程序

当有多个程序运行时，会占有系统的很多资源，所以当有些程序不需要时应该及时关闭。操作步骤如下。

① 打开"Windows 任务管理器"窗口。
② 选择要关闭的应用程序，在"应用程序"选项卡中单击"结束任务"按钮。

说明：

在"Windows 任务管理器"窗口中有 6 个选项卡。"应用程序"选项卡中列出当前运行的程序名称。"进程"选项卡列出的是目前系统中已经加载的系统程序和部分应用程序名，对于熟悉计算机系统的用户，可以关闭一些进程来提高计算机性能。"服务"选项卡主要显示系统中各种服务的详细信息、当前状态等情况。"性能"选项卡主要显示系统当前的 CPU 和内存使用情况。"联网"选项卡主要显示当前网络状态。"用户"选项卡主要显示当前已登录和连接到本机的用户数等信息。可以单击"注销"按钮重新登录，或者通过单击"断开"按钮断开与本机的连接。如果是局域网用户，还可以向其他用户发送消息。

急救箱
Windows 7 系统自
带备份问题的解决
办法

学习提示

若要进一步直观学习使用任务管理器的使用方法，可观看微课 3-21：使用任务管理器关闭应用程序。

工作任务 3.8.2 为 Windows 7 减肥

微课 3-21
使用任务管理器
关闭应用程序

任务目标

具备对 Windows 7 "瘦身"（即为系统清理垃圾文件、无用文件）的基本能力。

任务描述

① 了解对 Windows 7 进行"瘦身计划"的原因。
② 认识"瘦身"所需的工具。
③ 了解进行"瘦身"的过程。

任务实现

1. "瘦身"缘由

在使用计算机的过程中，随着使用时间的推移，计算机中的软件会逐渐增加，系统中的垃圾文件、无用文件也会随之增多，这会增加系统的负荷，导致系统运行速率降低，对计算机的使用造成影响，因此，就不得不为 Windows 7 系统进行"瘦身"。

2. 所需工具

为 Windows 7 系统"瘦身"，可以使用 360 安全卫士、Windows 优化大师等工具软件。

3. 使用 360 安全卫士进行"瘦身"

使用 360 安全卫士对系统进行"瘦身"的操作过程如下。

① 打开 360 安全卫士，运行"电脑体检"中的"立即体检"，这时 360 安全卫士会自动检测系统是否有垃圾文件或缓存文件。

② 体检完后单击"一键修复"按钮，系统开始自动处理查找出的问题。

③ 为了进一步清理系统，可以用 360 安全卫士进行"一键清理"，清除计算机运行的垃圾、插件、上网痕迹等多项无用文件，还可以清除没用的注册表文件，这样就能为系统"瘦身"。

④ 要及时删除不常用或不想用的软件。如果要删除不想用的软件，最好是彻底删除全部程序。对于不常用的软件，可以查看 360 中软件管家列出的不常用软件清单，再进行

清除。

微课 3-22
使用 360 安全卫士为
Windows 瘦身

> **学习提示**
>
> 若要进一步直观学习使用 360 安全卫士为系统"瘦身"的方法实例，可观看微课 3-22：使用 360 安全卫士为 Windows 瘦身。

知识库

随着计算机技术的不断发展，其操作系统也随之发展，目前，在 Windows 7 后又推出了 Windows 10 操作系统。Windows 10 是微软公司新推出的新一代跨平台和设备应用的操作系统，涵盖 PC、平板电脑、智能手机和服务器等。

Windows 10 操作系统结合了 Windows 7 和 Windows 8 系统的优点，将传统风格和现代风格有机结合，兼顾了老版本用户的使用习惯，并且支持平板电脑，增加了智能助理小娜（Cortana），它可以帮助用户更加方便地使用计算机。另外，Windows 10 提供了一种新的上网浏览器 Edge 来代替原来的 IE 浏览器。此外，它还有许多其他新功能和改进，例如，提供了一种新的计算机设置界面，增加了云存储 OneDrive，用户可以将文件保存在云盘中，方便在不同设备中访问。同时，还增加了通知中心，可以查看各应用推送的信息。

本 章 回 顾

本章主要以 Windows 7 操作系统为基础，介绍了什么是操作系统，学习了 Windows 7 安装，Windows 7 桌面、控制面板、资源管理器、文件和文件夹的使用和操作，Windows 7 常用附件的使用，以及 Windows 7 常见问题的处理。

3-6 学习评价表
Windows 7 操作系
统的使用

思考与练习题

一、选择题

（1）Windows 系统是（　　　）。

    A. 单用户单任系统   B. 单用户多任务系统

    C. 多用户多任务系统   D. 多用户单任务系统

（2）Windows 的桌面是指（　　　）。

    A. 整个屏幕   B. 活动窗口

    C. 某个窗口   D. 全部窗口

（3）Windows "任务栏"上的内容是（　　　）。

    A. 已经打开的文件名   B. 已启动并正在执行的程序名

    C. 当前窗口的图标   D. 所有已打开的窗口的图标

（4）Windows "开始"菜单包括了 Windows 系统中的（　　　）。

    A. 全部功能   B. 部分功能

    C. 主要功能   D. 初始化功能

（5）在 Windows 中，剪贴板是程序和文件间用来传递信息的临时存储区，此存储器
是（ 　　　）。

    A. 回收站的一部分　　　　　　B. 硬盘的一部分

    C. 内存的一部分　　　　　　　D. 软盘的一部分

二、填空题

（1）在 Windows 系统中，为了将整个桌面的内容存入剪贴板，应按_____键，为
了将当前窗口的内容存入剪贴板，应按_____键。

（2）资源管理器可以采用_____的方式显示计算机内所有文件夹的详细图标。

三、思考与问答题

（1）Windows 7 操作系统的主要功能是什么？

（2）如何在桌面添加小工具？

（3）如何删除系统组件？

（4）如何进行远程桌面连接？

思考与练习题答案

在线测试

第 4 章　文字处理软件 Word 2016

学习情境：制作个人简历

4-1 任务工作单
制作个人简历

学习目标：具备使用 Word 进行文档处理的基本能力。

学习内容：

● Word 工作窗口。

● 文本输入。

● 文档美化。

● 表格制作。

● Word 对象。

● 页面设置。

● 邮件合并。

教学方法建议：引导、解析、体验、反思。

计算机作为常用的信息处理工具，它强大的文字处理功能是与人们联系最为紧密的功能之一。Word 作为目前世界上最为流行的文字编辑软件，对于制作诸如个人简历、名片、小报、毕业论文、书籍、信函、公文、传真、表格、图表和图形等文档，它都游刃有余，轻松便捷。并且，通过 Word 制作的文档都能达到格式工整、图文并茂、赏心悦目。那么，Word 是如何一步一步地完成工作任务的呢？在完成任务的过程中都有哪些主要操作呢？对每一类操作，实现的具体步骤又是怎样的呢？在实现过程中有哪些需要注意的问题呢？

我想制作一份层次清楚、内容充实、富有个性和页面精美的个人简历

Word 是你最好的选择，它可以帮助你实现图文混排以及表格插入……

学习单元 4.1　制作个人简历

🎯 单元目标

4-2 学习指导
创建个人简历

　　具备对所要完成的任务进行初步分析的能力，能进行素材的收集、组织和整体设计。

4-3 学习工作单
创建个人简历

　　如果你是一名即将毕业的学生，或是一名求职者，该如何向用人单位展示你在情商、潜力、动力和精力方面的风采，激起用人单位与你进一步接触的浓厚兴趣呢？那么，一份好的个人简历是非常重要的，通过它可向招聘人员传达你将会是一名机智聪明、勇于创新和能做出贡献的团队成员的信息。因此，本章的任务就是利用 Word 制作一份层次清楚、内容充实、富有个性和页面精美的个人简历。

工作任务　使用 Word 制作个人简历

PPT 第 1 讲
制作个人简历
的要求与效果

⚙️ 任务目标

清楚样例中提供的个人简历的内容结构，明确实现的任务要求。

📝 任务描述

① 明确制作个人简历的基本要求。
② 清楚制作个人简历的样例效果。

📲 任务实现

　　使用 Word 制作一份用于应聘的个人简历，具体要求如下。
　　① 个人简历封面的标题采用 Word 艺术字，在封面适当位置插入一幅图片，另外可加入一些图形进行美化。
　　② 个人简历的内容包括自荐书和个人简表两大部分。个人简表包含两个独立的表格，分别占据单独的页面。其中，将姓名、出生年月、学历、毕业院校、所学专业、联系方式和在校的个人基本情况等信息放入一个表格中，将个人在学校的专业成绩分别按学期放入另一个表格中，并对表格中的成绩按学期进行平均分统计。

案例
个人简历案例
效果与素材

　　③ 个人简历的首页、奇数页和偶数页含有不同的页眉。除首页页脚无页码外，其余各页均在页面底端插入页码。
　　④ 个人简历的整体排版干净利落，美观大方。
　　个人简历的样例效果如下。

四川 XX 大学数学学院　　　　勤奋 进取 求实 创新

$$(uv)^{(n)} = \sum_{k=0}^{n} C_n^k U^{(n-k)} V^{(k)}$$

$$\int \frac{\mathrm{d}x}{\sin^2 x} = \int \csc^2 x\, \mathrm{d}x = -\cot x + C$$

个

人

简

历

$$\lim_{x \to \infty} \left(1 + \frac{1}{x}\right)^x = e = 2.718281828459045\cdots$$

$$\sqrt{\frac{1}{b-a} \int_a^b f^2(t)\,\mathrm{d}x}$$

姓名：<u>陈功</u>

专业：<u>统计学</u>

让我们携起手 同创事业之辉煌

自荐书

尊敬的领导：您好！

请允许我向您致以深深的敬意，衷心感谢您在百忙之中阅读我的自荐材料！我叫陈功，是四川××大学数学学院统计学专业 2021 届的本科毕业生。在投身社会之际，为了找到符合自己专业和兴趣的工作，更好地发挥自己的才能，实现自己的人生价值，谨向各位领导作自我推荐。

我诚实向上，乐观大方，爱好广泛。大学四年，我始终以"天道酬勤"自励，积极进取，立足扎实的基础，对专业求广度、求深度。我不仅学好了统计学专业全部课程，而且对财务软件有一定的了解，自修了金蝶财务软件和用友财务软件，能熟练操作各类办公软件。在学好每门功课的同时，更注重专业理论与实践相结合，认真参加各类社会实践活动。在校期间考取了多项专业证书。通过不断的学习，我已变得成熟、稳重，具备了良好的分析与处理问题的能力，以及坚毅的性格和强烈的责任心，我坚信"天生我材必有用"。

一滴滴汗水是面对昨日舒心的微笑，也是走向未来丰沛的信心。站在世纪的曙光中，面对新的考验和抉择，我无法退缩，也无法沉默，我要用我那双冷静而善于观察的眼睛，那颗真诚而热爱事业的心，那双善于操作而有力的手，那双发誓踏平坎坷的脚一如继往地发扬对工作求真务实、锐意进取、开拓创新的工作作风和对事业执着追求的精神，磨砺前行。为您，为我，为我们共同的事业创造新的辉煌。

诚然，缺乏足够的经验是我的不足，但我拥有饱满的热情以及"干一行爱一行"的敬业精神。在这个竞争日益激烈的时代，人才济济，我不一定是最优秀的，但我仍然自信，"天行健，君子以自强不息"一直是我的人生格言！

尊敬的领导，相信您伯乐的慧眼，相信我的实力，我真诚地希望能投足您的麾下，牵手事业路，风雨同舟，共同构筑美好的未来。

"给我一个舞台，我会还您一个惊喜"这是我的承诺，也是我的决心。

个人简历和相关材料一并附上，感谢您在百忙之中给予我的关注，期待能有一次与您见面的机会。谢谢！

此致

敬礼！

自荐人：陈功

二〇二一年五月二十六日

-1-

选择我，我会还您一个惊喜 ☺

姓名	陈功	性别	男	出生年月	1998 年 3 月	民族	汉	照片
籍贯	陕西咸阳		户口所在地		四川成都			
政治面貌	中共党员		身份证号码		510243×××××××××62			
毕业院校	四川××大学		所学专业	统计学	学历		本科	
毕业时间	2021 年 6 月		应聘职位		统计、会计、出纳			
联系方式	电话	139×××××××	E-mail	Chen×323@163.com		QQ	887××××××	
	通信地址	成都市花园路×号×号信箱		邮政编码		610065		

社会实践	时间	工作单位	职务
	2018 年 7 月—8 月	成都市×××化妆品公司	市场调研员
	2019 年 9 月—11 月	成都市××医药有限公司	会计
	2020 年 9 月—11 月	成都市××建材有限公司	统计

专业技能	● 统计从业资格证书 ● 会计从业资格证书、会计中级电算化证书 ● 银行从业资格证书 ● 商务英语 BEC 中级证书
其他技能	全国计算机等级二级证书、大学英语六级证书、普通话二级甲等证书
任职情况	班长、学院学生会主席
奖励	● 2017 年 11 月获学院"星升杯"辩论赛"最佳辩手" ● 2018 年 1 月获学院元旦晚会"最佳组织奖" ● 2018 年 9 月获学院"暑期社会实践先进个人" ● 2018、2019、2020 年度学院一等奖学金 ● 2019 年度学院"优秀学生干部"
自我评价	谨慎细心，有责任感。为人和善，能顾全大局。专业能力强，具备团队合作精神

- 2 -

让我们携起手　　　　　　　　　　　　同创事业之辉煌

成绩 课程 学年 学期		课程 1	课程 2	课程 3	课程 4	平均分
第一学年	上期	计算机基础	英语	高等代数	数学分析	
		90	95	80	82	86.75
	下期	统计学	经济法	解析几何	基础会计学	
		89	87	81	85	85.50
第二学年	上期	复变函数	程序设计基础	微分几何	运筹学	
		92	79	78	91	85.00
	下期	数学模型	金融数学	财务管理	应用随机过程	
		81	81	90	80	83.00
第三学年	上期	金融理论与实务	应用回归分析	管理会计	证卷投资学	
		89	79	83	87	84.50
	下期	统计预测与决策	金融工程	风险管理	常微分方程	
		90	86	89	78	85.75
第四学年	上期	审计学	银行营运管理	国际金融	投资银行学	
		78	90	78	85	82.75
	下期	资本运作	非参数统计	保险精算	多元统计分析	
		78	80	90	95	85.75
班级综合排名		第一名				

- 3 -

学习提示

　　个人简历是求职者自我评价和认定的主要材料。一份好的简历要与众不同，使得用人单位能通过简历了解求职者的基本情况，并能激起用人单位与求职者进一步接触的浓厚兴趣。简历一定要写得充实，有内容，有个性。篇幅不可太长，格式应便于阅读，有吸引力。写简历时要采取扬长避短的原则，充分展示自己的专业特长和一般特长，强调过去所取得的成绩，多写一些对自己择业有利的内容，成绩主要写专业课的成绩。在排版时要注意布局的合理性、美观性，同时要注意语法、标点与措辞，避免出现错别字，注意材料的时间排列顺序。

　　若要进一步直观认识本章制作个人简历的具体要求和样例效果，可观看微课 4-1：个人简历案例效果展示。

微课 4-1
个人简历案例
效果展示

学习单元 4.2　走进 Word 2016

单元目标

PPT 第 2 讲
认识 Word 2016

　　清楚进入和退出 Word 2016 的方法，熟悉 Word 工作窗口的组成，具备使用 Word 工作窗口命令进行相关操作的基本能力。

　　Word 2016 是微软公司推出的 Microsoft Office 2016 系列办公软件的组件之一，主要版本有专业版、家庭和学生版、小型企业版等。Microsoft Office 2016 集成组件除 Word 外，还包括 Excel、PowerPoint、Access、OneNote、Outlook、Skype、Publisher 等系列组件。Office 2016 可支持 32 位和 64 位 Windows 7、Windows 8 和 Windows 10 等操作系统。使用 Word 2016 可以编排精美的文档、方便地发送电子邮件、快速地制作网页等。本学习单元主要讲述 Word 2016 的运行环境及工作窗口。

工作任务 4.2.1　进入和退出 Word 2016

任务目标

　　具备进入和退出 Word 2016 的基本能力。

任务描述

　　学会进入和退出 Word 2016 的基本操作方法。

任务实现

启动 Word 2016 的方法如下。

方法 1：使用"开始"菜单。依次选择"开始"→"所有程序"→Microsoft Office→Microsoft Office Word 2016 选项。

方法 2：利用快捷方式。双击桌面的 Word 快捷方式图标。

方法 3：利用已有文档。双击要打开的 Word 文档。

退出 Word 2016 的方法如下。

方法 1：单击 Word 2016 窗口右上角的关闭按钮。

方法 2：选择"文件"→"关闭"菜单命令。

方法 3：按组合键 Alt+F4。

方法 4：右击 Word 2016 标题栏，在弹出的快捷菜单中选择"关闭"命令。

学习提示

进入和退出 Word 2016 工作窗口的方法是非常重要的内容。若要进一步直观学习进入和退出 Word 2016 的操作方法，可观看微课 4-2：进入和退出 Word 2016。

微课 4-2
进入和退出
Word 2016

工作任务 4.2.2　认识 Word 2016 的工作窗口

任务目标

具备使用 Word 2016 提供的工作窗口完成文档创建与编辑的基本能力。

任务描述

熟悉 Word 2016 的工作窗口组成，学会工作窗口的使用。

任务实现

Word 2016 的工作窗口主要由自定义快速访问工具栏、标题栏、功能区、文档编辑区、滚动条、标尺、状态栏等组成，如图 4-2-1 所示。

1. 自定义快速访问工具栏

该工具栏上提供了最常用的"保存""撤销"和"恢复"按钮，单击对应的按钮可执行相应的操作。如需在快速访问工具栏中添加其他按钮，可单击其后的"其他命令"选项，在打开的"Word 选项"对话框中选择所需的命令即可。

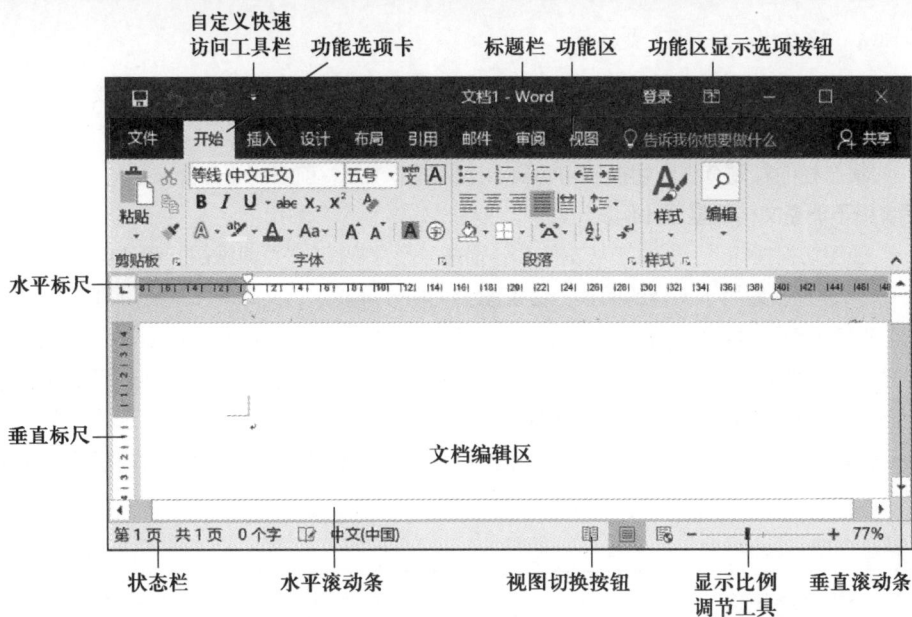

图 4-2-1
Word 2016 的
工作窗口

2．标题栏

标题栏显示当前应用程序名称和打开的编辑文档名称，在其左侧是快速访问工具栏，右侧有"登录""功能区显示选项""最小化""最大化""向下还原"和"关闭"按钮。

3．功能区

功能区位于标题栏的下方，由选项卡组成，选项卡将 Word 2016 的功能进行分类显示。"文件"选项卡包含一组 Office 菜单命令。"开始""插入""设计""布局""引用""邮件""审阅""视图"等选项卡均由多个命令组组成。例如，"开始"选项卡就由"剪贴板""字体""段落""样式""编辑"命令组组成。另外，有的组旁边还有一个"对话框启动器"按钮，单击该按钮可打开相应的对话框。

4．标尺

标尺主要用于对文档进行段落缩进、调整边距、改变栏宽和设置制表位等操作。可在"视图"选项卡的"显示"选项组中设置显示或隐藏标尺。水平标尺位于文档编辑区的上方，垂直标尺位于文档编辑区的左侧。垂直标尺的顶部有制表符选择按钮，单击会轮流显示不同的制表符，选择相应的制表符在水平标尺上单击，即可在此处设置制表位。此外，水平标尺上还有左缩进、悬挂缩进、首行缩进、右缩进 4 个滑块，用鼠标拖动可以调整段落的对应缩进方式。

5．文档编辑区

文档编辑区是输入文字、编辑文本和处理图片的工作区域。系统启动时此处显示的是名为"文档 1"的空白文档。当文档内容超出工作窗口的显示范围时，编辑区右侧和底端会分别显示垂直滚动条和水平滚动条，用鼠标拖动滚动条的滑块或单击滚动箭头，就可以显示文档不同位置的内容。

6. 状态栏

状态栏位于窗口底端，用于显示当前文档的页数、总页数、字数、输入校对状态、输入语言等信息。

状态栏的右侧有视图切换按钮和显示比例调节工具，前者用于选择文档的视图方式，后者用于调整文档的显示比例。

视图切换按钮 从左往右分别是"阅读视图""页面视图"和"Web 版式视图"。阅读视图适用于文档的阅读，该视图中文档分屏显示，文本为了适应屏幕会自动折行。页面视图是系统默认的视图方式，编辑区像一页纸，可以显示文档编排的各种效果，如显示页眉页脚、分栏、环绕对象的文字等，与文档打印效果完全相同。Web 版式视图专为浏览、编辑 Web 网页而设计，在其中可看到背景和为适应窗口而换行显示的文本，且图形位置与在 Web 浏览器中的位置一致。用户可以根据实际需要选择适合的视图方式来显示文档。

> **学习提示**
>
> 工作窗口是用户直接操作与编辑文档的重要窗口，熟悉窗口的每一个部分非常重要，若要进一步直观学习 Word 2016 的工作窗口的组成与使用，可观看微课 4-3：Word 2016 的工作窗口。

微课 4-3
Word 2016 的工作窗口

学习单元 4.3　创建个人简历

4-4 学习指导
设置自荐信格式

🎯 单元目标

> 具备在文档中正确输入字符、段落，插入符号与编号，实现查找、替换、复制与移动等操作的基本能力。

4-5 学习工作单
设置自荐信格式

一篇好的文档要内容充实、文笔流畅、风格鲜明，这就需要反复进行编辑修改。编辑就是输入及增删字符、换行形成段落、合并段落、移动与复制文本等。如何使一篇文档正确、通顺、层次清晰，在编辑过程中应注意哪些技巧是本学习单元主要讲述的内容。

PPT 第 3 讲
个人简历的创建过程

工作任务 4.3.1　创建和保存文档

⚙ 任务目标

具备使用 Word 2016 创建和保存文档的能力。

📝 任务描述

学习用 Word 2016 创建和保存文档的基本方法。

任务实现

在 Word 2016 中，用户可以通过以下两种方式建立新的文档。

1. 建立标准文档

当启动 Word 2016 后，会自动生成一个新的文档，并命名为"文档 1"。如果继续创建其他新文档，系统会自动为其命名为"文档 2""文档 3"等，以此类推。

在文档编辑状态下，选择"文件"→"新建"选项，选择"空白文档"模板，也可以创建新文档，如图 4-3-1 所示。

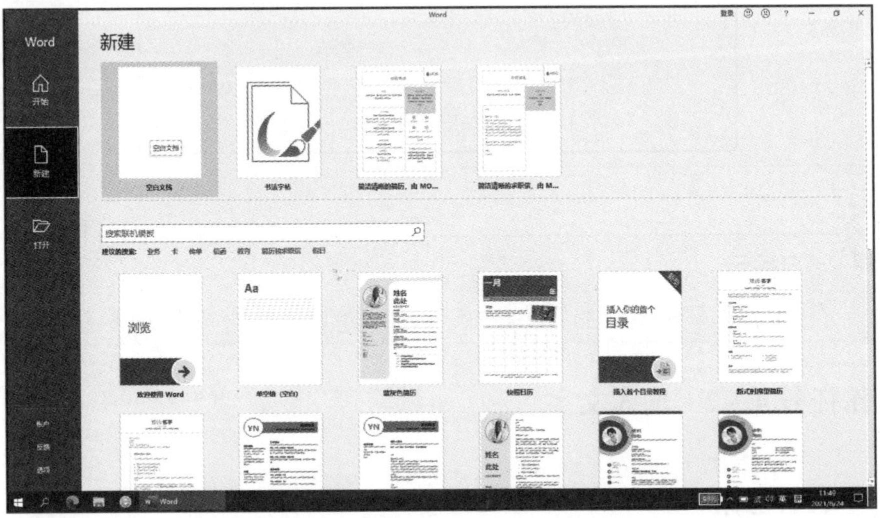

图 4-3-1
新建文档

2. 使用模板建立新文档

任何 Microsoft Word 文档都是以模板为基础的。模板决定文档的基本结构和文档设置，Word 2016 提供多种联机模板，用户可以根据需要进行选择。例如，选择图 4-3-1 中的"新式时序型简历"模板，单击"创建"按钮，即可快速创建简历，如图 4-3-2 所示。

图 4-3-2
选择模板创建文档

用户也可以将现有文档保存为模板，保存类型为"文档模板（ *.dotx ）"。

要保存文档，可以选择"文件"→"保存"菜单命令。在第一次保存时系统会弹出"另存为"对话框，指定文档保存的路径、名称与类型，如图 4-3-3 所示，Word 2016 文档的扩展名为.docx。用户也可单击快速访问工具栏中的"保存"按钮实现保存。

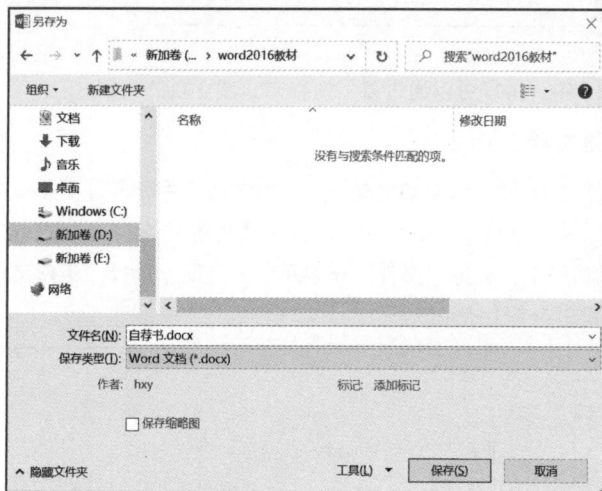

图 4-3-3
"另存为"对话框

微课 4-4
创建和保存文档

> **学习提示**
>
> 若要进一步直观学习文档的创建和保存，可观看微课 4-4：创建和保存文档。

工作任务 4.3.2　输入文字

任务目标

具备使用 Word 2016 提供的不同文字编辑与修改方法，完成对文档进行输入的能力。

任务描述

学会在 Word 2016 中定位插入点的位置，选择合适的输入法输入内容、插入符号、日期和时间等基本操作方法。

任务实现

1．文档的打开

（1）Word 还未启动之前打开文档

对于已有文档，可直接在其存放位置双击该文档，Word 会自动启动并将其打开。通过双击某个文件，打开与它相关联的应用程序的方法称为关联启动。

（2）Word 启动之后打开文档

当正在编辑一个文档时，如果想打开另外一个文档，可以选择"文件"→"打开"

菜单命令，在相应的磁盘路径下找到需打开的文档，单击"打开"按钮即可。

2. 定位插入点的位置

在用户新建空白文档的起始位置，有一个不断闪烁的竖条，这就是插入点（也称为光标），它表示输入时文本的起始位置。

在空白文档中，用户可利用双击的方法定位插入点的位置。

在非空白文档中，用户可利用单击的方法定位插入点的位置。

此外，用户也可利用键盘上的按键在文档中移动插入点位置，见表 4-3-1。

表 4-3-1 利用键盘按键移动插入点

键盘按键	移动插入点的位置
↑	插入点从当前位置向上移一行
↓	插入点从当前位置向下移一行
←	插入点从当前位置向左移动一个字符
→	插入点从当前位置向右移动一个字符
Page Up	插入点从当前位置向上移动一页
Page Down	插入点从当前位置向下移动一页
Home	插入点从当前位置移动到本行行首
End	插入点从当前位置移动到本行行末
Ctrl+Home	插入点从当前位置移动到文档首
Ctrl+End	插入点从当前位置移动到文档末

小窍门

在编辑文档时，按 Shift+F5 组合键可以将插入点返回到上次编辑的文档位置处。如果是在打开文档之后执行该操作，则可将插入点移动到上次退出 Word 时最后一次编辑的文档位置处。

3. 选择输入法

用户可以根据自己的需要和习惯选择不同的输入法进行文档的输入。

4. 标点符号的输入

用中文或英文输入标点符号时要注意全角与半角的区别。在中文输入法状态下，使用全角符号，占据两个字符位；在英文输入法状态下，使用半角，占据一个字符位。

5. 增加文档的段落

在 Word 2016 中输入文本时，用户如果连续不断地输入文本，当到达页面最右端时插入点会自动定位到下一行首位置，这就是 Word 的"自动换行"功能。

一篇长文档常常由多个自然段组成，增加新的段落可以通过按 Enter 键的方式来实现。用户可以通过选择"文件"→"选项"菜单命令，在"Word 选项"对话框中选择"显示"分类，并在右侧窗格中选择"段落标记"复选框来显示或隐藏段落标

记 ↵。段落标记是 Word 2016 中的一种非打印字符，它能够在文档中显示，但不会被打印出来。

📖 小窍门

通过删除两个段落之间的段落标记可以实现段落的合并。

6. 插入符号

当用户在创建文档时，有的符号是不能直接从键盘输入的，但可以使用其他方法来插入，操作步骤如下。

① 将插入点定位在要插入符号的位置。

② 单击"插入"选项卡"符号"组中的"符号"按钮 Ω。

③ 单击"其他符号"按钮，打开"符号"对话框。

④ 在"字体"下拉列表框中选择一种字体，如果该字体有子集，在"子集"下拉列表框中选择符号子集。

⑤ 在符号列表框中选择要插入的符号，单击"插入"按钮，如图 4-3-4 所示。

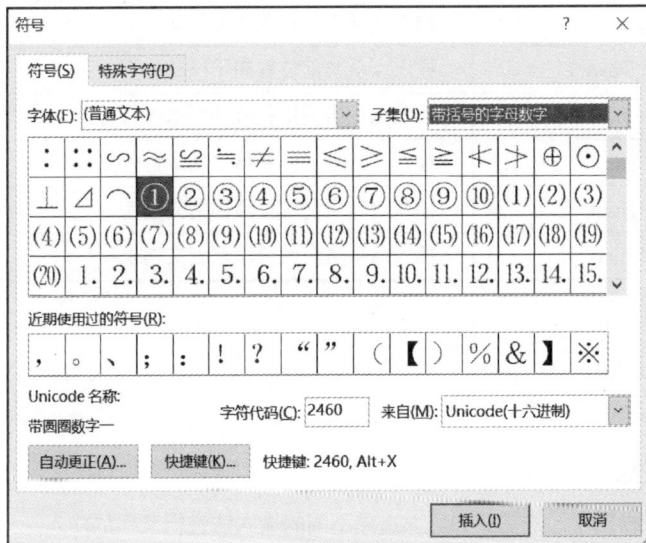

图 4-3-4
"符号"对话框

📖 小窍门

在符号列表框中直接双击要插入的符号，可以将它插入到文档中。

7. 插入日期和时间

在信件、传真、简历、通知等文档的书写过程中经常需要插入日期与时间，Word 2016 提供了多种中英文时间和日期的模式，用户可根据需要选择插入，操作步骤如下。

① 将插入点定位到要插入时间或日期的位置。

② 单击"插入"选项卡"文本"组中的"日期和时间"按钮，打开"日期和时间"对话框，如图 4-3-5 所示。

③ 在"语言（国家/地区）"下拉列表框中选择语言，如"中文（中国）"。

④ 在"可用格式"列表框中选择不同的日期和时间格式。

⑤ 单击"确定"按钮，即可将时间和日期插入到文档中。

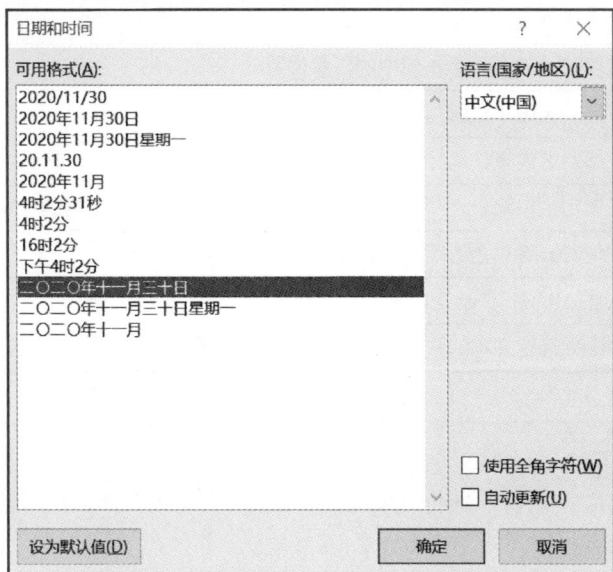

图 4-3-5
"日期和时间"对话框

工作任务 4.3.3　编辑文字

任务目标

具备使用 Word 2016 提供的不同方法对文档进行编辑和修改的能力。

任务描述

学会在 Word 2016 中进行文本的选择，实现文本的插入、删除、移动、复制、撤销、恢复、查找、替换、拼写与语法检查等基本操作方法。

任务实现

1. 选定文本

在对 Word 中的文档进行编辑操作时，应遵循"先选择，再操作"的原则。

最常用的方法是将鼠标指针定位到要选定文本的开始处，按住鼠标左键并拖动，当拖动到选定文本的末尾时释放鼠标左键。也可以将鼠标指针定位在文档的选定区内，进行文本的选择。选定区位于文档编辑区的左侧，是紧挨垂直标尺的空白区域。当鼠标指针移入选定区后，指针将变成指向右上方的空心箭头，通过纵向拖动可以实现文本的选定。

使用鼠标选定文本的方法，见表 4-3-2。

表 4-3-2　使用鼠标选定文本的方法

选定内容	操作方法
一个词语	双击该词语
一句	按住 Ctrl 键，再单击句中的任意位置
一行	在选定区内单击所指的行
连续多行	在选定区内按住鼠标左键向上或向下拖动
一段	在选定区中双击，箭头指针所指的段被选定（或在段落内的任意位置三击）
整篇文档	按住 Ctrl 键单击选定区的任意位置（或在选定区三击）
矩形文本区域	按住 Alt 键在要选定的文本上拖动鼠标
大部分文档	单击要选定文本的开始处，按住 Shift 键，再单击要选定文本的结尾处

微课 4-5
文字的快速定位

学习提示

要取消选定，在文档编辑区内选定区域外的任何地方单击即可。若要进一步直观学习文字的快速定位，可观看微课 4-5：文字的快速定位。

2．删除文本

在文档的编辑过程中，若要删除相关内容，可以将插入点定位到要删除的文本处，然后根据需要选择下列删除方法之一进行操作。

方法 1：按 Backspace 键可删除插入点左边的字符。

方法 2：按 Delete 键可删除插入点右边的字符。

方法 3：若要删除的文本较多，可先选定文本，再按 Backspace 键或 Delete 键即可实现。

3．插入文档

在文档的编辑过程中，若需要插入另一个文档，可以按下列操作步骤来执行。

① 将插入点定位于要插入另一个文档的位置。

② 单击"插入"选项卡"文本"组中的"对象"下拉按钮，选择"文件中的文字"命令。

③ 在"插入文件"对话框中选择要插入文档所在的磁盘及文件夹位置，单击"插入"按钮，如图 4-3-6 所示。

4．移动文本

移动文本的方法有很多种，可以通过拖动鼠标、单击选项卡中的按钮和使用快捷键等进行操作，各种方法的具体操作步骤如下。

（1）拖动鼠标实现

① 选定要移动的文本。

② 将鼠标指针指向已选定的文本，此时指针变为指向左上方的空心箭头。

③ 按住鼠标左键，此时鼠标指针旁会有一条竖线，指针的尾部会有一个小方框。

④ 拖动竖线到目标位置，然后释放鼠标即可。

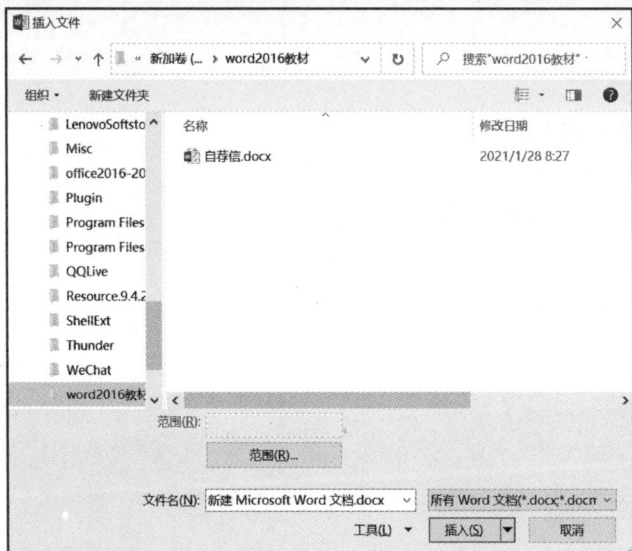

图 4-3-6
"插入文件"对话框

（2）单击选项卡中的按钮实现

① 选定要移动的文本。

② 单击"开始"选项卡"剪贴板"组中的"剪切"按钮 ✂ 。

③ 将光标定位到目标位置。

④ 单击"开始"选项卡"剪贴板"组中的"粘贴"按钮 📋 。

（3）使用快捷键实现

① 选定要移动的文本。

② 按 Ctrl+X 组合键执行"剪切"命令。

③ 将光标定位到目标位置。

④ 按 Ctrl+V 组合键执行"粘贴"命令。

5．复制文本

复制文本的方法也有很多种，可以通过拖动鼠标、单击选项卡中的按钮和使用快捷键等进行操作，各种方法的具体操作步骤如下。

（1）拖动鼠标实现

① 选定要复制的文本。

② 将鼠标指针指向已选定的文本，按住 Ctrl 键，将文本拖动到要复制的位置。

📎 小窍门

此方法适用于文本的近距离复制。

（2）单击选项卡中的按钮实现

① 选定要复制的文本。

② 单击"开始"选项卡"剪贴板"组中的"复制"按钮 📄 。

③ 将光标定位到目标位置。

④ 单击"开始"选项卡"剪贴板"组中的"粘贴"按钮 📋 。

101

📓 **小窍门**

此方法适用于文本的远距离复制。

（3）使用快捷键实现

① 选定要复制的文本。

② 按 Ctrl+C 组合键执行"复制"命令。

③ 光标定位到目标位置。

④ 按 Ctrl+V 组合键执行"粘贴"命令。

🔔 **说明**

当进行了"复制""剪切"操作后，被复制或剪切的内容会被保存到剪贴板中。如果长时间不使用剪贴板的内容，则可以清空剪贴板来回收系统资源。方法是：单击"开始"选项卡"剪贴板"组中的"对话框启动器"按钮，在 Word 窗口左侧出现"剪贴板"任务窗格，单击"全部清空"按钮即可。

💡 **学习提示**

在文本的编辑过程中，除了前面讲述的方法外，为了加快编辑速度，还可进行多处剪切一处粘贴操作。若要进一步直观学习多处剪切一处粘贴文字的方法，可观看微课 4-6：多处剪切一处粘贴。

微课 4-6
多处剪切一处粘贴

6. 撤销操作

在编辑文档时，如果进行了错误的操作，如何才能恢复到错误操作之前的状态呢？要撤销对文档进行过的上一步操作，可以单击快速访问工具栏中的"撤销"按钮 ↩。若要撤销的是连续多步操作，可以单击"撤销"按钮旁的下拉按钮 ⌄，然后在列表中进行选择。

7. 恢复操作

要恢复对文档进行过的最近一步操作，可单击快速访问工具栏中的"恢复"按钮 ↪。若要恢复的是曾经撤销的连续多步操作，可多次单击"恢复"按钮，按操作时间逆序进行恢复。

📓 **小窍门**

按 Ctrl+Z 组合键可以实现撤销操作，按 Ctrl+Y 组合键可以实现恢复操作，并且多次按下组合键时，可以按时间逆序进行撤销或恢复。

💡 **学习提示**

要进一步直观学习撤销和恢复操作，可观看微课 4-7：撤销和恢复操作。

微课 4-7
撤销和恢复操作

8. 查找文本

在文档的编辑过程中，有时需要找出特定的文字进行修改，这时就需要用到 Word 提供的文本查找功能，操作步骤如下。

① 单击"开始"选项卡"编辑"组中的"查找"按钮 🔍 （或按 Ctrl+F 组合键），打开"导航"任务窗格。

② 在"搜索文档"文本框中输入要查找的文本，单击 🔍 按钮。

③ Word 开始在指定的搜索范围内查找文本，并将找到的文本添加底纹进行显示。

④ 如果用户需要修改，可单击文档编辑窗口进行文本修改，如图 4-3-7 所示。

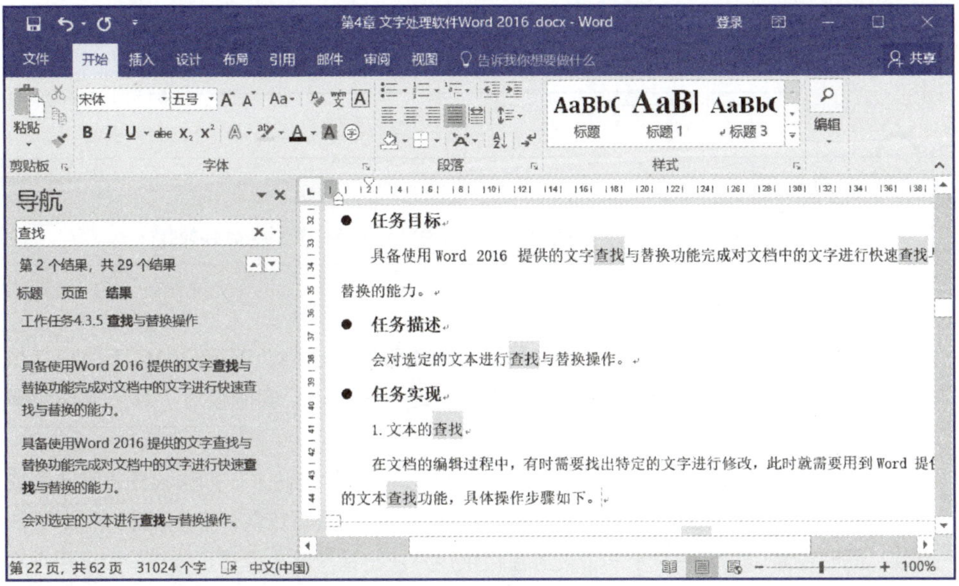

图 4-3-7
文本的查找

如果需要对查找加以更多的限制，可单击"开始"选项卡"编辑"组中的"查找"下拉按钮，从中选择"高级查找"命令，在打开的"查找和替换"对话框中单击"更多"按钮，然后进行设置。

9. 替换文本

在文档的编辑过程中，有时需要对特定的文字进行批量修改，如果用"查找"按钮来实现就比较费时、费力，这时就要用到 Word 提供的文本替换功能，操作步骤如下。

① 单击"开始"选项卡"编辑"组中的"替换"按钮 ⬆ （或按 Ctrl+H 组合键），打开"查找和替换"对话框。

② 在"查找内容"文本框中输入要查找的文本。

③ 在"替换为"文本框中输入要替换的文本。

小窍门

如果"替换为"文本框显示为空白，则可删除找到的文本。

④ 单击"查找下一处"按钮，Word 开始在指定的搜索范围内查找文本。当找到第一处时，就停下来，并将找到的文本添加底纹进行显示。

⑤ 如果用户需要替换此处的文本，可单击"替换"按钮，如果不想替换，可继续单击"查找下一处"按钮向后查找，直到查找并替换完所有需要替换的内容。

⑥ 如果单击"全部替换"按钮，将直接替换掉所有查找到的文本，如图 4-3-8 所示。

💡 **学习提示**

若要进一步直观学习查找与替换操作，可观看微课 4-8：查找与替换操作。

10. 拼写与语法检查

在输入文本时，很难保证文本的拼写、语法都完全正确。Word 2016 为用户提供了拼写和语法检查功能，可以在输入文本的同时检查错误，实时校对。具体操作步骤如下。

单击"审阅"选项卡"校对"组中的"拼写和语法"按钮 。如果程序发现拼写或语法错误，会在文档上标记出来，一般用红色波浪线标记拼写错误，蓝色波浪线标记语法错误，同时在窗口右侧会显示一个任务窗格供用户决定是忽略或是更正错误。如果用户在带有波浪线的文字上右击，在弹出的快捷菜单中也可进行忽略或是更正操作。

如果想取消拼写与语法检查，可选择"文件"→"选项"菜单命令，在打开的"Word 选项"对话框中选择"校对"选项，取消选择与拼写和语法检查相关的复选框即可，如图 4-3-9 所示。

微课 4-9
拼写与语法检查

学习提示

若要进一步直观学习拼写与语法检查，可观看微课 4-9：拼写与语法检查。

学习单元 4.4　设置自荐信格式

单元目标

PPT 第 4 讲
设置自荐信格式

具备利用 Word 文档中字符、段落的格式化方法，以及使用 Word 提供的样式对文档进行排版的基本能力。

文档经过编辑、修改成为一篇正确、通顺的文章后，还需进行排版，使之成为一篇图文并茂、赏心悦目的文章。Word 提供了丰富的排版功能，本学习单元主要讲述字符的格式化、段落的格式化和样式的使用等操作方法。

工作任务 4.4.1　设置字符与段落格式

任务目标

具备利用 Word 提供的基本格式化操作进行字符与段落格式化排版的基本能力。

任务描述

学会在 Word 2016 中设置文档的字符格式和段落格式的基本操作方法。

任务实现

1. 设置字符的格式

使用功能区中的工具按钮进行设置，操作步骤如下。

① 选定要设定格式的文本，切换到"开始"选项卡。

② 在"字体"组中单击 宋体 旁的下拉按钮，从下拉列表框中选择所需要的字体。

③ 单击 五号 旁的下拉按钮，从下拉列表框中选择所需要的字号。

④ 单击 A 旁的下拉按钮，从颜色列表框中选择所需要的颜色选项。

⑤ 如果需要，还可单击"开始"选项卡"字体"组中的"加粗""倾斜""下画线"等按钮，给所选文字设置"加粗""倾斜""下画线"等格式。

使用"字体"对话框进行设置，操作步骤如下。

① 选定要设定格式的文本，切换到"开始"选项卡。

　　② 单击"字体"组旁的"对话框启动器"按钮，打开如图 4-4-1 所示的"字体"对话框。

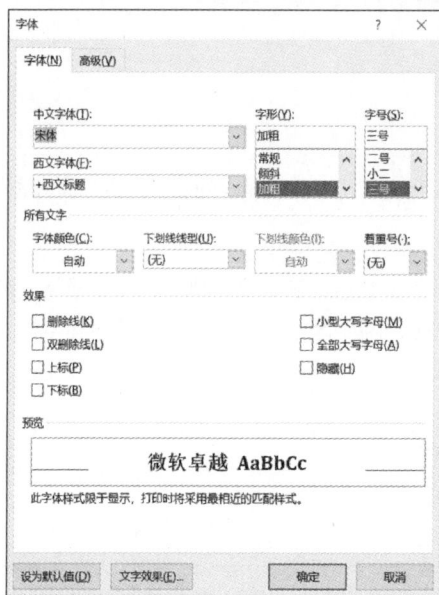

　　③ 在"字体"选项卡中可以分别对中文字体、西文字体、字形、字号、字体颜色、下画线、着重号、特殊效果等字符格式进行设置。

　　④ 还可以切换到"高级"选项卡，进行字符间距设置，在"预览"框中查看效果，然后单击"确定"按钮，如图 4-4-2 所示。

图 4-4-1
"字体"对话框

图 4-4-2
字符间距设置

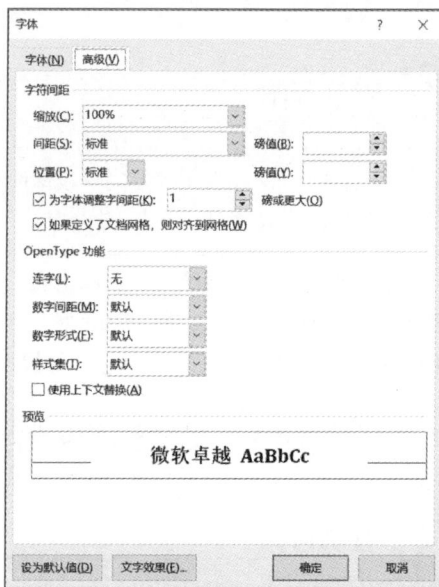

微课 4-10
在 Word 中输入
着重号

学习提示

　　在编辑文档时，对字符进行格式设置的操作非常多，如果要突出显示某些内容，可为文字设定着重号，还可调整文字之间的距离。若要进一步直观学习，可观看微课 4-10：在 Word 中输入着重号。

2. 设置段落格式

（1）设置段落的左右边界

使用功能区中的工具按钮进行设置，操作步骤如下。

　　① 选定要设定左右边界的段落。

　　② 单击"开始"选项卡"段落"组中的"减少缩进量"按钮 或"增加缩进量"按钮 ，可调整段落左边界的缩进量。

使用"段落"对话框进行设置，操作步骤如下。

　　① 选定要设定左右边界的段落。

　　② 单击"开始"选项卡"段落"组旁的"对话框启动器"按钮，打开如图 4-4-3 所示的 "段落"对话框。

　　③ 选择"缩进和间距"选项卡，在"缩进"选项区域中单击"左侧"或"右侧"数

值框右侧的增减按钮，设置左、右边界的字符数。

④ 在"特殊格式"下拉列表框中选择"首行缩进""悬挂缩进"或"无"来确定段落缩进格式。

⑤ 在"预览"框中查看效果，确认后单击"确定"按钮。

📖 小窍门

拖动水平标尺栏上的"左缩进"和"右缩进"滑块也可以设置段落的左、右边界。

（2）设置段落的对齐方式

使用功能区中的工具按钮进行设置，操作步骤如下。

① 选定需要设置对齐方式的段落。

② 单击"开始"选项卡"段落"组中的对齐方式按钮即可，从左至右分别为"左对齐""居中""右对齐""两端对齐"和"分散对齐"。

使用"段落"对话框进行设置，操作步骤如下。

① 选定要设置对齐方式的段落。

② 打开图 4-4-3 所示的"段落"对话框。

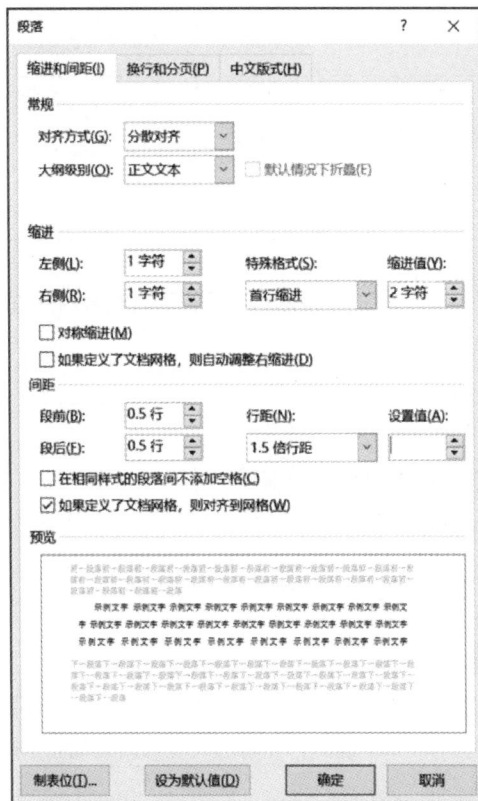

图 4-4-3
"段落"对话框

③ 在"对齐方式"下拉列表框中选择相应的对齐方式。

④ 在"预览"框中查看效果，确认后单击"确定"按钮。

（3）设置段间距和行间距

设置段间距的操作步骤如下。

① 选定要设置段间距的段落。

② 打开图 4-4-3 所示的"段落"对话框。

③ 单击"间距"选项区域中"段前"和"段后"数值框右侧的增减按钮，设定段落间距，每次单击增加或减少 0.5 行。

④ 在"预览"框中查看效果，确认后单击"确定"按钮。

设置行间距的操作步骤如下。

① 选定要设置行间距的段落。

② 打开图 4-4-3 所示的"段落"对话框。

③ 在"行距"下拉列表框中选择所需的行距选项，设置相应行距值。

④ 在"预览"框中查看效果，确认后单击"确定"按钮。

小窍门

用户可以用组合键来改变行距，按 Ctrl+1 组合键为设置单倍行距，按 Ctrl+2 组合键为设置 2 倍行距，按 Ctrl+5 组合键为设置 1.5 倍行距。

工作任务 4.4.2　使用项目符号与编号

任务目标

具备在文档中设置项目符号与编号的能力。

任务描述

学会在 Word 2016 中为选定的段落添加项目符号或编号的基本操作方法。

任务实现

1．在输入文本时添加项目符号或编号

（1）自动创建项目符号

在输入文本时，先输入一个项目符号，然后输入文本，当输完一段并按 Enter 键后，在新的一段开始处会自动添加同样的项目符号。

（2）自动创建段落编号

在输入文本时，先输入如"1."" (1)""一、""A."等格式的起始编号，然后输入文本，当输完一段并按 Enter 键后，在新的一段开始处就会根据上一段的编号格式自动创建编号。

2．对已输入的段落添加项目符号或编号

选定要添加项目符号或编号的各段落，单击"开始"选项卡"段落"组中的"项目符号"按钮或"编号"按钮。如果不满意当前的项目符号或编号样式，可以单击"项目符号"或"编号"按钮旁的下拉按钮，打开项目符号库或编号库重新进行选择，如图 4-4-4 和图 4-4-5 所示。

图 4-4-4
项目符号库

图 4-4-5
编号库

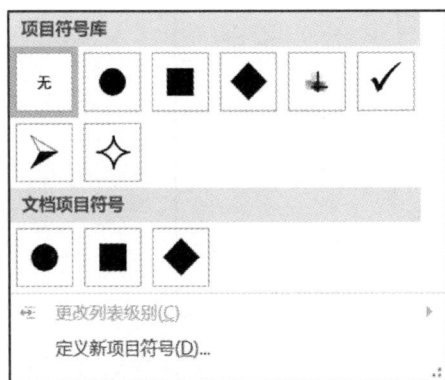

学习提示

　　在进行文档编辑时，在某些段落前加上编号或某一种项目符号，可以提高文档的可读性。手动输入段落编号或项目符号不仅效率低，而且在修改段落时还要修改段落编号顺序，很不方便。因此应尽量使用系统提供的添加项目符号与编号的功能。

工作任务 4.4.3　设置边框和底纹

任务目标

　　具备在文档中设置边框和底纹的能力。

任务描述

　　学会在 Word 2016 中为选定对象添加边框和底纹的基本操作方法。

任务实现

　　完成一篇文档的文字输入后，为了更好地修饰文章，可以为文字添加边框和底纹，Word 的边框可分为字符边框、段落边框和页面边框 3 种类型。

1. 字符边框和底纹

选定想要设置边框的文字，注意不要选中段落标记。设置字符边框的操作步骤如下。

① 单击"开始"选项卡"段落"组中的"边框"下拉按钮，选择"边框和底纹"命令。

② 在"边框和底纹"对话框中对边框样式、线条样式、颜色及宽度等进行设置后，在"应用于"选择"文字"，如图 4-4-6 所示。

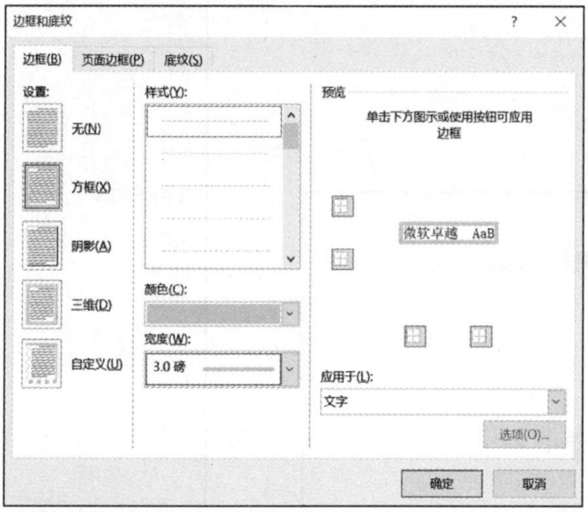

图 4-4-6
字符边框设置

③ 切换到"底纹"选项卡，从"填充"选项区域中选择一种底纹颜色后，在"应用于"选择"文字"，单击"确定"按钮，如图 4-4-7 所示。

图 4-4-7
字符底纹设置

2. 段落边框和底纹

设置段落边框和底纹的操作方法与设置字符边框和底纹的方法类似，只需选定想要设置的段落，再依照设置字符边框和底纹的步骤进行设置即可，只是在"边框与底纹"对话框中的"应用于"选择"段落"。

3. 页面边框

设置文档的页面边框可以使文档每一页都有相同的边框样式，操作步骤如下。

① 在"边框和底纹"对话框中选择"页面边框"选项卡。

② 设置边框样式、线条样式、颜色和宽度，也可以选择艺术型样式并设置宽度后，在"应用于"选择"整篇文档"，如图 4-4-8 所示。

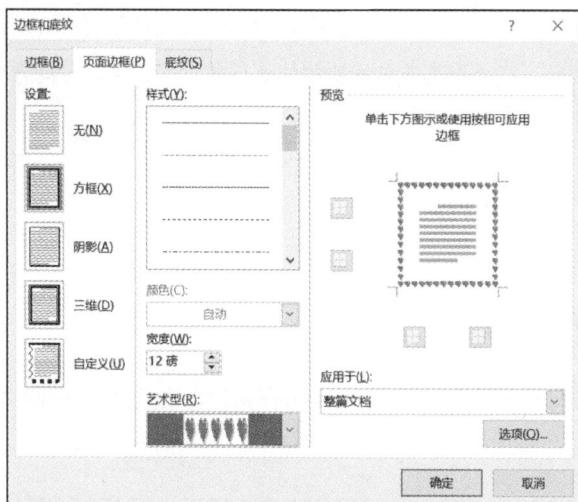

图 4-4-8
页面边框设置

③ 如果需要设置上、下、左、右边框和文字的距离，可以单击"选项"按钮，在打开的"边框和底纹选项"对话框中进行设置，单击"确定"按钮。

④ 返回"边框和底纹"对话框，在"预览"选项区域可以选择想要套用的边框按钮，最后单击"确定"按钮。

另外，若要去除字符或段落的边框或底纹，只要先选择文字或段落，然后打开"边框和底纹"对话框，在"边框"选项卡中将"设置"设为"无"，即可取消边框，在"底纹"选项卡的"填充"下拉列表框中选择"无颜色"，即可取消底纹。

工作任务 4.4.4　使用格式刷

任务目标

具备在文档中使用格式刷复制格式的能力。

任务描述

学会在 Word 2016 中对选定对象用格式刷复制格式的基本操作方法。

任务实现

设置同一种文字格式，可以采用不同的操作方法。如果要给多个不同位置的文字设置相同的格式，可以先设置一部分文字的格式，再使用"开始"选项卡"剪贴板"组中的"格式刷"按钮，拖过其他需要设置相同格式的文字即可复制格式。单击"格式刷"按钮，鼠标指针变为刷子形状，可以在需要复制格式的文字上拖动，复制一次格式；双击"格式刷"按钮，则可在不同的位置多次复制格式。在双击"格式刷"按钮的情况下，如果需

111

要取消格式刷的应用，只需再一次单击"格式刷"按钮即可。

> **学习提示**
>
> 在编辑文档时，格式刷是非常重要的快速格式设置工具。若要进一步直观学习，可观看微课 4-11：格式刷的使用。

工作任务 4.4.5　使用样式

任务目标

具备应用 Word 提供的各种样式对字符和段落进行格式化排版的基本能力。

任务描述

学会在 Word 2016 中对文档应用样式、自制样式、更改样式的基本操作方法。

任务实现

1．了解样式

"样式"是由样式名来表示的一组格式，即现成的各种格式，它可以在文档中直接被选用。Word 提供了一些设置好的内部样式供用户选用，如"标题 1""标题 2""正文"等。每一种内部样式都有其默认格式，用户可以修改现有的样式或自己建立样式，"样式"有字符样式和段落样式两种类型。

2．应用样式

① 选定要使用样式的文本。

② 单击"开始"选项卡"样式"组中的"样式"下拉按钮，打开快速样式库，选择某种样式类型，如图 4-4-9 所示。

图 4-4-9
样式的应用

小窍门

段落标记中存储着每一个段落的格式，如果将光标定位于某一个段落标记前，按 Enter 键，则系统会把前一段落的格式复制到下一段落中，使前后段落具有相同的格式。

3．自制样式

如果对样式库中的样式不满意，用户还可以自定义样式，操作步骤如下。

① 在如图 4-4-9 所示的快速样式库中选择一种样式并右击，在弹出的快捷菜单中选择 "修改" 命令，进入 "修改样式" 对话框。

② 在其中进行个性化设置，可以选中 "基于该模板的新文档" 单选按钮，单击 "确定" 按钮，那么下次新建文档时也将使用该样式。

学习单元 4.5　插入个人简历表格

单元目标

学会在 Word 文档中插入表格，并对表格进行格式设置，运用公式对表格中的数据进行简单计算。

表格是一种简明扼要的表达方式。Word 提供的功能不仅可以快速创建表格，而且还可以对表格进行编辑、修改，对表格中的数据运用公式进行快速计算等。本学习单元主要介绍表格的创建和数据输入、表格的选定和修改、表格格式设置和数据计算等基本操作。

4-6 学习指导
在个人简历中
插入表格

4-7 学习工作单
在个人简历中
插入表格

工作任务 4.5.1　创建表格

任务目标

具备利用 Word 提供的制表和文本编辑方法创建表格和输入表格数据的基本能力。

任务描述

学会在 Word 2016 中创建表格、定位插入点、输入表格内容的基本操作方法。

PPT 第 6 讲
在个人简历中
插入表格

任务实现

1．自动创建表格

用鼠标拖动创建表格的操作步骤如下。

① 将插入点置于文档中要插入表格的位置，单击 "插入" 选项卡 "表格" 组中的 "表格" 按钮，弹出图 4-5-1 所示的 "插入表格" 下拉列表。

② 在下拉列表上部的表格模式中拖动鼠标，选定所需的行数和列数，释放鼠标后

即可在插入点处插入一张表格。

用"插入表格"命令创建表格的操作步骤如下。

① 将插入点置于文档中要插入表格的位置。

② 选择图 4-5-1 所示下拉列表中的"插入表格"命令，打开"插入表格"对话框。

③ 在"行数"和"列数"数值框中分别输入所需的数值，设置"固定列宽"为"自动"，单击"确定"按钮，如图 4-5-2 所示。

图 4-5-1
"插入表格"下拉列表

图 4-5-2
"插入表格"对话框

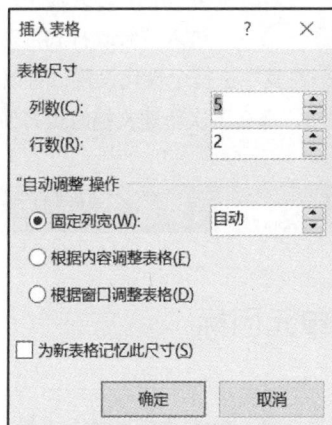

2．手工绘制表格

除了自动创建表格，还可以手动绘制，操作步骤如下。

① 选择图 4-5-1 所示"插入表格"下拉列表中的"绘制表格"命令，这时鼠标指针变为笔形。

② 将鼠标指针定位到要绘制表格的位置，按住鼠标左键拖动，绘制表格的外框虚线，释放鼠标得到实线的表格外框。

③ 拖动笔形鼠标指针，可以在表格中绘制水平或垂直线，也可以拖动指针从单元格的一角向其对角绘制斜线。

3．文本转换成表格

如果有各行内容排列整齐的文本，且各列间的分隔符一致，则可以将文本转换成表格，操作步骤如下。

① 选中要转换成表格的文本。

② 单击图 4-5-1 所示"插入表格"下拉列表中的"文本转换成表格"命令。

表格基本结构创建完成后，可将插入点定位到要输入文本的单元格，然后输入表格文本。在输入文本时，如果要另起一段，应按 Enter 键换行。

PPT 第 7 讲
表格的基本操作与
格式化

工作任务 4.5.2　编辑与格式化表格

任务目标

具备使用 Word 提供的编辑方法对表格内容进行编辑的基本能力，具备对表格形状和样式进行修改及调整的基本能力。

任务描述

学会在 Word 2016 中编辑与格式化表格文本、选定表格、修改表格行列、合并或拆分单元格与表格、设置表格格式的基本操作方法。

任务实现

1．编辑表格中的文本

表格中的文本可以使用前面所学的文档中文本的编辑方法进行选定、插入、删除、剪切和复制等基本编辑操作。

2．设置表格中文本的格式

对于表格中的文本，同样可以使用前面所学的文档中文本的排版方法进行诸如字体、字号、字形、颜色和对齐方式等设置。

> **小窍门**
>
> 在表格单元格中输入文本时，可以用鼠标定位插入点，也可以用键盘上的 Tab 键或↑、↓、←、→键来移动插入点。设置表格内文本的对齐方式，可以单击"表格工具"的"布局"选项卡"对齐方式"组中的各种对齐方式按钮。设置表格内文本的书写方向，可以单击"表格工具"的"布局"选项卡"对齐方式"组中的"文字方向"按钮。

3．选定表格

（1）使用鼠标选定

① 选定单元格：将鼠标指针定位到要选定单元格的左侧边框线，当指针变为黑色实心箭头时单击，即可选定目标单元格。

② 选定表格的行：将鼠标指针定位到要选定表格行的最左端选定区，单击即可选定所指的行。若要选定连续多行，只要从开始行拖动鼠标到最末一行，释放鼠标左键即可。

③ 选定表格的列：将鼠标指针定位到要选定表格列的最上端边框处，当指针变为黑色实心向下箭头时单击，即可选定所指的列。若要选定连续多列，只要从开始列拖动鼠标到最末一列，释放鼠标左键即可。

④ 选定全表：单击表格左上角的移动控制点⊞，可以迅速选定全表。

（2）使用菜单命令选定

① 选定单元格：将插入点置于所选行的任一单元格中，单击"布局"选项卡"表"组中的"选择"按钮，从下拉列表中选择"选择单元格"命令。

② 选定行：将插入点置于所选行的任一单元格中，单击"布局"选项卡"表"组中的"选择"按钮，从下拉列表中选择"选择行"命令。

③ 选定列：将插入点置于所选列的任一单元格中，单击"布局"选项卡"表"组中的"选择"按钮，从下拉列表中选择"选择列"命令。

④ 选定全表：将插入点置于表格的任一单元格中，单击"布局"选项卡"表"组中的"选择"按钮，从下拉列表中选择"选择表格"命令。

4．修改行高和列宽

使用拖动鼠标来修改行高和列宽，操作步骤如下。

① 将鼠标指针定位到表格的行或列边界线上，当指针变为双向调整形状时，按住鼠标左键，此时出现一条水平或垂直的虚线。

② 拖动鼠标到所需的新位置，释放鼠标左键即可。

③ 拖动表格右下角的尺寸控点，可以改变整个表格的大小。

使用选项卡中的按钮来修改行高和列宽，操作步骤如下。

① 选定要修改行高或列宽的若干行或列。

② 单击"布局"选项卡"表"组中的"属性"按钮，打开"表格属性"对话框。

③ 选择"行"或"列"选项卡，在其中设置行或列的尺寸，单击"确定"按钮，如图 4-5-3 所示。

5．插入或删除行或列

（1）插入行或列

在表格上选定行或列，单击"布局"选项卡"行和列"组中的相应按钮，可实现在选定行或列的上方、下方、左侧、右侧插入与选中行列数相同的行列。

（2）删除行或列

在表格上选定行或列，单击"布局"选项卡"行和列"组中的"删除"按钮，从下拉列表中选择"删除行"或"删除列"命令即可。

6．合并或拆分单元格

（1）合并单元格

选定需要合并的单元格，单击"布局"选项卡"合并"组中的"合并单元格"按钮即可。

（2）拆分单元格

选定要拆分的单元格，单击"布局"选项卡"合并"组中的"拆分单元格"按钮，打开如图 4-5-4 所示的"拆分单元格"对话框，输入要拆分的行、列数，单击"确定"按钮即可。

图 4-5-3
设置表格行高

图 4-5-4
"拆分单元格"对话框

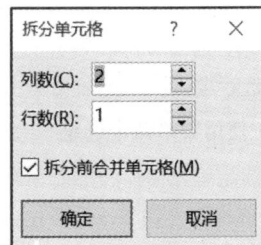

微课 4-12
制作斜线表头

学习提示

在日常工作中，拆分单元格是常规操作，其目的是将规则表格变为不规则的表格以满足工作与日常需要，有时还要制作斜线表头。若要进一步直观学习，可观看微课4-12：制作斜线表头。

7. 表格标题行的重复

当一张表格超过一页时，通常希望在第二页的续表中也包含表格的标题行，重复标题行的操作步骤如下。

① 选定第一页表格中的标题行。

② 单击"布局"选项卡"数据"组中的"重复标题行"按钮 。

③ 在页面视图下查看每页表格重复的标题行。

8. 表格的样式设置

使用"表格样式"可以快速地更改表格的外观，操作步骤如下。

① 将插入点定位到表格内。

② 单击"设计"选项卡"表格样式"组中表格内置样式库中的样式，选中的样式将应用于表格。

9. 表格边框与底纹的设置

设置边框和底纹可以美化表格，操作步骤如下。

① 选定要设置边框或底纹的表格部分。

② 单击"设计"选项卡"边框"组中的"边框"下拉按钮 ，从下拉列表中选择不同的选项，可设置多种表格边框。

③ 单击"设计"选项卡"表格样式"组中的"底纹"下拉按钮 ，从颜色窗格中可为选定的表格设置底纹。

学习提示

在日常工作中，制作的表有时还需要满足美观与分类提示的作用，使用不同的线型是有必要的。要进一步直观学习不同线型的设置，可观看微课 4-13：表格框线的设置。

微课 4-13
表格框线的设置

10. 表格在页面中的位置设置

设置表格在页面中对齐方式和是否文字环绕，操作步骤如下。

① 将光标定位到表格，单击"布局"选项卡"表"组中的"属性"按钮，打开"表格属性"对话框。

② 选择"表格"选项卡，如图 4-5-5 所示。

③ 在"对齐方式"选项区域中选择表格的对齐方式。

④ 在"文字环绕"选项区域中设置有或无文字环绕，单击"确定"按钮。

图 4-5-5
"表格属性"选项卡

说明

单击"布局"选项卡"合并"组中的"拆分表格"按钮 ，可以将表格拆分为两个表格，光标所在的行被拆分到下一个表格中。删除两表之间的换行符，可将两个表格合并成一个表格。

PPT 第 8 讲
表格数据计算

工作任务 4.5.3 计算与排序表格内数据

任务目标

具备使用公式和函数以及排序功能对表格中的数据进行计算和排序的基本能力。

任务描述

学会对 Word 2016 表格中的数据进行公式计算与排序的基本操作方法。

任务实现

1. 对表格内容排序

应用实践
期末成绩表制作

① 将插入点置于要排序的表格中。

② 单击"表格工具"的"布局"选项卡"数据"组中的"排序"按钮 ↕↑，打开如图 4-5-6 所示的"排序"对话框。

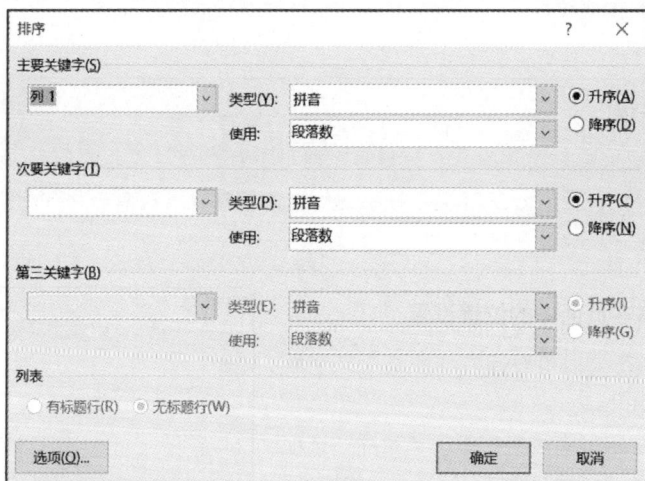

图 4-5-6
"排序"对话框

③ 在"主要关键字"下拉列表框中选择排序依据项，在其右侧的"类型"下拉列表框中选择排序的类型，再选择"升序"或"降序"单选按钮。

④ 如果要根据几个项目排序，则需要在"次要关键字"和"第三关键字"选项区域中设置相应的排序依据项和排序类型。

⑤ 在"列表"选项区域中选择"有标题行"单选按钮，表示标题行不参加排序，单击"确定"按钮。

2. 对表格数据进行公式计算

① 将插入点定位到要存放计算结果的单元格中。

② 单击"布局"选项卡"数据"组中的"公式"按钮 *fx*，打开如图 4-5-7 所示的"公式"对话框。

③ 公式"=SUM(LEFT)"表示要计算当前单元格左侧各单元格中数值型数据的总和，公式"=AVERAGE(ABOVE)"表示要计算当前单元格上方各单元格数值型数据的平均值。公式中使用的函数可以在"粘贴函数"下拉列表框中选择。

图 4-5-7
"公式"对话框

④ 在"编号格式"下拉列表框中选择数据的格式，如"0.00"表示结果保留到小数点后两位，单击"确定"按钮，即可得到计算结果。

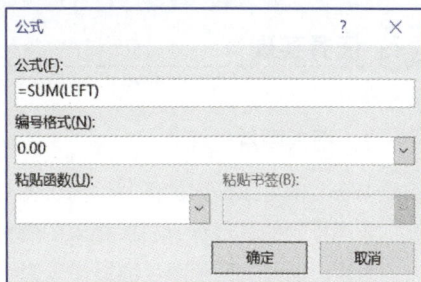

💡 学习提示

除了使用 LEFT、ABOVE 表示公式的计算范围外，还可以采用 A1、B2、C5 等"列标+行标"的形式引用单元格，如 A1 表示第 1 行第 1 列的单元格，A1:C3 表示左上角为 A1 单元格、右下角为 C3 单元格的单元格区域。若要了解 Word 中表格批量数据的快速计算方法，可观看微课 4-14：批量计算学生课程考试平均成绩。

微课 4-14
批量计算学生课程
考试平均成绩

学习单元 4.6　制作个人简历封面

🎯 单元目标

4-8 学习指导
制作个人简历封面

学会在 Word 文档中插入图片、图形、艺术字、文本框、公式等对象，具备对文档中各种对象进行编辑及格式设置的基本能力。

为了使文档图文并茂，增强表达效果，可以在其中插入各种类型的对象。本学习单元主要介绍在一篇文档中如何插入图片、绘制图形、添加艺术字和文本框，以及使用公式等的基本操作。

4-9 学习工作单
制作个人简历封面

工作任务 4.6.1　插入图片与图形

⚙ 任务目标

PPT 第 9 讲
插入对象

具备插入图片、绘制图形并正确设置其格式的基本能力。

📝 任务描述

学会在 Word 2016 中插入图片与图形并设置格式的基本操作方法。

任务实现

1. 插入图片

Word 中可以插入的图片分为"图片"和"联机图片"两种,"图片"是指从当前计算机或连接到的其他计算机中插入的图片,"联机图片"是指从各种联机来源中查找和插入的图片。插入这两类图片的操作步骤如下。

① 将插入点定位到要插入图片的位置。

② 单击"插入"选项卡 "插图"组中的"图片"按钮 ，打开"插入图片"对话框,选中所需图片,单击"插入"按钮。

③ 如果要插入联机图片,则单击"插入"选项卡"插图"组中的"联机图片"按钮 ，打开"插入图片"窗格。

④ 输入搜索关键字,单击搜索按钮,这时联机搜索到的图片会显示在窗格下方,如图 4-6-1 所示。选择需要插入的图片,单击"插入"按钮,即可在文档中插入联机图片。

图 4-6-1
插入联机图片

设置图片格式的操作步骤如下。

① 单击图片,图片四周会出现 8 个尺寸控点,同时弹出如图 4-6-2 所示的图片工具。

图 4-6-2
图片工具

② 如需对图片进行详细设置,可单击"图片工具"中"图片样式"组旁的"对话框启动器"按钮,打开如图 4-6-3 所示的"设置图片格式"窗格。

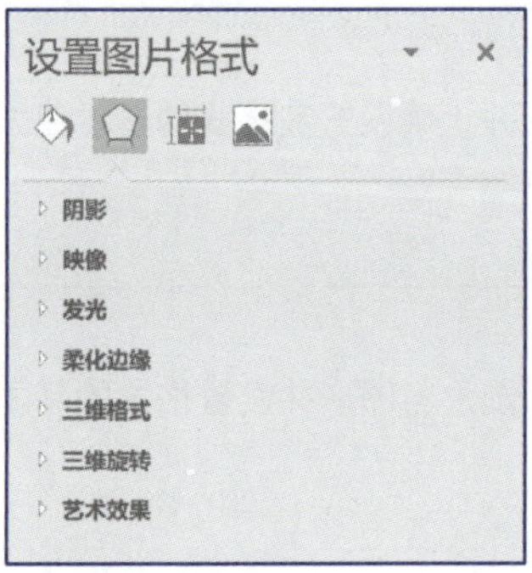

图 4-6-3
"设置图片格式"窗格

③ 选择窗格左侧的选项菜单，即可打开子菜单对选定的图片进行各种格式的设置。

④ 如需设置图片的文字环绕方式，可单击"图片工具"中"大小"组旁的"对话框启动器"按钮，打开如图 4-6-4 所示的"布局"对话框，选择"文字环绕"选项卡，在其中设置相应的环绕。

小技巧
Word 中插入的图片显示不全的解决办法

图 4-6-4
"布局"对话框

2．插入图形

（1）绘制图形

Word 提供了绘制图形工具，利用它可以创建各种图形。绘制图形的操作步骤如下。

① 单击"插入"选项卡"插图"组中的"形状"按钮，打开形状库。

② 单击图形按钮，这时鼠标指针变为十字形，在文档中拖动鼠标即可绘制图形。

（2）添加图形文字

除了线条图形外，其他图形内部都可以添加文字，操作步骤如下。

① 将鼠标指针定位到绘制的图形上，然后右击，在弹出的快捷菜单中选择"添加文字"命令，这时插入点会出现在图形内部。

② 在插入点处输入文字，输入完成后，单击图形外任意位置即可结束添加文字操作。要修改已添加的文字，只需在图形中单击，然后修改文字即可。

小技巧
文档标题和正文之间添加一条分割线的解决办法

（3）编辑图形

① 选定图形：单击图形即可选定该图形。如果想同时选取多个图形，则可按住 Shift 键逐一单击要选取的图形。

② 移动图形：将鼠标指针定位到图形上，当指针变成十字箭头时，拖动鼠标即可移动图形。

③ 调整图形大小：当选定图形后，拖动图形上的各个尺寸控点，即可从不同方向调整图形的大小。

④ 组合图形：同时选取要组合的多个图形，然后右击，在弹出的快捷菜单中选择"组合"命令即可。

⑤ 设置图形的叠放次序：在要改变叠放次序的图形上右击，在弹出的快捷菜单中选

择"置于顶层"或"置于底层"命令即可。

（4）设置图形格式

设置图形格式可以选中图形对象，调出"绘图工具"。然后利用"绘图工具"中"格式"选项卡中不同的功能按钮进行设置即可。

🔔 说明：

当需要使用绘图工具绘制圆或正方形时，应按住 Shift 键并拖动鼠标。

工作任务 4.6.2　插入艺术字

⚙ 任务目标

具备插入艺术字并正确设置其格式的基本能力。

📝 任务描述

学会在 Word 2016 中插入艺术字并设置艺术字格式的基本操作方法。

📑 任务实现

1. 插入艺术字

① 将插入点定位到要插入艺术字的位置。

② 单击"插入"选项卡"文本"组中的"艺术字"按钮 ⁴，打开艺术字样式库，如图 4-6-5 所示。

③ 选择一种艺术字样式，弹出如图 4-6-6 所示的编辑艺术字区域。

图 4-6-5
艺术字样式库

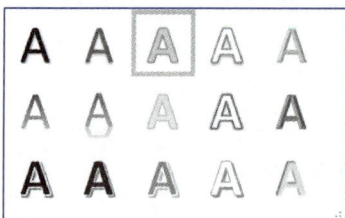

图 4-6-6
编辑艺术字区域

④ 输入艺术字内容并设置字体、字号、字形等格式。

2. 设置艺术字格式

① 单击该艺术字，这时艺术字四周会出现带 8 个尺寸控点和一个旋转按钮的矩形框，同时调出"绘图工具"，如图 4-6-7 所示。

图 4-6-7
绘图工具

② 利用"开始"选项卡可以对选定的艺术字进行字符格式设置。

③ 利用"绘图工具"中"艺术字样式"组中的按钮可以对艺术字的样式、轮廓、填充、效果等进行设置。

工作任务 4.6.3　插入文本框

任务目标

具备插入文本框并能正确设置其格式的基本能力。

任务描述

学会在 Word 2016 中插入文本框并设置文本框格式的基本操作方法。

任务实现

1. 插入文本框

文本框是一种特殊的图形对象，其中的文字和图片可随文本框移动。利用文本框可以将文档编排得更加丰富多彩。插入文本框的操作步骤如下。

① 单击"插入"选项卡"文本"组中的"文本框"下拉按钮，从中选择"绘制文本框"命令，用鼠标拖动绘制，即可在文档中插入一个横排文本框。若选择"绘制竖排文本框"命令，则插入的是竖排文本框。

② 在文本框中输入相应的文字内容或插入图片。

2. 设置文本框格式

① 单击文本框，这时文本框四周会出现 8 个尺寸控点和一个旋转按钮，同时调出"绘图工具"。

② 利用"绘图工具"可以对文本框进行格式设置。

③ 利用"开始"选项卡中的相应按钮可以对文本框中的文字进行格式设置。

④ 将鼠标指针指向文本框的边框，然后用左键拖动，可以改变文本框的位置。

说明：

除了上述方法外，单击"插入"选项卡"插图"组中的"形状"按钮，打开形状库，在"基本形状"分类中选择"文本框"或"竖排文本框"，也可在指定位置插入文本框。选中文本框，然后按 Backspace 键或 Delete 键即可删除文本框。

工作任务 4.6.4　插入数学公式

任务目标

具备在文档中插入数学公式的基本能力。

任务描述

学会在 Word 2016 文档中插入数学公式的基本操作方法。

任务实现

在 Word 2016 中，可以在文档中插入一些专业的数学公式，操作步骤如下。

① 单击"插入"选项卡"符号"组中的"公式"下拉按钮 π，选择"插入新公式"命令。

② 弹出公式编辑区，标题栏显示"公式工具"。

③ 在公式编辑区中，利用"公式工具"提供的各种符号和各类模板进行公式的输入，如图 4-6-8 所示。

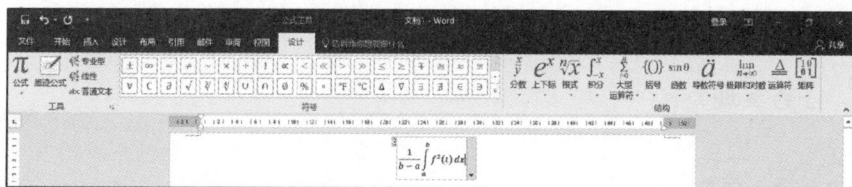

图 4-6-8
公式编辑区

④ 公式输入完成后，单击公式编辑区以外的空白区域即可。

学习提示

如果需要再次编辑公式，只需单击公式进入公式编辑状态即可。若要进一步直观学习公式编辑，可观看微课 4-15：公式的编辑。

微课 4-15
公式的编辑

学习单元 4.7　设计个人简历的版面

4-10 学习指导
设计个人简历的版面

4-11 学习工作单
设计个人简历的版面

单元目标

学会对 Word 文档进行打印设置，具备在 Word 文档中插入分隔符、页眉和页脚、脚注和尾注、页码的基本能力，学会创建文档目录、分栏排版等基本操作。

为了使文档的页面排版效果更加美观，可以在文档中加入页眉和页脚、脚注和尾注、页码等内容。当文档编辑排版完成后，在打印之前，可以利用打印预览功能查看一下排版效果是否理想。本学习单元主要介绍在文档中如何进行页面设置与排版等基本操作。

PPT 第 10 讲
页面设置

工作任务 4.7.1　设置页面格式

任务目标

具备对文档进行页面设置、分栏排版、插入分隔符的基本能力。

✍ 任务描述

学会在 Word 2016 中对文档进行页面设置、分栏排版、插入分隔符的基本操作方法。

任务实现

1. 设置页边距

页边距是指文档内容在上、下、左、右 4 个方向上距离页面边界的距离，设置页边距的操作步骤如下。

① 单击"布局"选项卡"页面设置"组中的"页边距"下拉按钮 ，可选择样式库中已有的样式，也可选择"自定义边距"命令，在弹出的如图 4-7-1 所示的对话框中进行设置。

② 在"页边距"选项卡中分别设置打印内容与纸张上、下、左、右边界的距离。

③ 如果文档需要装订，还可以设置装订线与边界的距离。

④ 在"纸张方向"选项区域中设置"纵向"或"横向"打印。如果文档出现特别宽的表格等页面宽度不能容纳的情况时，就需要将纸张的打印方向设置为"横向"，系统默认设置为"纵向"。

2. 设置纸张大小

不同类型的文档对纸张大小的要求可能不同，设置纸张大小的操作步骤如下。

① 在"页面设置"对话框中，选择"纸张"选项卡，打开如图 4-7-2 所示的对话框。

图 4-7-1
"页面设置"对话框

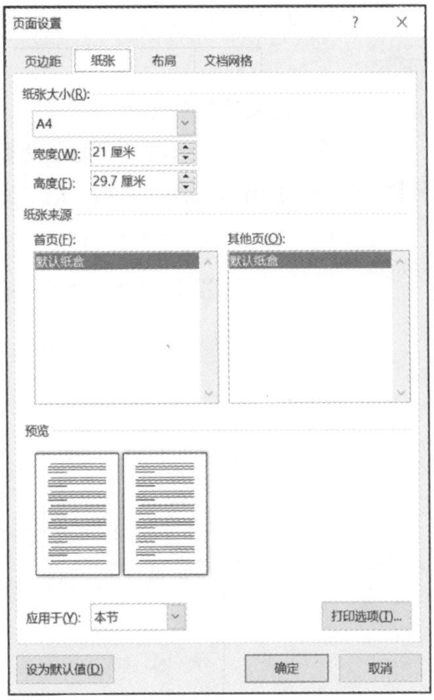

图 4-7-2
"纸张"选项卡

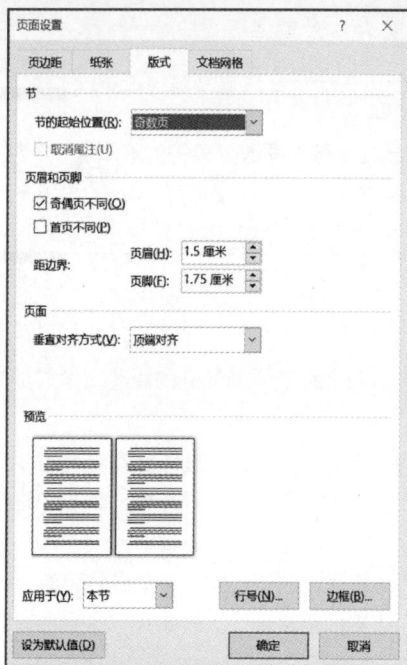

图 4-7-3
"版式"选项卡

② 在"纸张大小"下拉列表框中选择用于打印文档的纸张类型，如 A4、B5、16 开等，也可以自定义纸张尺寸，在"宽度"和"高度"数值框中输入实际尺寸即可。

3. 设置页面版式

① 在"页面设置"对话框中选择"版式"选项卡，打开如图 4-7-3 所示的对话框。

② 在"节的起始位置"下拉列表框中选择"奇数页"选项，确保每一章节的起始处为奇数页。

③ 在"页眉和页脚"选项区域中选中"奇偶页不同"复选框，确保每一章节的奇偶页都可以单独编辑，在"距边界"选项组中可以设置页眉、页脚距离上、下边界的距离。

小窍门

在"页眉和页脚"选项区域中选中"首页不同"复选框，可以使文档首页的页眉和页脚与其他页不同。

另外，在"页面设置"对话框中，"文档网格"选项卡用于设置每页固定的行数和每行固定的字符数，也可只设置每页固定的行数或设置在页面上显示字符网格等。

4. 设置分栏

应用实践
小报制作

设置分栏可以使文档版面显得更为生动、活泼，可以增强文档的可读性，操作步骤如下。

① 选定需要分栏的文本。

② 单击"布局"选项卡"页面设置"组中的"分栏"下拉按钮，从中选择"更多分栏"命令，打开如图 4-7-4 所示的"分栏"对话框。

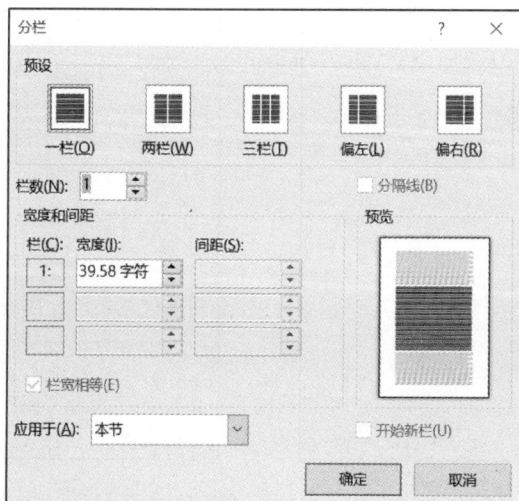

图 4-7-4
"分栏"对话框

③ 在"预设"选项区域中选定分栏格式，或在"栏数"数值框中输入分栏数，在"宽度和间距"选项区域中设置栏宽和间距。

④ 选择"栏宽相等"复选框，则各栏宽相等。

⑤ 选择"分隔线"复选框，则可以在各栏之间加一条分隔线。

⑥ 在"应用于"下拉列表框中选择分栏的应用范围。

⑦ 在"预览"框中查看分栏效果，满意后单击"确定"按钮。

学习提示

若要直观学习如何进行文档分栏设置的方法，可观看微课 4-16：设置分栏。

微课 4-16
设置分栏

5. 插入分隔符

（1）插入分节符

"页"是随着纸型和页边距的设置而有一个固定长度的一段文档，"节"是没有固定长度的一段文档。设置节是为了在不同的节内设置不同的页眉、页脚。用户可以选择不同的纸型和设置不同的页边距。当文档中部分文本的格式或参数与其他文本不同时，应将这部分文本创建为一个新的节，从而将需要进行特殊排版的文档限定在一定范围内。

插入分节符的操作步骤如下。

① 光标定位到需插入分节符的位置。

② 单击"布局"选项卡"页面设置"组中的"分隔符"下拉按钮 ，选择"下一页""连续""偶数页""奇数页"4 种类型之一插入即可。

（2）删除分节符

在"视图"选项卡"视图"组中选择"草稿"，切换到草稿视图，将光标定位在"===分节符==="处，按 Delete 键即可删除分节符。切换回页面视图，可以看到前后两节合并的排版效果，分节符上方的一节格式被删除，合并后格式与下一节相同。

（3）插入分页符

在页面视图下，当页面充满文本或图形时，Word 会自动跳转到下一页（自动分页）。如果在页面内容未满的情况下需要将文档内容写到下一页，则需要在换页处插入人工分页符（人工分页）。插入人工分页符的操作步骤如下。

① 将插入点定位到人工分页的位置。

② 单击"布局"选项卡"页面设置"组中的"分隔符"下拉按钮，选择"分页符"命令即可。

小窍门

也可以通过按 Ctrl+Enter 组合键，在插入点位置插入人工分页符。

（4）删除分页符

在页面视图下，单击"开始"选项卡"段落"组中的"显示/隐藏编辑标记"按钮 ，使其呈"按下"状态。插入的分节符显示为"===分节符==="，插入的人工分页符显示为"……分页符……"。在选定区选中分页符，按 Delete 键即可删除人工分页符。

微课 4-17
分隔符

工作任务 4.7.2　添加脚注和尾注

任务目标

具备设置脚注和尾注的基本能力。

任务描述

学会在 Word 2016 文档中插入与删除脚注和尾注的基本操作方法。

任务实现

1. 插入脚注和尾注

在编写文档时，常常需要对陌生的词语、文字、缩写词以及文档的来源等添加注释，脚注和尾注是 Word 提供的两种常用的注释方式。在通常情况下，脚注是对当前页的字和词加以解释，所以写在当前页面的下方以便于及时浏览；而尾注是对某些文档注释其来源和出处，如果需要可以查看，尾注写在文档的末尾。插入脚注和尾注的操作步骤如下。

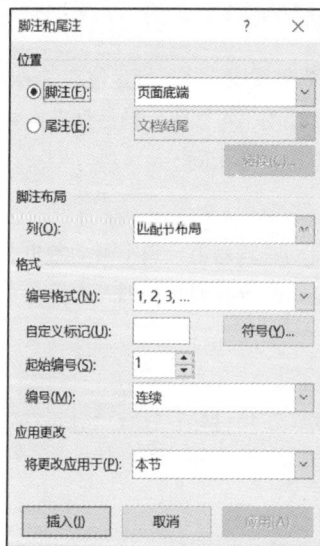

图 4-7-5
"脚注和尾注"
对话框

① 将光标定位在要插入脚注或尾注的文字后面。

② 单击"引用"选项卡"脚注"组中的"插入脚注"按钮 ᴬᴮ¹ 或"插入尾注"按钮 ，即可在当前页的底端插入脚注或在文末插入尾注。

③ 若需对脚注或尾注的格式进行设置，则可单击"引用"选项卡"脚注"组旁的"对话框启动器"按钮，打开如图 4-7-5 所示的"脚注和尾注"对话框。

④ 选择"脚注"或"尾注"单选按钮，并设置脚注或尾注的位置。

⑤ 在"编号格式"下拉列表框中选择一种编号格式。

⑥ 在"起始编号"数值框中输入开始编号。

⑦ 在"编号"下拉列表框中选择"连续"选项。

⑧ 单击"插入"按钮，即可为文字插入脚注或尾注。

小窍门

按 Ctrl+Alt+F 组合键可以插入脚注，按 Ctrl+Alt+D 组合键可以插入尾注。

2. 删除脚注和尾注

将光标定位在插入了脚注和尾注的文字后面，连续按两次 Backspace 键即可。

💡 **学习提示**

　　脚注和尾注的编号只与在文档中插入的位置有关，与输入的先后次序无关。插入新的脚注和尾注，后面的编号自动递增；删除脚注和尾注，后面的编号自动递减。若要直观学习如何设置文档的脚注和尾注，可观看微课 4-18：设置添加脚注和尾注。

微课 4-18
设置添加脚注和尾注

工作任务 4.7.3　设置页眉和页脚

⚙️ **任务目标**

具备根据需要设置页眉和页脚、插入页码的基本能力。

📝 **任务描述**

学会在 Word 2016 文档中设置不同类型的页眉和页脚、插入页码的基本操作方法。

🗂️ **任务实现**

1. 设置普通页眉和页脚

　　页眉和页脚是显示在文档的顶部和底部页边距位置上的注释性文字或图形。它不随文本输入，而是通过命令进行设置。设置普通页眉和页脚的操作步骤如下。

　　① 单击"插入"选项卡"页眉和页脚"组中的"页眉"下拉按钮，从中选择"编辑页眉"命令，进入页眉编辑状态，同时弹出如图 4-7-6 所示的"页眉和页脚"工具。

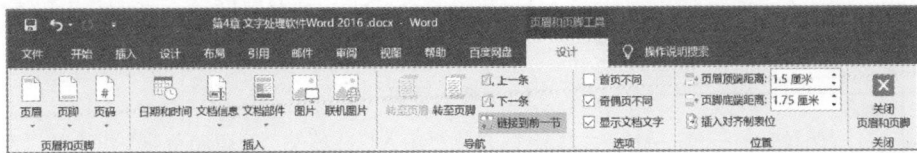

图 4-7-6
页眉和页脚工具

　　② 在页眉编辑区输入页眉文本，单击"导航"组中的"转至页脚"按钮，切换到页脚编辑区，输入页脚文本。

　　③ 单击"关闭"组中的"关闭页眉和页脚"按钮，完成设置并返回文档编辑区。

2. 设置奇偶页不同的页眉

　　在通常情况下，文档每一页的页眉内容是相同的，有时需要建立奇偶页不同的页眉，其操作步骤如下。

　　① 在如图 4-7-6 所示的"页眉和页脚工具"的"选项"组中选择"奇偶页不同"复选框，页眉编辑区左上角出现"奇数页页眉"字样以提醒用户。

② 在"奇数页页眉"编辑区中输入奇数页页眉内容，如图 4-7-7 所示。

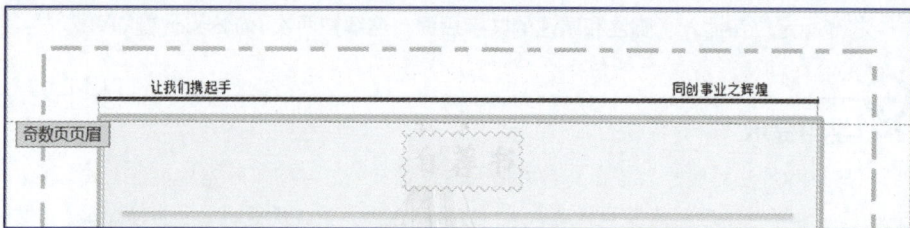

图 4-7-7
设置奇数页页眉

③ 切换到"偶数页页眉"编辑区，输入偶数页页眉内容，如图 4-7-8 所示。

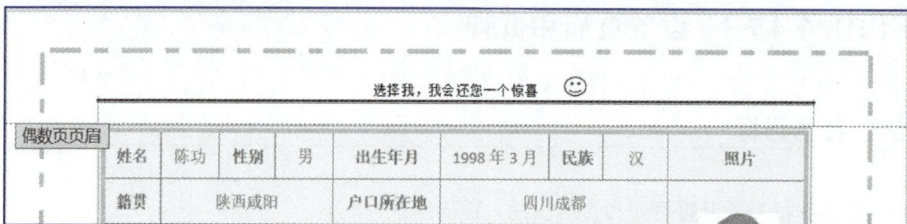

图 4-7-8
设置偶数页页眉

④ 页眉设置完毕，单击"关闭"组中的"关闭页眉和页脚"按钮。

3. 删除页眉和页脚

双击页面上的页眉或页脚区域，进入编辑状态，选定页眉或页脚并按 Delete 键即可。

另外，若想设置首页不同的页眉，可以在图 4-7-6 所示的"页眉和页脚工具"的"选项"组中选择"首页不同"复选框，即可在文档第一页设置首页页眉。在页眉和页脚中还可以插入图片、页码等对象。单击"页眉和页脚工具"的"导航"组中"链接到前一条页眉"按钮，还可以分节编写不同的页眉和页脚。

微课 4-19
设置页眉和页脚

💡 **学习提示**

若要进一步直观学习设置文档页眉和页脚的方法，可观看微课 4-19：设置页眉和页脚。

4. 插入页码

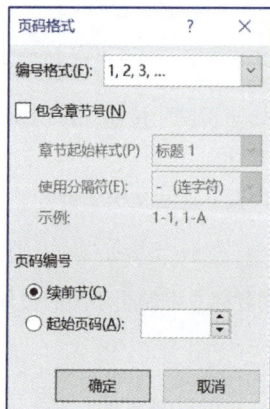

图 4-7-9
"页码格式"对话框

（1）插入页码

① 单击"插入"选项卡"页眉和页脚"组中的"页码"按钮 📄，从中选择适合的命令并在相应位置插入页码。

② 如需设置"页码格式"，则选择"设置页码格式"命令，打开如图 4-7-9 所示的对话框。

③ 在其中分别设置页码的编号格式和编号方式，单击"确定"按钮完成设置。

（2）删除页码

单击"插入"选项卡"页眉和页脚"组中的"页码"按钮，从中选择"删除页码"命令。

工作任务 4.7.4　创建目录

应用实践
毕业论文排版

任务目标

具备根据需要创建文档目录的基本能力。

任务描述

学会在 Word 2016 文档中创建目录的基本操作方法。

任务实现

类似于书稿、报告、论文等长文档，为了查阅方便，一般都要列出文档的目录和编写摘要。制作文档目录的操作步骤如下。

① 将光标定位在文档中需要插入目录的位置。

② 单击"引用"选项卡"目录"组中的"目录"按钮，从中选择"自定义目录"命令，打开如图 4-7-10 所示的"目录"对话框。

图 4-7-10
"目录"对话框

③ 选中"显示页码"和"页码右对齐"复选框。

④ 在"制表符前导符"下拉列表框中选择……符号。

⑤ 在"格式"下拉列表框中选择"正式"格式。

⑥ 将"显示级别"数值框中的数值调至"3"，单击"确定"按钮。

学习提示

当文档标题或页码发生变化时，可在文档中选中目录并右击，在弹出的快捷菜单中选择"更新域"命令来更新目录。若要进一步直观学习在文档中插入目录的方法，可观看微课 4-20：创建目录。

工作任务 4.7.5　打印设置

任务目标

具备根据需要对文档进行打印预览和打印的基本能力。

任务描述

学会在 Word 2016 中对文档进行打印预览和打印的基本操作方法。

任务实现

小技巧
打印 Word 文档时页脚和页眉不全的解决办法

1. 对文档进行打印预览

利用打印预览功能可以在屏幕上看到打印的真实效果，便于及时修改文档，也避免了直接打印可能造成的资源浪费。

选择"文件"→"打印"菜单命令，打开如图 4-7-11 所示的窗口，在右侧窗格可看到文档打印预览的效果。

图 4-7-11
打印预览窗口

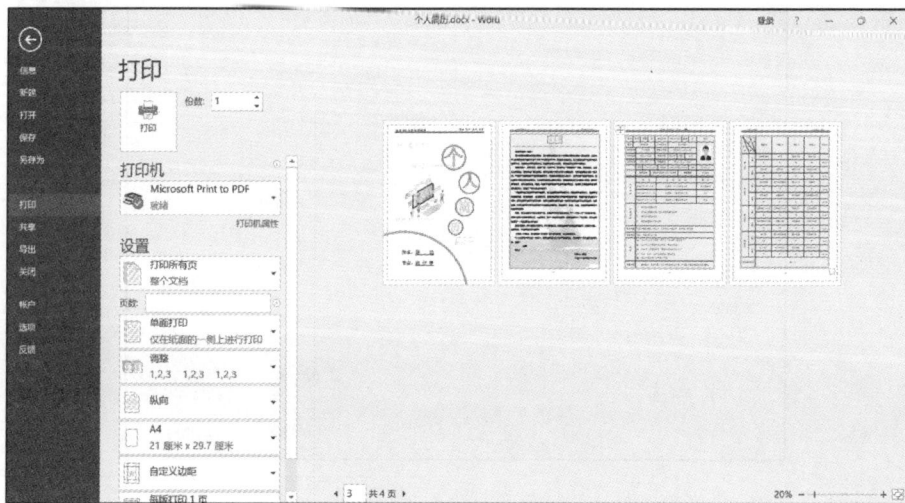

2. 打印文档

在图 4-7-11 所示的窗口中选择打印机，设置文档打印范围、份数、打印方式等内容后，单击"打印"按钮开始打印。

学习单元 4.8 批量制作个人简历的信封

ⓒ 单元目标

> 以制作个人简历的信封为例，学会邮件合并的使用，包括主控文档的创建、数据源的创建与编辑、合并域字段的插入、合并文档的生成等操作。

Word 2016 提供了制作中文信封的功能，用户可以利用 Word 2016 制作符合国家标准且含有邮政编码、地址和收信人及寄信人等信息的信封。

工作任务 4.8.1 认识邮件合并

⚙ 任务目标

认识邮件合并，明确邮件合并的应用范围和完成步骤。

📝 任务描述

认识 Word 2016 中的邮件合并功能，掌握邮件合并的应用范围和完成步骤。

📋 任务实现

1. 认识邮件合并

在实际工作中，人们经常会遇到主体文档内容相同，只是个别内容变化的文档，如信封、邀请函、录取通知书、工资条、工作卡等，这类文档的共同点在于，文档的主体内容完全相同，只是其中包含的姓名、性别等信息发生变化。使用 Word 的提供邮件合并功能就可以快速制作此类文档。

那么，什么是邮件合并呢？邮件合并就是将数据源中可变化的信息放到另外一个共有的主文档中，即将可变的数据源和一个标准的文档相结合。邮件合并涉及两个文档，一个是主文档，它包括用户要创建的文档中共有的内容，如发信人的地址；另一个是数据源，它包含需要变化的信息，如收信人的姓名、地址、单位等内容。邮件合并操作流程如下。

① 创建主文档，在主文档中包含了要重复出现的固定信息。

② 创建或打开数据源，数据源中包含各个合并文档中不相同的数据。数据源可以是已有的电子表格、数据库文件或文本文件等。

③ 在主文档中插入合并域。合并域是占位符，用于指示在何处插入数据源中的数据。

4-12 学习指导
批量制作个人
简历的信封

4-13 学习工作单
批量制作个人
简历的信封

案例
批量信封案例
效果与素材

PPT 第 11 讲
邮件合并

133

④ 执行合并操作，将数据源中的可变数据和主文档中的共有文本进行合并，生成一个合并文档。

> **💡 学习提示**
>
> 若要进一步直观学习什么是邮件合并，可观看微课 4-21：邮件合并。

工作任务 4.8.2　使用邮件合并

⚙ 任务目标

具备根据需要利用向导和邮件选项卡批量创建个人简历信封的基本能力。

📝 任务描述

学会在 Word 2016 中使用向导和邮件选项卡创建邮件合并的基本操作方法。

⚙ 任务实现

1. 个人简历信封样例与要求

图 4-8-1 是一个利用邮件合并功能制作的批量个人简历信封样例，数据源中包含 4 条收信人记录信息，因此通过邮件合并后就产生了 4 个信封。制作个人信封的要求如下。

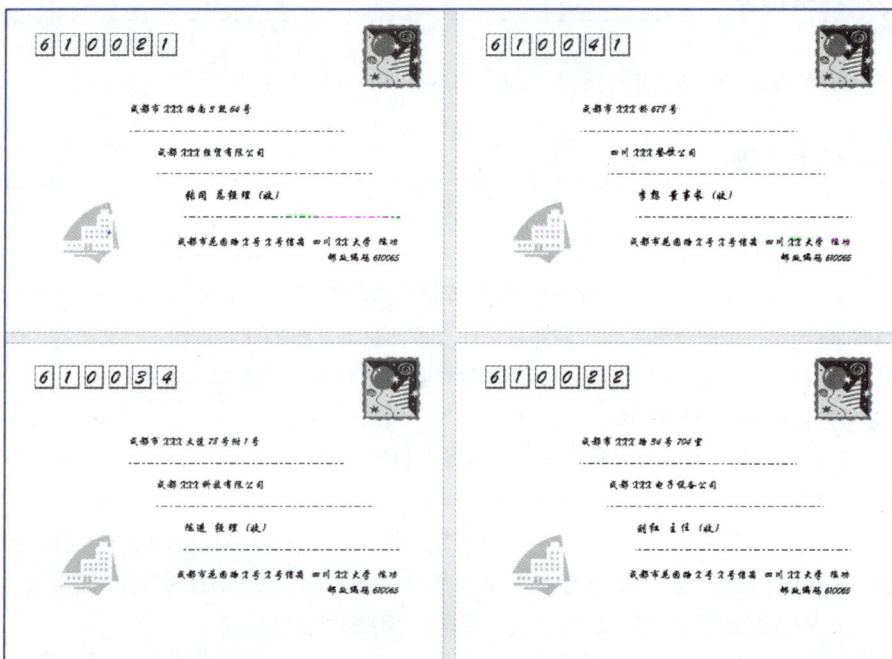

图 4-8-1
个人简历信封样例

① 创建符合国家标准的信封主文档。

② 在信封的适当位置根据需要插入装饰图片。

③ 准备数据源文件，包含至少 4 条收信人记录信息。文件类型可以是 Word 表格、Excel 工作表、文本文件、Outlook 联系人表、Access 数据库等。

2. 利用"中文信封"向导批量制作信封

对于使用邮件合并功能的初学者，可以利用向导帮助创建文档，操作步骤如下。

① 创建一个新的文档，单击"邮件"选项卡"创建"组中的"中文信封"按钮，弹出"信封制作导向"界面，如图 4-8-2 所示。

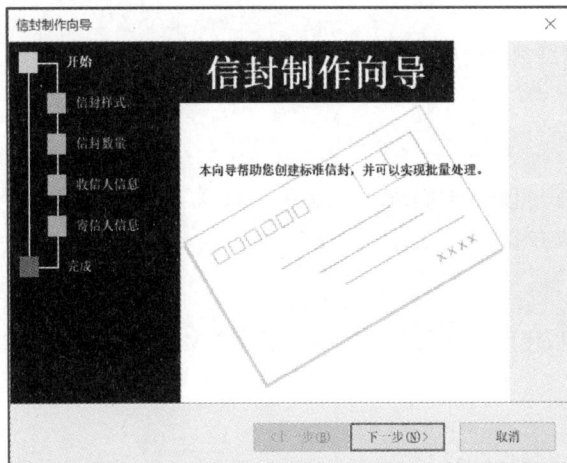

图 4-8-2
"信封制作导向"界面

② 按照界面中的提示分步骤设置信封样式、信封数量、收信人信息和寄信人信息，最后完成批量信封制作。

3. 利用"邮件"选项卡中的功能按钮批量制作信封

对于比较熟悉邮件合并功能的用户，可以利用"邮件"选项卡批量制作信封，操作步骤如下。

① 单击"邮件"选项卡"开始邮件合并"组中的"开始邮件合并"下拉按钮，从中选择"信封"命令，在打开的"信封选项"对话框中进行设置。

② 单击"邮件"选项卡"开始邮件合并"组中的"选择收件人"下拉按钮，从中选择"使用现有列表"命令，在打开的"选取数据源"对话框中选取数据源文件。

③ 将光标定位到信封上的收件人信息编辑区，单击"邮件"选项卡"编写和插入域"组中的"插入合并域"按钮，分别将所需的合并域插入到信封上的相应位置，并设置字符格式。

④ 单击"邮件"选项卡"预览结果"组中的"预览结果"按钮，预览合并结果。

⑤ 单击"邮件"选项卡"完成"组中的"完成并合并"下拉按钮，从中选择"编辑单个文档"命令。

⑥ 保存新生成的邮件合并文档。

学习提示

在实际应用中，前面介绍的两种方法可以结合起来使用，可以使用第一种中文信封向导生成一个信封模板，再使用第二种"邮件"选项卡的按钮制作个性又美观的信封主文档。若要进一步直观学习利用邮件合并批量创建信封的方法，可观看微课 4-22：批量制作个人简历的信封。

微课 4-22
批量制作个人简历的信封

Word 在生活和工作中的应用

Word 2016 是微软公司的 Office 2016 系列办公组件之一，是目前世界上最流行的文字编辑软件之一，使用它可以编排出精美的文档，方便地编辑和发送电子邮件，编辑和处理网页等。Word 的应用领域主要如下。

1．专业文档编辑和排版

Word 可使文档的创建、阅读和网络共享更加方便，用户可以利用其进行文档编排操作，可以快速格式化文档。

2．制作规范的表格

表格作为一种简洁明了的表达方式，以行列的形式组织信息，结构严谨直观，信息量大。Word 提供了完善的制表功能，使用户可以通过其建立并编辑合乎需求的表格样式。

3．编排图文并茂的文章

要编制一篇赏心悦目的文档，可以使用文字与表格，也可以使用图文混排功能，插入或绘制不同类型的对象，达到图文并茂的效果。

4．预览及打印文档

文档打印通常是文档编辑处理过程中的最后一道工序。为减少打印时不必要的麻烦并保证文档的打印质量，通常需要在打印前对文档进行打印预览。对打印预览效果满意后可选择 Word 提供的多种打印方式打印文档。

5．进行大批量文本的简化处理和样式添加

针对每天需要大批量处理文档的用户，Word 提供了模板和自定义版面功能，可以将烦琐的大批量文本处理和样式添加步骤简化，使用户得以解脱出来，如条款式合同制作、商务传真的书写和样式添加、电子邮件的签发等。

6．日常办公文档的输入与输出

（1）自动更正

在文档编辑过程中，经常会出现文字输入、单词拼写和字母大小写等错误，若要自动检索并更正此类错误，可以通过 Word 提供的文字自动更正功能实现。

（2）网络资源共享

为方便用户共享网络资源，Word 提供了完善的资源共享功能，可根据不同的共享对象、信息显示方式和信息来源进行定位。

（3）智能标记

智能标记是用户通过系统为特殊类型数据添加的标记，通过其可以识别不同类型的文本数据，如电子邮件收件人、商务传真系统的姓名等，Word 能够快速识别这些标记，并查找其联系人信息，或打开相关程序，完成程序的正常写入和解读。

（4）支持 XML 格式文档

XML 格式文档是一种可以应用于自动数据采集等操作的普通商业数据文档，Word 支持 XML 文档格式，可直接提取动态的商业财务资料和其他类型的数据库报表，并传输到数据库或文档以外的其他地方。

本 章 回 顾

本章主要介绍了 Word 2016 的基本概念和使用 Word 2016 编辑文档的基本方法，主要包含文档的创建与保存、文档的编辑、字符与段落格式设置、表格制作、对象的插入、图文混排、页面设置、打印输出、邮件合并等基本操作。

思考与练习题

4-14 学习评价表
制作个人简历

一、判断题

（1）Word 程序启动后就自动打开一个文件名为"文件 1"的文档。　　　（　　）

（2）在删除选定的文本内容时，Delete 键和 Backspace 键的功能相同。　　（　　）

（3）将文档中一部分文字移动到指定的位置，首先进行的操作是选中这些文字。

（　　）

（4）在普通视图和页面视图中都可以插入页眉和页脚。　　　　　　　（　　）

（5）Word 文档可以保存为"纯文本"类型。　　　　　　　　　　　（　　）

二、选择题

（1）Word 2016 中的字形和字体、字号的默认设置值分别是（　　）。

　　A. 常规型、宋体、四号　　　　　B. 常规型、宋体、五号

　　C. 常规型、宋体、六号　　　　　D. 常规型、仿宋体、五号

（2）在 Word 中，要选定整个文档，可先将光标定位到左侧的选定区，然后（　　）。

　　A. 双击鼠标左键　　　　　　　B. 连续三击鼠标左键

　　C. 单击鼠标左键　　　　　　　D. 双击鼠标右键

（3）每年的元旦，某信息公司要发送大量内容相同的信函，只是信中的称呼不一样，为了不做重复的编辑工作，提高效率，可使用以下（　　）功能实现。

　　A. 邮件合并　　　　　　　　　B. 书签

　　C. 信封和选项卡　　　　　　　D. 复制

（4）有关"样式"，以下说法中正确的是（　　）。

　　A."样式"只适用于文字，不适用于段落

　　B."样式"可在"开始"选项卡的"样式"组中设置

　　C."样式"只能使用，不能修改

　　D."样式"只适用于纯英文文档

三、填空题

（1）Word 2016 文档的扩展名为_____。

（2）在 Word 文本编辑区，有一个闪烁的"I"形光标，称为_____，其作用是_____。

（3）使用 Word 编辑的文档可以按需要进行人工分页，设置的方法是把插入点定位到需分页的位置，再按_____组合键。

（4）Word 文档中的注释一般有"脚注"和"尾注"两种，脚注放在＿＿＿＿＿，而尾注则出现在＿＿＿＿＿。

（5）在 Word 中要进行邮件合并，应选择＿＿＿＿＿选项卡。

四、思考与问答题

（1）Word 2016 有哪几种类型的视图？

（2）如何设置奇偶页不同的页眉和页脚？

（3）如何实现文档中所有各段的首行都缩进两个字符？

（4）在 Word 中如何插入脚注与尾注？

（5）如何为表格设置自动套用格式？

第 5 章　电子表格软件 Excel 2016

5-1 任务工作单
制作学生成绩簿

学习情境：制作学生成绩簿

学习目标：具备使用 Excel 进行电子表格处理的基本能力。

学习内容：

- Excel 工作窗口。
- 数据输入。
- 公式与函数。
- 格式化工作表。
- 数据统计与分析。
- 图表。

教学方法建议：引导、解析、体验、反思。

　　Excel 作为一款功能强大的电子表格软件，可以更直观与高效地处理数据。无论是制作成绩统计表、销售趋势图，还是执行高级分析，都是最好的选择，它可以帮助用户更高效、更灵活地实现目标。那么，Excel 是如何一步一步地完成工作任务的呢？在完成任务的过程中都有哪些主要操作？对每一类操作，实现的具体步骤又是怎样的呢？如何利用 Excel 强大的计算、填充与图表功能来分析数据呢？那就从这里开始学习吧！

我想对班上的期末成绩进行统计分析

用Excel吧，它的计算、填充与图表功能可以帮助你……

5-2 学习指导
学生成绩簿的制作

5-3 学习工作单
学生成绩簿的制作

案例
学生成绩簿案例
效果与素材

PPT 第 1 讲
学生成绩簿案例
制作要求与效果

学习单元 5.1　制作学生成绩簿

🎯 单元目标

具备对提出任务的解决方案进行分析，实现对数据收集、整理和整体设计的基本能力。

在生活和工作中会遇到许多表格，如记载在校学生课程成绩的系列表格等。那么，如何管理、分析和处理这些表格呢？

工作任务　使用 Excel 2016 制作学生成绩簿

任务目标

了解样例中提供的学生成绩簿，明确实现的任务要求。

任务描述

① 明确制作学生成绩簿的基本要求。
② 清楚制作学生成绩簿的样例效果。

任务实现

使用 Excel 制作学生成绩簿，具体要求如下。

学生成绩簿由平时成绩表、实训成绩表、考试成绩表、结业成绩表和补考情况表共 5 张表格组成。前 4 张表格都有统一的表结构，由学号、姓名、班级、名次、总分、平均分及各科课程名称等列标题（字段）组成。最后一张补考情况表由学号、姓名、班级、各科课程名称和个人补考科数目等列标题（字段）组成。

创建学生成绩簿的目的在于对学生成绩簿中工作表的数据进行收集、整理、计算以及统计与分析处理。

创建学生成绩簿的具体要求如下。

① 创建平时成绩表、实训成绩表、考试成绩表，并设置表的格式，要求美观大方。
② 生成结业成绩表。课程结业成绩由平时成绩、实训成绩和考试成绩按一定比例计算。其中，平时成绩占 25%，实训成绩占 25%，考试成绩占 50%。结业成绩采用百分制表示。
③ 生成补考情况表。补考情况表中的数据根据结业成绩而确定，若结业成绩小于 60 分的用"补考"字样表示，结业成绩在 60 分或以上的用"合格"字样表示。
④ 表格中的所有统计计算全部采用 Excel 公式与函数处理。
⑤ 为考试成绩表按班级生成班级平均成绩图表。

学生成绩簿制作样例效果，如图 5-1-1 所示。

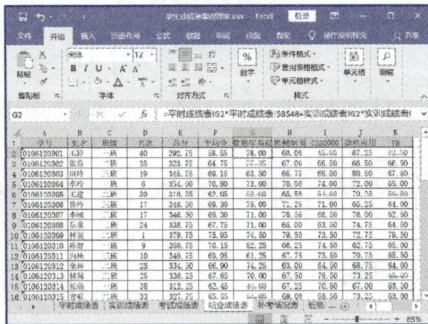

(a) 平时成绩表　　　　(b) 实训成绩表

(c) 考试成绩表　　　　(d) 结业成绩表

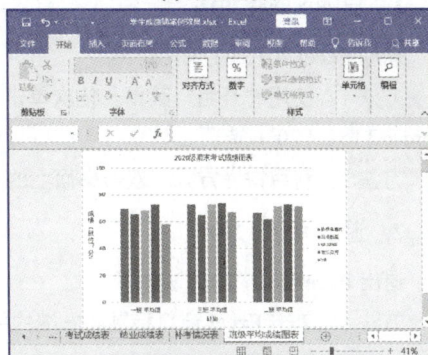

(e) 补考情况表　　　　(f) 班级平均成绩图表

图 5-1-1
学生成绩簿样例效果

学习单元 5.2　走进 Excel 2016

🎯 单元目标

　　清楚启动和退出 Excel 2016 的方法，熟悉 Excel 工作窗口的组成，具备使用 Excel 工作窗口命令进行相关操作的基本能力。

Excel 2016 是微软公司推出的现代办公系列软件 Office 的核心组件之一，它是一款功能强大、方便灵活的电子表格制作软件。它广泛用于现代办公中电子表格的处理，如制作各种表格、统计和分析表格数据、建立数据库等，它甚至可以在专业领域进行数据分析处理，如银行、证券等系统中。

PPT 第 2 讲
认识 Excel 2016

工作任务 5.2.1　进入和退出 Excel 2016

任务目标

具备进入和退出 Excel 2016 工作窗口的基本能力。

任务描述

熟悉进入与退出 Excel 2016 工作窗口的基本操作方法。

任务实现

1. 启动 Excel 2016

启动 Excel 2016 的方法如下。

方法 1：使用"开始"菜单。依次单击"开始"→"所有程序"→Microsoft Office→Microsoft Excel 2016 选项。

方法 2：利用快捷方式。双击桌面上的 Excel 快捷方式图标。

2. 退出 Excel 2016

退出 Excel 2016 的方法如下。

方法 1：单击 Excel 窗口标题栏右端的关闭按钮。

方法 2：按快捷键 Alt+F4。

学习提示

退出 Excel 2016 时，注意工作簿文件的保存。若要进一步直观学习进入和退出 Excel 2016 的操作方法，可观看微课 5-2：进入和退出 Excel 2016。

微课 5-2
进入和退出 Excel 2016

工作任务 5.2.2　认识 Excel 2016 工作窗口

任务目标

弄清 Excel 2016 工作窗口的组成，具备使用工作窗口的基本能力。

✍ 任务描述

熟悉 Excel 工作窗口的组成，学会工作窗口的使用。

任务实现

Excel 2016 的工作窗口和 Word 相似，主要由自定义快速访问工具栏、标题栏、功能区、工作表编辑区、状态栏等组成，如图 5-2-1 所示。

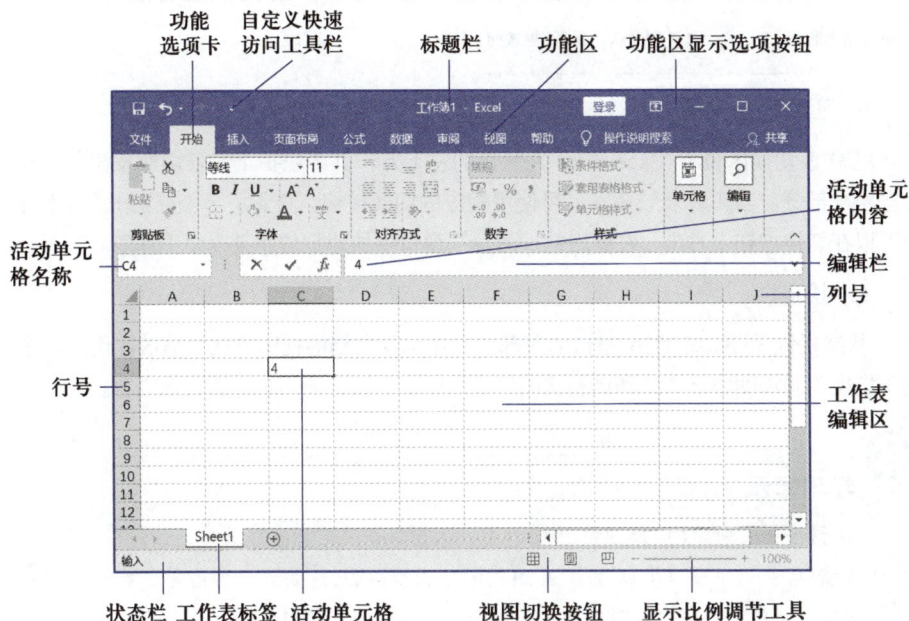

图 5-2-1
Excel 的窗口组成

1. 自定义快速访问工具栏

自定义快速访问工具栏上提供了最常用的"保存""撤销"和"恢复"按钮，单击对应的按钮可执行相应的操作。如需在自定义快速访问工具栏中添加其他命令按钮，可单击其后的"其他命令"选项，在打开的"Excel 选项"对话框中设置即可。

2. 标题栏

标题栏显示当前应用程序的名称和打开的工作簿名称。在其左端是自定义快速访问工具栏，右端有"登录""功能区显示选项""最小化""最大化""向下还原"和"关闭"按钮。

3. 功能区

功能区位于标题栏的下方，用于显示常用的操作命令。默认情况下由 9 个选项卡组成，分别为"文件""开始""插入""页面布局""公式""数据""审阅""视图""帮助"等。每个选项卡包含不同的功能组，功能组由若干命令组组成，每个命令组中由若干个功能相似的按钮、下拉列表和"对话框启动器"按钮 ⊿ 等组成。使用时先选择选项卡，然后再在功能组中选择所需命令，Excel 将自动执行该命令。通过 Excel 帮助可了解选项卡中

143

的大部分功能。

4. 工作表编辑区

工作表编辑区是编辑电子表格的场所，主要包括单元格、编辑栏、行号和列号等部分。

① 单元格是工作表编辑区中的矩形小方格，它是组成 Excel 表格的基本单位，用于显示和存储用户输入的所有内容。

② 数据编辑栏位于工作表编辑区的正上方，用于显示和编辑当前单元格中的数据和公式。数据编辑栏由单元格名称框、按钮和编辑栏组成，如图 5-2-2 所示。

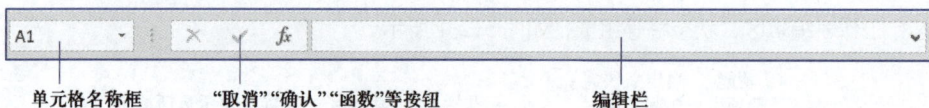

图 5-2-2
数据编辑栏

单元格名称框　　"取消""确认""函数"等按钮　　编辑栏

5. 工作表切换区

工作表切换区位于 Excel 工作表窗口的左下方，其中包括工作表切换按钮和工作表标签两个部分。当工作表较多时，可使用相应的切换按钮，查看下一个或上一个工作表。也可以在切换按钮上右击，在弹出的"激活"窗口中快速定位到某一个工作表。

6. 状态栏

状态栏位于 Excel 2016 窗口的底部，它显示了文档的视图方式和缩放比例等，主要用于切换不同视图显示方式和调整文档的显示比例，以方便用户查看文档内容。

> **学习提示**
>
> 在图 5-2-1 所示的 Excel 工作窗口中，大窗口是其应用程序窗口，该窗口内含的是工作表窗口。在这个窗口中包含了 Excel 的基本工作画面。若要进一步直观学习 Excel 2016 工作窗口的组成和使用，可观看微课 5-3：Excel 2016 工作窗口。

微课 5-3
Excel 2016 工作窗口

工作任务 5.2.3　认识单元格、工作表和工作簿

任务目标

理解单元格、工作表、工作簿三者之间的关系，具备正确使用单元格、工作表和工作簿实现数据处理的基本能力。

任务描述

认识单元格、工作表和工作簿三者之间的关系。

任务实现

简单来说，单元格是 Excel 中的最小元素，若干个单元格组成一个工作表，若干个

工作表就构成一个 Excel 工作簿。Excel 工作簿就好像人们生活中的记账本，账本的每一页就像这里的工作表，平时的账目就是记在工作表的单元格中，三者之间是包含与被包含的关系。Excel 的相关操作都是对单元格、工作表和工作簿的操作。

1. 单元格

工作表中行列相交的小方格区域称为单元格，是 Excel 中最基本的元素，用于存放数据。单元格的默认名称就是其在工作表中的地址，即列号+行号。例如，工作表左上角单元格的名称为 A1（或 a1），表示该单元格位于 A 列第 1 行这个位置。单元格名称经常在公式或函数中被引用。单击选择的单元格，该单元格称为当前单元格或活动单元格，其名称显示在数据编辑栏的单元格名称框中，其内容显示在编辑栏中（见图 5-2-1）。

2. 工作表

工作表是 Excel 的工作平台，工作表由若干单元格组成。工作表名称就是工作表的标签名。当前活动工作表的标签呈按下状态。在工作表标签区域右击，会弹出如图 5-2-3 所示的快捷菜单，通过选择其中的命令，用户可以对工作表进行插入、删除、重命名、移动或复制、全选、工作表标签颜色设置和保护等操作。

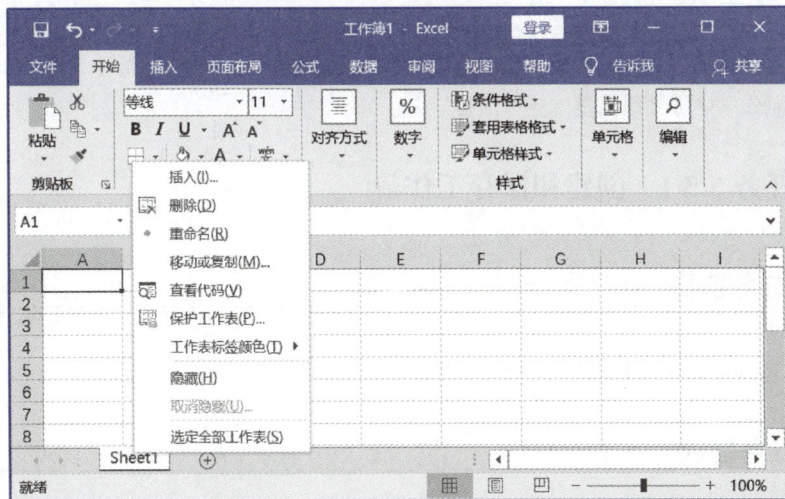

图 5-2-3
工作表快捷菜单

3. 工作簿

一个工作簿可以包含多张工作表，最多可以有 255 张工作表，它像一个文件夹，将相关的表格或图表存放在一起便于处理。所有新建的 Excel 工作表都保存在工作簿中。工作簿是一个 Excel 文件，其文件扩展名为.xlsx。

💡 **学习提示**

单元格、工作表和工作簿之间的关系如图 5-2-4 所示。若要进一步直观学习 Excel 2016 的单元格、工作表和工作簿的概念与关系，可观看微课 5-4：单元格、工作表和工作簿。

微课 5-4
单元格、工作表和工作簿

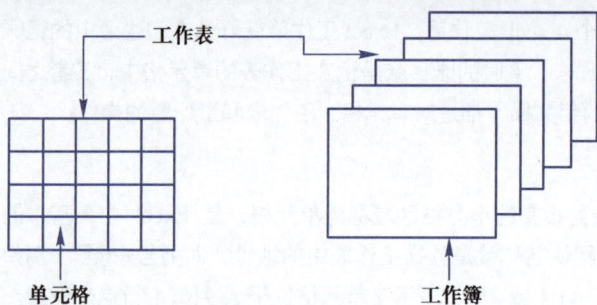

图 5-2-4
单元格、工作表、工作簿三者的关系

学习单元 5.3　创建学生成绩簿

单元目标

通过任务案例的制作，具备创建或打开、保存和关闭工作簿的能力。

在 Excel 2016 中，新建的文档称为工作簿，按任务案例要求，创建的学生成绩簿主要有平时成绩表、实训成绩表、考试成绩表、结业成绩表和补考情况表等 5 张工作表。下面介绍制作学生成绩簿的基本操作过程。

工作任务 5.3.1　创建和保存工作簿

任务目标

具备创建和保存 Excel 工作簿文档的基本能力。

任务描述

① 创建一个新工作簿。
② 将新工作簿以"学生成绩簿"为文件名进行保存。

任务实现

1. 新建工作簿

创建一个新工作簿最常见的方法有以下两种。

（1）新建空白工作簿

如果要从零开始创建一个工作簿，则需要新建空白工作簿，操作方法如下。

① 启动 Excel 2016，打开 Excel 应用程序窗口。

② 单击右侧的"空白工作簿"即可，如图 5-3-1 所示。

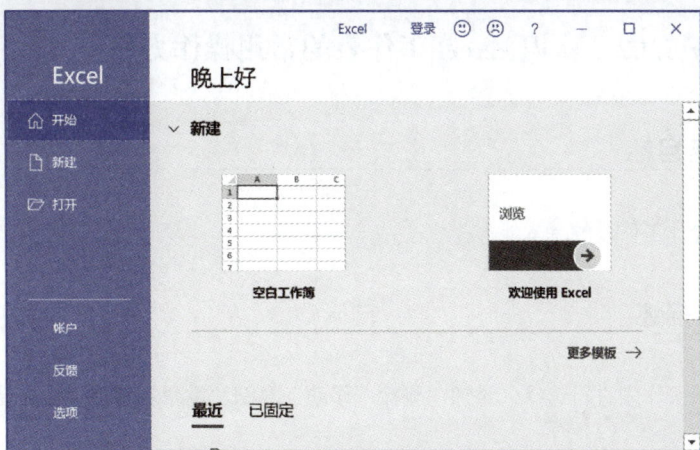

图 5-3-1
新建空白工作簿

（2）利用模板创建工作簿

利用模板创建工作簿与创建空白工作簿的方法类似，启动 Excel 2016，在打开的 Excel 应用程序窗口中单击右侧的模板即可。

💭 **小窍门**

创建工作簿时，可以使用组合键 Ctrl+N 创建一个空白工作簿。

2. 保存工作簿

编辑完工作簿的内容后，选择"文件"选项卡中的"另存为"命令，如图 5-3-2 所示，用户可以选择保存工作簿文件的路径。例如，若选择"桌面"选项则直接存放在指定桌面上，若选择"浏览"选项则通过浏览方式将工作簿文件存放在指定盘上。

图 5-3-2
工作簿的保存

💡 **学习提示**

单击自定义快速访问工具栏中的"保存"按钮，也可进行快速保存。若要进一步直观学习如何创建和保存学生成绩簿的基本方法，可观看微课 5-5：创建和保存学生成绩簿。

微课 5-5
创建和保存学生
成绩簿

工作任务 5.3.2　认识 Excel 工作表的常用操作方法

任务目标

具备操作工作表的基本能力。

小技巧
选定单元格

任务描述

学会对工作表进行选择、添加、删除、移动、复制、重命名和隐藏等常用操作。

任务实现

在默认情况下，新建的工作簿只有一张工作表，名称是 Sheet1，用户可以根据需要添加工作表，还可以对工作表进行以下操作。

1. 选择工作表

在 Excel 中，对工作表进行添加、删除、移动和复制等操作时，首先要选择工作表。选择工作表的方法见表 5-3-1。

表 5-3-1　选择工作表的方法

对　　象	选　择　方　法
单个工作表	单击某一个工作表标签，该标签呈选中状态
相邻工作表	先单击这组工作表中的第一个工作表标签，然后按住 Shift 键单击最后一个工作表标签
不相邻工作表	先按住 Ctrl 键，然后单击要选择的工作表标签
全部工作表	在工作表标签上右击，然后在弹出的快捷菜单中选择"选定全部工作表"命令

2. 工作表重命名

若需要对工作表 Sheet1 重新命名，可以右击 Sheet1 标签，在弹出的快捷菜单中选择"重命名"命令即可。

小窍门

双击工作表标签，也可快速重命名工作表。

3. 添加新工作表

添加新工作表有以下两种方法。

方法 1：直接单击工作表标签 Sheet1 后面的添加按钮 即可。

方法 2：右击工作表标签，在弹出的快捷菜单中选择"插入"命令即可。

4. 移动或复制工作表

打开工作簿后，有时需要改变工作表标签的排列顺序，有时需要复制工作表，复制工作表实际上就是增加工作表数目。移动或复制工作表有以下两种方法。

方法 1：使用鼠标移动或复制工作表。当用鼠标将工作表拖动到目标位置时，释放鼠标左键则移动工作表，当按住 Ctrl 键的同时，用鼠标将工作表拖动到目标位置就可在目标位置复制该工作表。

方法 2：使用工作表标签快捷菜单中的"移动或复制工作表"命令。

5. 删除工作表

在 Excel 中，将多余的工作表从工作簿中删除，可以节省计算机系统资源。删除工作表可以使用工作表标签快捷菜单中的"删除"命令完成。

6. 隐藏工作表

在工作表较多的情况下，用户可以对部分工作表进行隐藏。右击工作表标签，在弹出的快捷菜单中选择"隐藏"命令即可。若要取消隐藏的工作表，则右击工作表标签，在弹出的快捷菜单中选择"取消隐藏"命令即可。

学习提示

在 Excel 中，工作表是通过工作簿进行存放，因此，无论工作簿还是工作表在命名时要做到见名知意。

工作任务 5.3.3 快速输入与修改数据

任务目标

具备对工作表进行快速输入与修改数据的基本能力。

任务描述

快速输入与修改数据。

任务实现

数据是 Excel 的灵魂。在 Excel 工作表中输入的数据可以是文本、数字、日期和时间等。它们的输入方法各不相同，在数据输入完成后，还可以对单元格中的数据进行修改，包括修改内容及清除格式等内容，以及设置数据验证以保障数据输入的安全性和有效性等。

1. 数据格式与输入方法

（1）输入文本

Excel 中的文本可以是汉字、英文字母、数字和各种符号的任意组合。Excel 中所有单元格都有默认的通用格式，默认情况下，输入的文本在单元格中是左对齐的，而数字是右对齐的。如果要在单元格中输入文本数字"66554"，则可在单元格中输入"'66554"来确认其为文本数字，而非"数值"数据。

🗔 **小窍门**

在实际工作中，习惯将一些数字作为文本对待，如电话号码、邮政编码、股票代码等。Excel 规定，作为文本的数字在输入时，必须在它前面加上一个半角的单引号"'"。

（2）输入数字

在 Excel 中，由于所有单元格中数字默认的通用格式一般包括整数和小数，如果输入的整数部分超过了单元格宽度，Excel 会自动使用科学记数法来表示该数，如果小数部分过长，也会自动四舍五入。例如，在单元格中输入"1234567890123"后，将自动显示为"1.23457E+12"。

🖌 **说明**

在单元格中输入数字时，有以下规则。

● 正数前面的加号"+"将被省略。

● 负数前面应加一个减号"–"或用圆括号"( )"将数字括起来。

● 输入分数时，输入格式为：0+空格+分数。格式中 0 和空格不能省略，否则会被当成日期。例如，如果要输入分数 1/4，则必须输入"0 1/4"。

（3）输入日期和时间

在 Excel 中，日期和时间格式规定见表 5-3-2。

表 5-3-2　日期和时间格式

日期格式	示　例	时间格式	示　例
M/D	4/8	HH:MM	16:50
YY-MM-DD	99-12-30	HH:MM:SS	6:22:55
YY/MM/DD	99/12/30	HH:MM AM/PM	7:40 PM
MM-DD-YY	12-30-99	HH:MM:SS AM/PM	11:40:50 AM
MMM-YY	Jan-92		
DD-MMM-YY	28-Oct-99		
DD-MMM	30-Sep		

按表 5-3-2 所示的格式输入一个日期或时间后，Excel 会自动将单元格的格式由通用格式转化为相应的日期或时间格式。在一个单元格中也可以同时输入日期和时间。

🗔 **小窍门**

按 Ctrl+; 组合键可以输入系统当前日期，按 Ctrl+ Shift +; 组合键可以输入系统当前时间。

2．快速输入数据

为了提高向工作表中输入数据的效率，降低输入错误率，Excel 提供了快速输入数据的功能。

（1）使用工作组快速输入数据

Excel 中，当用户选中多张工作表后，Excel 就自动为这些工作表建立一个工作组，此时，会发现在 Excel 工作窗口的标题栏上会出现"工作组"字样标识。这时，当用户向当前工作表中的某个单元格输入数据时，"工作组"中其他工作表对应的这个单元格也被输入相同的数据内容。

（2）使用填充柄快速输入序列数据

填充柄是位于当前活动单元格右下角的黑色方块，用鼠标拖动可以进行填充操作。

该功能适用于填充相同的数据或序列数据信息。若直接拖动填充柄，文本不变（即复制文本数字），而数字自动序列增加。若按住 Ctrl 键拖动填充柄，文本自动序列增加，而数字不变（即复制数值数字）。其实，利用填充柄也可复制单元格中的公式。

（3）组合键批量输入

使用 Excel 时，经常需要在不同单元格或不同单元格区域输入相同的内容，这时就可以使用组合键批量输入。

具体操作方法：在当前单元格中输入内容后，按组合键 Ctrl+Enter 即可。例如，在"学生成绩簿"中，若在不同单元格或不同单元格区域输入相同班级名称（如"一班"），就可以采用组合键批量输入班级名称。

3．修改与清除单元格数据

如果修改单元格的数据，可使用下面方法之一。

方法 1：选择要修改的单元格，直接输入新的数据，按 Enter 键确认即可。

方法 2：选择要修改的单元格，在编辑栏中修改。对于复杂内容，如很长的文本、数字或公式，建议采用这种办法。

方法 3：双击要修改的单元格，当鼠标指针变为 I 形状时，直接在单元格中修改编辑即可。当单元格内容较简单时，常用该方法。

如果要删除单元格的数据，可按 Delete 键或单击"开始"选项卡"编辑"组中的"清除"按钮 进行删除。注意，按 Delete 键只清除单元格中的内容，不清除单元格的格式。而"清除"按钮提供了"全部清除""清除内容""清除格式""清除批注"或"清除超链接"等命令选项。

4．数据验证

为了减少单元格数据的输入错误，Excel 提供了可以预先设定输入区域的验证性条件或输入信息提示。若用户需要设置数据验证性，可以切换至"数据"选项卡，然后在"数据工具"组中单击"数据验证"按钮，从中选择"数据验证"选项，在打开的"数据验证"对话框中进行设置，如图 5-3-3 所示。

数据验证提供有设置、输入信息、出错警告、输入法模式等内容。

（1）设置验证条件

可以在"数据验证"对话框的"设置"选项卡中设置输入数据类型及数据输入范围验证条件，以控制用户输入单元格中的数据类型及数据输入范围，保障数据安全和有效。

（2）设置输入信息

切换至"输入信息"选项卡，在其中设置输入信息。输入信息用于在输入数据前给用户提供输入相关数据的提示。

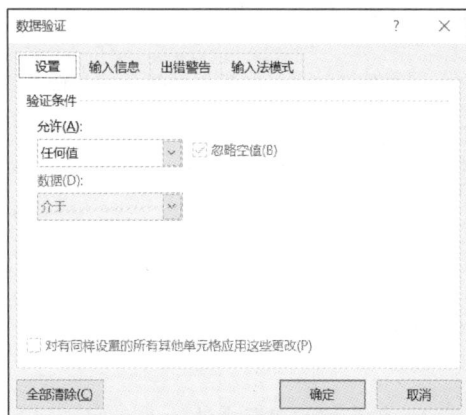

图 5-3-3
"数据验证"对话框

（3）设置出错警告

切换至"出错警告"选项卡，在其中不仅可以设置数据输入出错时显示的信息文本，而且还可以控制是否允许用户输入错误的信息。若设置错误警告样式为"停止"，则将强制阻止无效数据的输入。

（4）取消数据验证

当用户对某些单元格设置了数据验证后，可以将其取消。具体操作方法是：在"数据验证"对话框中切换至"设置"选项卡，单击左下角的"全部清除"按钮即可。

> 💡 **学习提示**
>
> 　　在 Excel 中，除了对工作表进行数据输入、修改以及数据验证等操作外，移动和复制数据，在工作表中插入或删除行、列和单元格，查找和替换数据等也是工作表的常用操作，其操作方法与 Word 相似。若要进一步直观学习快速输入数据的基本操作方法，可观看微课 5-6：快速输入数据。

微课 5-6
快速输入数据

学习单元 5.4　使用公式和函数处理学生成绩表

5-4 学习指导
使用公式和函数处
理学生成绩表

🎯 单元目标

> 能使用公式和函数对 Excel 工作表中的数据进行计算。

在 Excel 中不仅可以输入数据，更为重要的是，可以通过公式和函数方便地对数据进行计算，如求总和、求平均值、逻辑判断等。为此，Excel 提供了大量的、类型丰富的实用函数，也可以通过各种运算符及函数构造出各种公式以满足各类计算的需要。通过公式和函数计算出来的结果不仅正确率有保证，而且在原始数据发生改变后，计算结果能够自动更新。

5-5 学习工作单
使用公式和函数处
理学生成绩表

工作任务 5.4.1　Excel 中单元格的表示和引用

⚙️ 任务目标

了解数据处理过程中单元格和单元格区域的表示和引用方法。

📝 任务描述

① 学会单元格的表示方法。

② 认识单元格的 3 种引用方式，并能灵活运用单元格这 3 种引用方式。

📋 任务实现

1．单元格的表示方法

（1）一个单元格的表示

一个单元格的名称用列号和行号来表示，如 B2 表示第 B 列第 2 行交叉处的单元格。

（2）连续单元格区域的表示

若要表示连续的单元格区域，应使用区域引用运算符冒号"："。例如，A1:A5 表示第 A 列第 1～5 行的连续 5 个单元格，如图 5-4-1（a）所示；A1:D1 表示第 1 行第 A～D

列的连续 4 个单元格，如图 5-4-1（b）所示；B2:D4 表示第 B～D 列第 2～4 行的连续 9 个单元格，如图 5-4-1（c）所示。

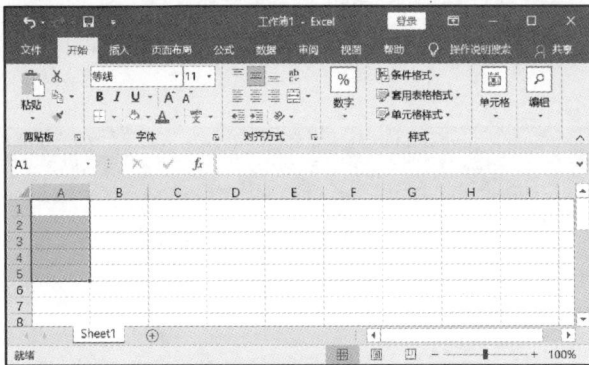

(a)

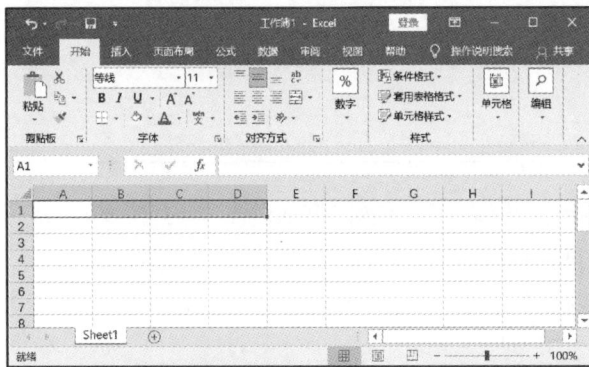

(b)

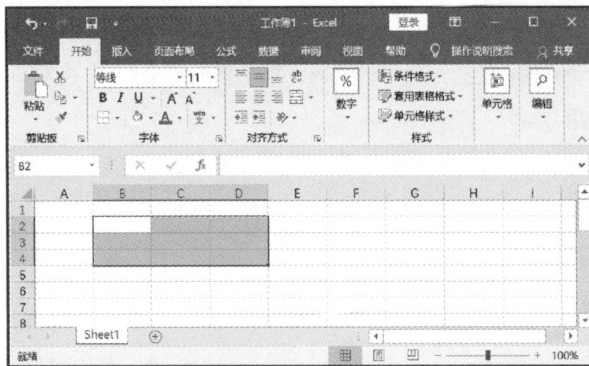

(c)

PPT 第 4 讲
使用公式和函数
处理学生成绩表

图 5-4-1
连续单元格

　　连续单元格区域的表示，即在冒号"："前面是单元格区域中编号最小的单元格名称，冒号"："后面是单元格区域中编号最大的单元格名称。

（3）不连续单元格区域的表示

　　若要表示不连续的单元格区域，应使用区域引用运算符"，"。例如，图 5-4-2 所示为"A1,A3,C2:D4,F3:F6"不连续单元格或单元格区域。

2．单元格的引用

　　单元格名称也就是单元格地址，用于表示单元格在工作表上所处位置的坐标。单元格地址通常会出现在 Excel 的公式和函数中，如=SUM(A1:A5)。在 Excel 中，单元格地址在公式和函数中被使用称为单元格引用。单元格引用的作用就是指明公式所使用的数据位置，它可以是一个单元格地址，也可以是单元格区域。在单元格的引用中，当被引用单元格的数据发生变化时，则引用了该单元格的公式和函数的计算结果也会相应发生变化。

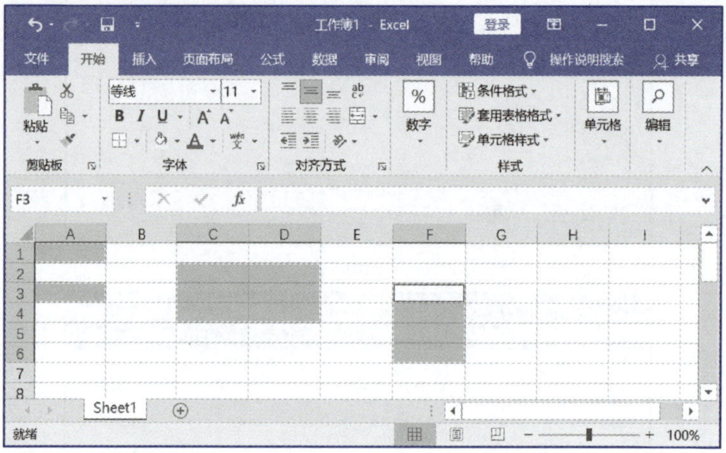

图 5-4-2
不连续单元格或单元
格区域

单元格的引用包括相对引用、绝对引用和混合引用 3 种。

（1）相对引用

相对引用是指复制公式时单元格地址随之发生变化。相对引用中单元格地址是直接用列号和行号表示的，即相对地址。

（2）绝对引用

绝对引用是指复制公式时单元格地址不会随之发生变化，总是在指定位置引用单元格中的数据。在单元格地址的行号和列号前都加上美元符号$，即绝对地址。

（3）混合引用

公式中引用单元格地址行号或列号前加上$，如 A$1 或$A1，这种引用称为混合引用。在复制过程中，引用单元格地址带$标记的部分地址固定不变，不带$标记的部分地址会改变。

微课 5-7
单元格的引用

学习提示

在 Excel 中，如果要使用单元格中存放的数据，必须通过单元格引用才能使用。所谓单元格引用，就是通过单元格地址来引用对应单元格中的数据。要进一步直观学习单元格引用的方法，可观看微课 5-7：单元格的引用。

工作任务 5.4.2　使用公式和函数处理数据

任务目标

认识 Excel 中的公式和函数，能使用公式和函数完成工作表中数据的处理。

📝 任务描述

① 认识 Excel 中的公式和函数。

② 能使用公式和函数进行数据计算。

⚙ 任务实现

Excel 电子表格不仅能存放各类数据，而且有强大的数据计算和统计功能。这些功能都是通过公式和函数来实现。

1．Excel 中的公式

公式是对 Excel 中各类数据进行计算和操作的等式。Excel 中的公式必须以等号"＝"开头。若在一个空白单元格中输入等号，Excel 就判断是在输入公式。在公式中，参与运算的数据可以来自同一个工作表中的单元格数据，也可以来自同一个工作簿不同工作表中的数据，甚至可以来自不同工作簿中的数据。Excel 中的公式是用户根据需要，按照规定允许的格式自行创建的。在默认情况下，单元格中只显示公式运算后的结果，公式的编辑与修改通常在编辑栏中进行。

公式的格式通常由 3 部分构成：等号、运算符、运算数。

（1）等号

等号是公式的标志，总在公式的最前面。

（2）运算符

公式中使用的运算符有 4 类，下面分别进行介绍。

① 算术运算符："+"（加）、"−"（减）、"*"（乘）、"/"（除）、"^"（乘方）等。算术运算符用于算术运算，其结果的数据类型为数值。

② 比较运算符："="（等于）、">"（大于）、"<"（小于）、">="（大于等于）、"<="（小于等于）、"<>"（不等于）。比较运算符用于比较两个相同类型的数据，结果表示为真或假的逻辑值：True 或 False。

③ 文本运算符："&"，可将存放在不同单元格中的两个或两个以上的文本数据连接成组合文本存放在指定的单元格中。

④ 引用运算符："："（连续区域标识符）、"，"（不连续区域标识符）、" "（交叉引用标识符），这些标识符号一般在引用单元格区域时使用。其中，交叉引用标识符只对所选不同数据区域相交的数据进行计算，例如，=SUM(A1:C2 B2:D3)就是计算相交区域单元格（即 B2 和 C2 两个单元格）的代数和。

（3）运算数

运算数是公式中参与运算的元素，包括单元格或单元格区域、常量、函数等。

2．Excel 中的函数

Excel 中的函数是 Excel 系统预定义的内置公式。为函数使用用户提供的参数，按照自己特定的方法进行计算，并返回计算结果。

函数通常由两部分组成：函数名称和括号内的参数。函数名称一般用函数相关功能

小技巧
公式和函数的使用
技巧
⚙

的英文单词或缩写来标识。函数的参数可以是数字、文本、单元格地址或公式等，不同函数对参数有不同的规定和要求，也有些函数不需要任何参数，如日期时间函数 NOW( )。

当函数在单元格中单独作为公式使用时，必须在函数名称前输入公式的标识符，即等号。若在一个空单元格中调用函数，可单击编辑栏中的"插入函数"按钮 fx，Excel 会自动在该单元格中输入"="，同时打开"插入函数"对话框，如图 5-4-3 所示。

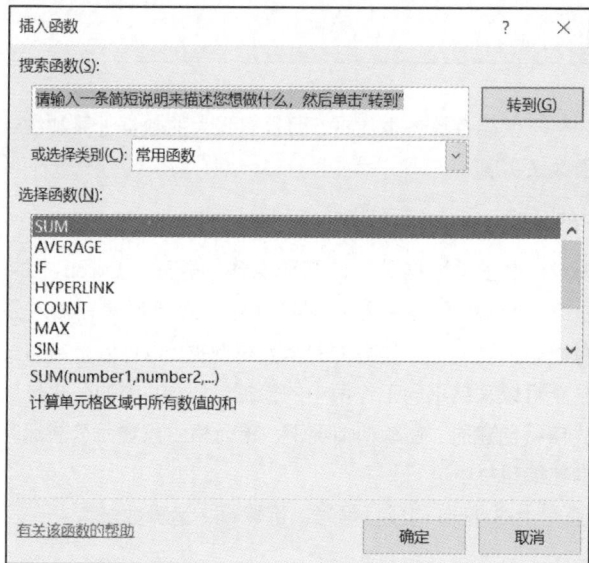

图 5-4-3
"插入函数"对话框

该对话框为用户使用函数提供了许多方便。在"搜索函数"选项区域中可以按函数功能和类别找到需要的函数，在"选择函数"列表框中选择一个函数后，列表框下方会显示该函数的名称、参数格式及函数的功能简介，单击"有关该函数的帮助"链接，还能获得函数最为权威的详细帮助。

3. 公式和函数的应用

以"学生成绩簿"为例，进行各工作表的数据计算。

（1）用 SUM()函数计算总分

SUM()函数是求和函数，在进行总分求和计算时，直接调用该函数即可。例如，计算平时成绩表中每个学生所选课程的总分，操作步骤如下。

① 选择要输入公式的 E2 单元格。

② 单击编辑栏中的"插入函数"按钮，打开"插入函数"对话框。

③ 选择 SUM()函数，可直接在函数列表中选择。如果列表框中没有需要的函数，可以通过改变显示类别或根据函数功能搜索并选择。

④ 单击"确定"按钮或按 Enter 键确认，打开"函数参数"对话框，如图 5-4-4 所示。

⑤ 输入参数。用户可以在第一个参数框中直接输入"G2:K2"，按 Enter 键确认。也可单击第一个参数框右侧的拾取按钮，这时"函数参数"对话框缩小为一行显示，然后选择需要引用的单元格区域 G2:K2，选定区域显示有虚线框。此时，在"函数参数"的第一个参数框中已经自动输入 G2:K2，如图 5-4-5 所示。完成后单击"确定"按钮。若函数有多个参数，则单击拾取按钮后返回"函数参数"对话框，继续单击另一个参数的拾取按钮进行相似操作即可。

可直接输入参数　　拾取按钮、用鼠标拾取参数

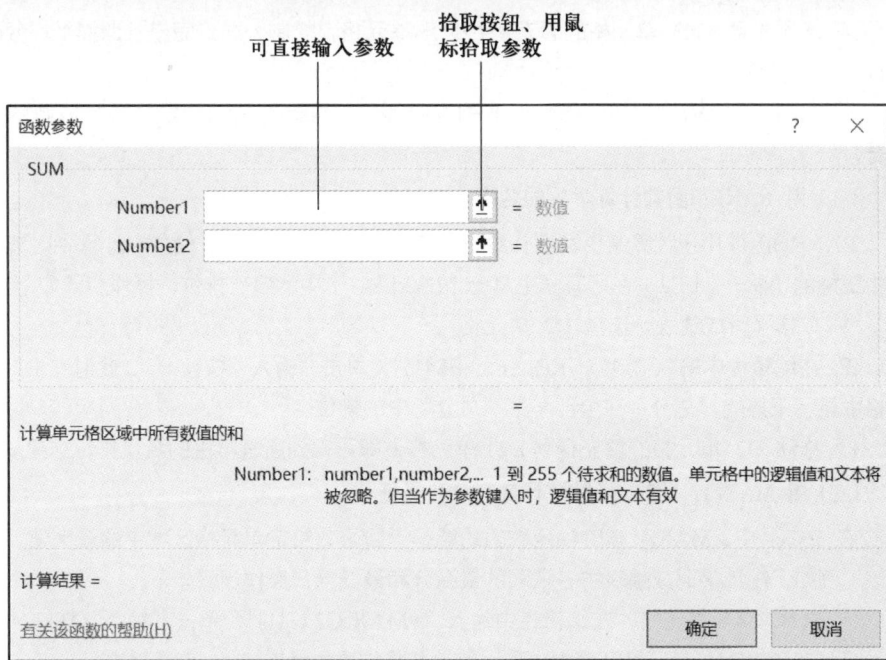

图 5-4-4
"函数参数"对话框

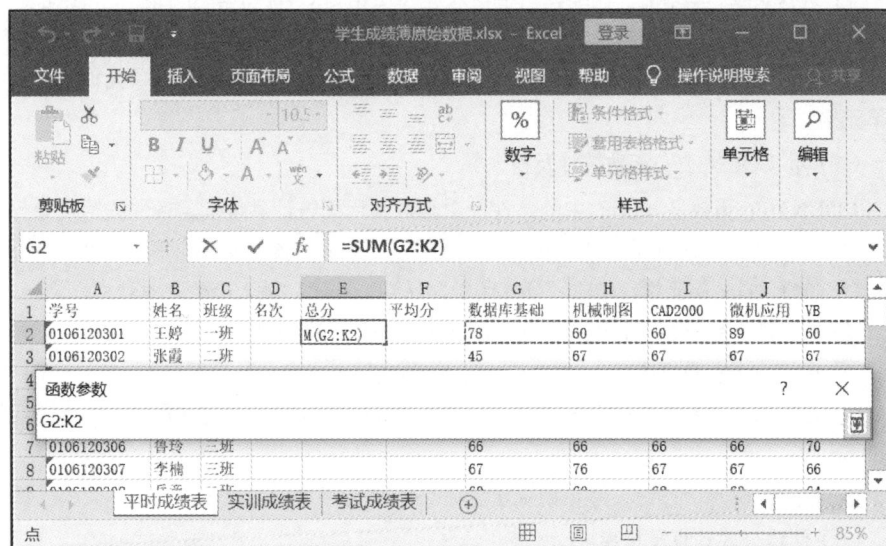

图 5-4-5
使用拾取按钮完成参数
设置

　　若要完成所有学生的总分计算，同样可以通过填充柄将 E2 单元格的公式向下复制到 E41 单元格，此时就完成所有学生"总分"项的统计。

　　（2）用 AVERAGE( )函数计算"平均分"

　　AVERAGE()函数是平均值函数，常用于数据的平均值计算。例如，计算平时成绩表中所有学生"数据库基础"课程的平均值，操作步骤如下。

　　① 选择 G43 单元格。

　　② 在编辑栏中输入"=AVERAGE(G2:G41)"。

　　③ 单击编辑栏中的"输入"按钮 ✓ ，此时，在 G43 单元格中显示全部学生"数据库基础"课程成绩的平均分"71.8"。

④ 水平拖动 G43 单元格的填充柄到 K43 单元格，复制公式，完成各课程平均分的统计。

同样，使用 AVERAGE( )函数对 F 列进行操作，可计算出每个学生各科成绩的平均分。

（3）用 RANK()函数计算学生的名次

RANK()函数用于计算某个数字在给定数字区域中的大小排位。例如，计算平时成绩表中王婷的"总分"（E2）在所有学生总分（E\$2:E\$41）中的名次排位，操作步骤如下。

① 单击平时成绩表，选择 D2 单元格。

② 在编辑栏中输入"=RANK(E2,E\$2:E\$41)"，单击"输入"按钮 ✓，此时在 D2 单元格中显示王婷的"总分"在全部学生"总分"中的排位。

③ 拖动 D2 单元格的填充柄到 D41 单元格，即可得到所有学生的名次排位结果。

（4）用 MAX()、MIN()函数统计最高分和最低分

在 Excel 中，MAX()、MIN()函数的功能是返回函数给定单元格区域中的最大值、最小值。例如，统计平时成绩表中各课程的最高分和最低分，操作步骤如下。

① 选择 G44 单元格，在编辑栏中输入"=MAX(G2:G41)"，单击"输入"按钮 ✓，此时即可在 G2:G41 单元格区域中求最大值，并将结果显示在 G44 单元格中。

② 选择 G45 单元格，在编辑栏中输入"=MIN(G2:G41)"，单击"输入"按钮 ✓，此时即可在 G2:G41 单元格区域中求最小值，并将结果显示在 G45 单元格中。

③ 其他课程的最高分和最低分可以通过填充柄分别复制G44和G45单元格格式到指定单元格。

（5）用 COUNTIF()函数统计及格人数

COUNTIF()函数是 Excel 中的条件计数函数，用于统计满足指定条件的给定单元格区域的数目。例如，统计平时成绩表中各课程的及格人数，操作步骤如下。

① 选择 G46 单元格，单击"插入函数"按钮，弹出"插入函数"对话框。

② 在统计类别函数中找到并选择 COUNTIF 函数，进行参数设置。

③ 在第一个参数框中输入"G2:G41"，该参数用于指定统计数据范围。

④ 在第二个参数框中输入条件"> = 60"，设置 G2:G41 范围统计条件，即大于或等于 60 分。

⑤ 单击"确定"按钮，并将结果显示在 G46 单元格中。

（6）创建公式计算及格率

例如，计算平时成绩表中各课程的及格率，可使用公式：及格率=及格人数/参评人数，操作步骤如下。

① 选择 G47 单元格，在编辑栏中输入"="，表示要输入公式。

② 选择 G46 单元格，使其作为公式中的第一个运算数。

③ 按/键，输入运算符除号。

④ 选择 B49 单元格，使其作为第二个运算数。

⑤ 修改 B49 单元格，在列号和行号前各插入一个符号\$。公式中对 B49 单元格采用绝对引用，即在复制该公式时绝对引用的地址不变，也就是说参评人数不变。

⑥ 单击"输入"按钮 ✓，并将结果显示在 G47 单元格中。对于其他课程及格率的统计，可通过拖动填充柄完成。完成后的结果如图 5-4-6 所示。

应用实践
制作工资表和工资条

158

绝对地址的引用

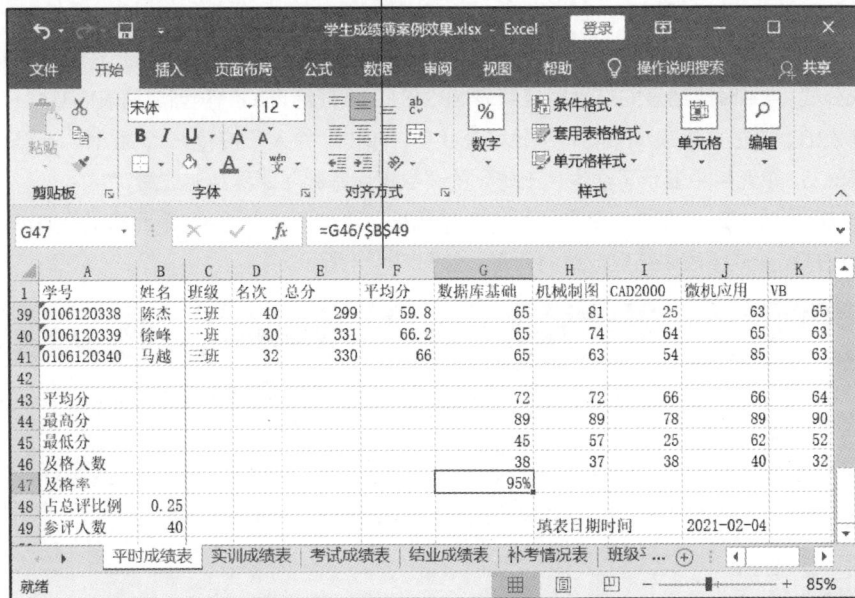

图 5-4-6
创建公式统计及格率

（7）创建公式完成结业成绩表中结业成绩的计算

例如，计算结业成绩表中的结业成绩，结业成绩计算方法是将平时成绩、实训成绩和考试成绩按比例相加。由于引用的数据分布在不同工作表中，其操作步骤如下。

① 单击"结业成绩表"标签，选择 G2 单元格，G2 是存放学生"王婷"的"数据库基础"课程结业成绩的单元格。

② 在编辑栏中输入"="。

③ 单击"平时成绩表"标签，选择 G2 单元格，此时，在编辑栏中就输入了第一个运算数"平时成绩表!G2"，如图 5-4-7 所示。标识符!的作用是引用平时成绩表 G2 单元格的数据。

G2单元格中的公式

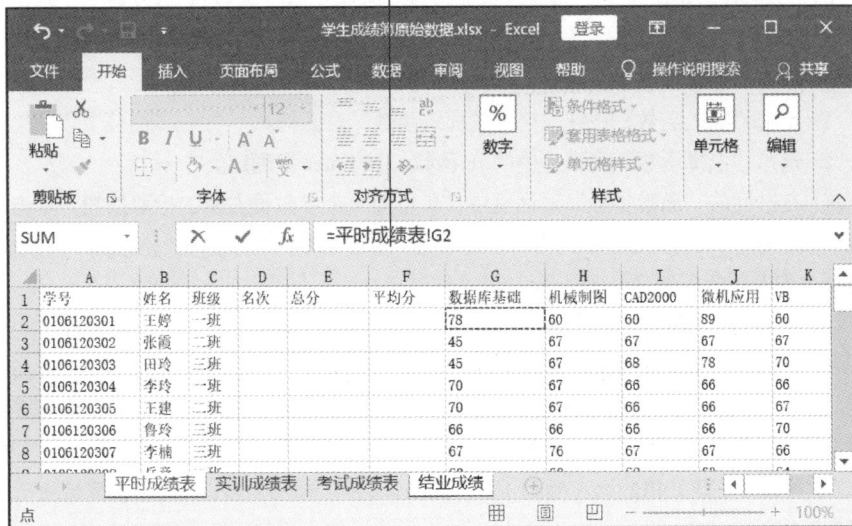

图 5-4-7
引用平时成绩表的单元
地址

159

④ 输入"*"运算符，然后选择 B48 单元格，修改 B48 为绝对地址。B48 是平时成绩表的占总评比例数据。

⑤ 输入"+"运算符，然后再分别对实训成绩和考试成绩重复进行上述操作，最后输入公式：=平时成绩表!G2*平时成绩表!$B$48+实训成绩表!G2*实训成绩表!$B$48+考试成绩表!G2*考试成绩表!$B$48，编辑好公式后，单击"输入"按钮 ✓，此时，在结业成绩表的 G2 单元格中显示了学生"王婷"的"数据库基础"课程结业成绩"78"。

⑥ 拖动 G2 单元格的填充柄到 K2 单元格，再向下拖到 K41 单元格，释放鼠标左键，完成结业成绩表中结业成绩的计算，如图 5-4-8 所示。

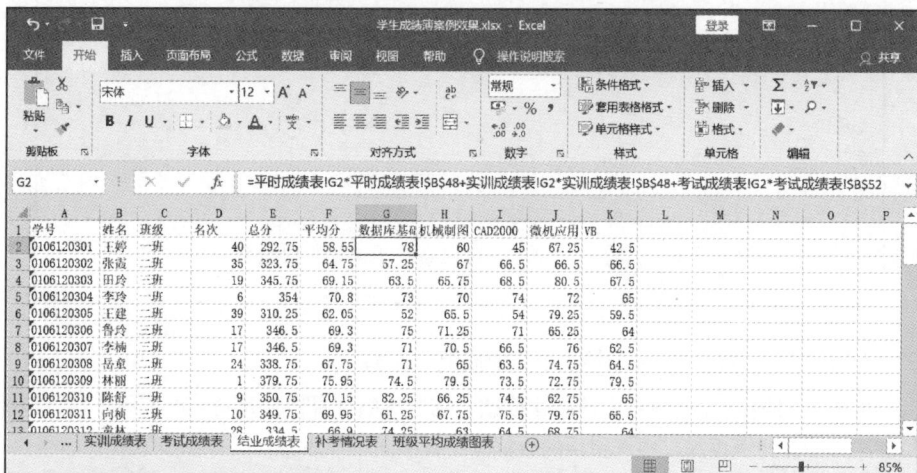

图 5-4-8
结业成绩计算

💬 说明

在当前工作表中，编辑的公式若是引用其他工作表中的数据，则表示格式为：[工作表名称]+[!]+ [单元引用地址]。若引用的是不同工作簿中的数据，则表示格式为：[工作簿名称] +[工作表名称]+[!]+ [单元引用地址]。

（8）使用 IF( )条件函数对补考情况表进行填充

例如，为补考情况表进行填充，填充条件：若结业成绩达到 60 分及以上，则在补考情况表对应的单元格中填充"合格"，低于 60 分则填充"补考"，操作步骤如下。

① 单击"补考情况表"标签，选择 D2 单元格。

② 单击"插入函数"按钮，打开"插入函数"对话框。

③ 选择"选择函数"列表框中的 IF 函数，按 Enter 键确定。

④ 在打开的"函数参数"对话框中，单击第 1 个参数框右侧的拾取按钮，单击"结业成绩表"标签，选择 G2 单元格，在编辑栏中单击"输入"按钮 ✓ ，返回"函数参数"对话框，输入判断条件"<60"。

⑤ 在第 2 个参数框中输入条件成立时显示的内容"补考"。

⑥ 在第 3 个参数框中输入条件不成立时显示的内容"合格"，函数参数输入如图 5-4-9 所示。单击"确定"按钮后，完成 D2 单元格中的公式编辑，这时在 D2 单元格公式编辑栏中显示的公式为"=IF(结业成绩表!G2<60,"补考","合格")"。

⑦ 拖动 D2 单元格的填充柄到 H2 单元格，再向下拖到 H41 单元格，完成所有数据的填充，如图 5-4-10 所示。

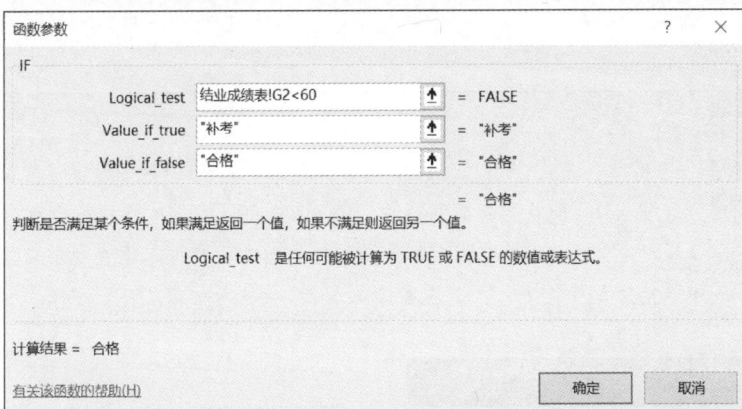

图 5-4-9
输入判断条件

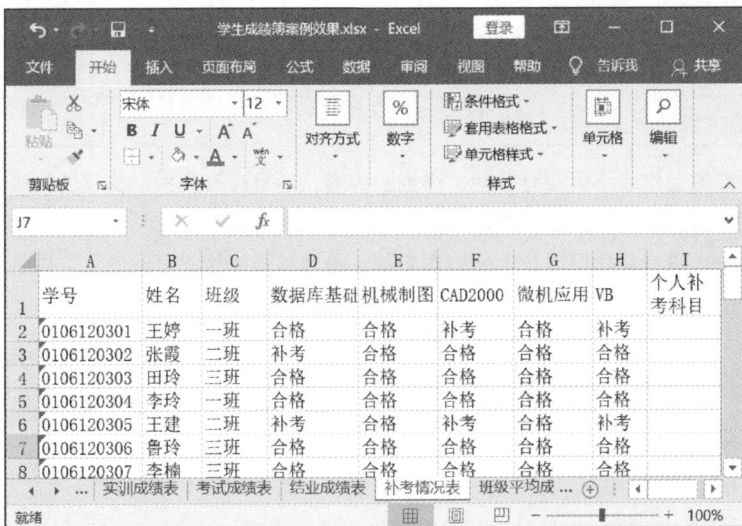

图 5-4-10
填充结果

⑧ 选择补考情况表中的 I2 单元格，在编辑栏中输入公式"=COUNTIF(D2:H2,"=补考")"，统计个人补考科目数，然后拖动 I2 单元格的填充柄到 I41 单元格，完成所有学生的补考科目统计，如图 5-4-11 所示。

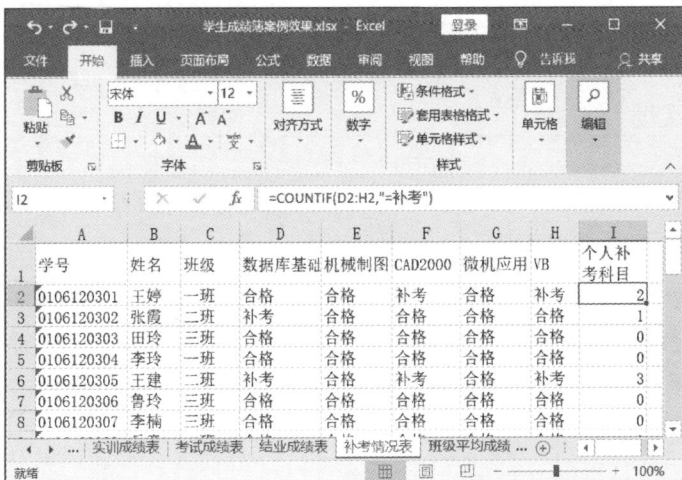

图 5-4-11
使用 COUNTIF()函数统计所有
学生的补考科目

161

> **学习提示**
>
> 公式是一个等式，是一个由数值、单元格引用（地址）、函数（内置等式）或操作符组成的序列（集合），是电子表格的核心。Excel 提供了方便的环境来创建复杂的公式，公式总是以"="开始，其中所有符号必须是半角。若要进一步直观学习公式与函数在工作表中的使用及操作方法，可观看微课 5-8：公式与函数。

学习单元 5.5　美化学生成绩表

单元目标

> 具备对电子表格进行格式化的能力。

一个好的工作表不仅要有鲜明、详细的内容，而且应有庄重、美观的外表。整齐的工作表格式可以更好地体现工作表的内容。

对工作表进行美化可以让工作表更完美，设置单元格格式可以使文字排列更整齐、重点更突出。

工作任务 5.5.1　调整单元格的行高与列宽

任务目标

能够调整单元格的行高与列宽。

任务描述

学会调整单元格的行高与列宽。

任务实现

有时在输入数据后，可能还需要对单元格的行高与列宽进行调整。调整单元格的行高与列宽一般有以下两种方法。

1. 手动调整

将光标放在需要调整的行号或列号之间，当鼠标指针变成带"箭头"的十字形状后，向垂直或水平方向拖动到合适大小即可。

2. 通过命令调整

在"开始"选项卡的"单元格"组中，单击"格式"下拉按钮 ，从中可选择"行高"或"列宽"命令，在弹出的对话框中设置行高或列宽即可。

学习提示

在默认情况下，一个行高的默认单位是以"磅"为单位，其默认值为 14，而一个列宽等于"常规"样式中一个字符的宽度。

工作任务 5.5.2 设置单元格的格式

任务目标

能够设置单元格数字格式，以及使用条件格式对数据进行格式设置。

任务描述

① 学会在"单元格格式"对话框中设置单元格中的数字格式。
② 学会条件格式的应用。

任务实现

在 Excel 2016 中，用户还可以对输入数据进行一些格式设置，如单元格数字格式的调整、边框与底纹的设置以及条件格式设置等内容。

1. 设置单元格数字格式

例如，对结业成绩表中的数值进行格式设置，操作步骤如下。

① 打开学生成绩簿。
② 单击"结业成绩表"标签。
③ 选择单元格区域 E2:K47。
④ 单击"开始"选项卡"数字"组中的"对话框启动器"按钮，打开"设置单元格格式"对话框。
⑤ 选择"分类"列表框中的"数值"选项，进行数值格式相关设置，如图 5-5-1 所示。
⑥ 设置"小数位数"为 0，单击"确定"按钮。
⑦ 选择单元格区域 G47:K47，单击"开始"选项卡"数字"组中的"百分比样式"按钮；选择单元格区域 A1:K49，单击"对齐方式"组中的"居中"按钮，单击"字体"组中的"边框"下拉按钮，进行表格框线设置；选择单元格区域 A43:K47，单击"字体"组中的"填充颜色"下拉按钮，对单元格填充颜色。所有设置完成后，工作组中所有工作表的格式效果显示如图 5-5-2 所示。

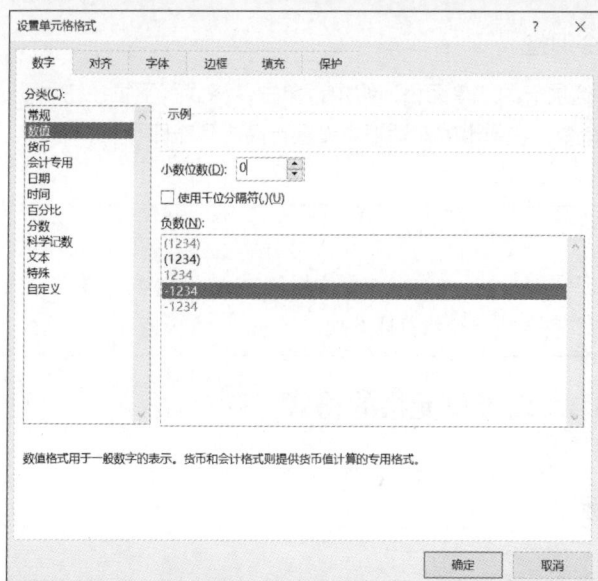

图 5-5-1
单元格数值格式设置

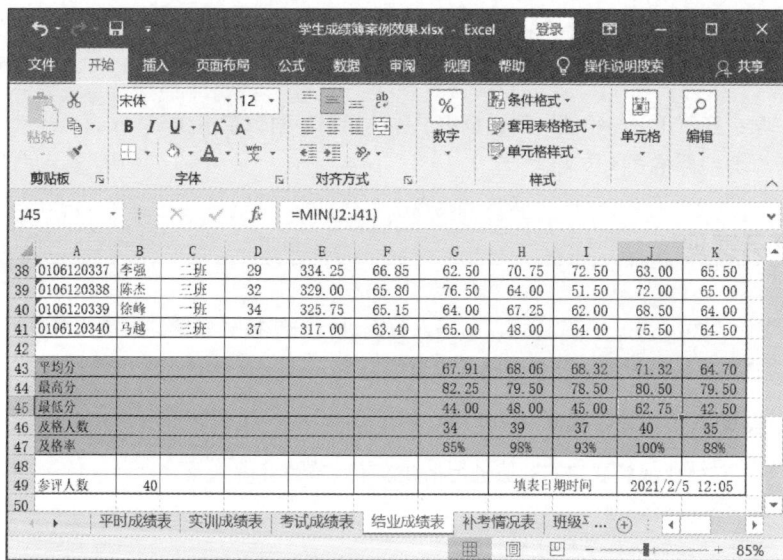

图 5-5-2
格式设置效果

2. 条件格式的应用

对于 Excel 工作表的外观设置,除了可以按照前面所述的各种方式进行,还可以由用户指定一些条件,当达到预设条件后,单元格格式就会自动按照预设样式进行显示,这就是条件格式的应用。

例如,将结业成绩表中不及格的成绩用红色显示并加删除线,操作步骤如下。

① 单击"结业成绩表"标签,选择要设置条件格式的单元格区域 G2:K41。

② 单击"开始"选项卡"样式"组中的"条件格式"下拉按钮,从中选择"突出显示单元格规则"→"其他规则"命令,打开"新建格式规则"对话框,如图 5-5-3 所示,在其中分别设置条件,然后单击"格式"按钮,设置单元格数值显示格式为红色,并带删除线。

图 5-5-3
"新建格式规则"对话框

③ 完成设置后，单击"确定"按钮。此时，只要学生的课程结业成绩小于 60 分，成绩就以红色显示并带删除线，如图 5-5-4 所示。

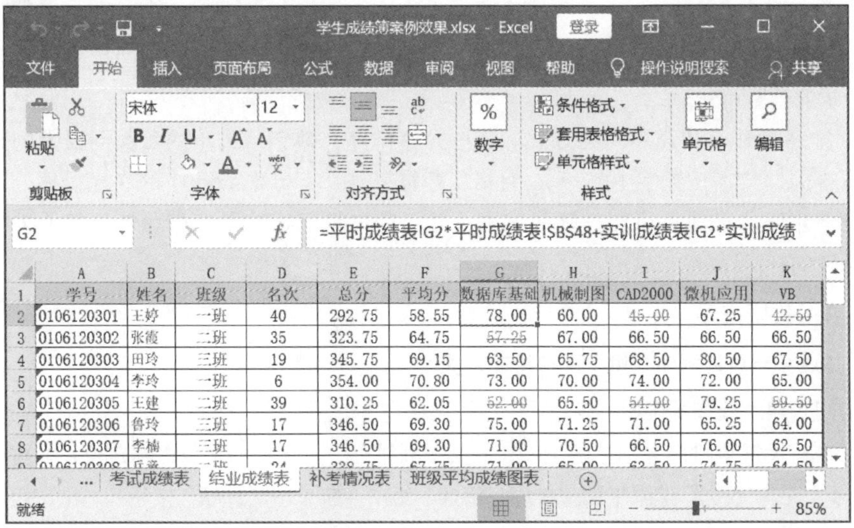

图 5-5-4
条件格式设置效果

学习提示

　　设置数据的格式，应根据数值的使用性质选择不同的格式。若要进一步直观学习数据格式的基本设置方法，可观看微课 5-9：条件格式的设置。

微课 5-9
条件格式的设置

学习单元 5.6　管理学生成绩表中的数据

单元目标

　　通过操作学生成绩簿实例，具备数据统计与分析的基本能力。

在 Excel 2016 中，创建工作簿的目的除了存放数据外，更为重要的是用户可以对数据进行统计与分析。常规操作有排序、筛选和分类汇总等。

工作任务 5.6.1　排序和筛选工作表中的数据

任务目标

能对工作表中的数据进行排序和筛选。

任务描述

① 学会使用关键字段对数据进行排序。
② 学会使用筛选常用操作方法。

任务实现

在查看表格数据时，有时需要让表格中的数据按一定的顺序进行排列，以方便用户对数据的查看和分析。

排序有升序和降序两种方式。若按升序排序，数字从最小的负数到最大的正数进行排列，文本按数字（0～9）、空格、各种符号、字母（A～Z）的次序排序，空白单元格始终排在最后。若按降序排序，除了空白单元格总是在最后外，其他排序次序反转。

1. 数据排序

Excel 为数据排序提供了两种排序方式。

（1）单一关键字排序

单一关键字排序是指按照工作表的某一列排序，具体操作是将光标定位在需要排序的一列，在"数据"选项卡的"排序与筛选"组中，若单击"升序"按钮 ，则该组数据从小到大进行排列，若单击"降序"按钮 ，则该组数据从大到小进行排列。

（2）多关键字排序

多个关键字排序可以帮助用户完成准确的排序。在对多个关键字排序时，若主要关键字完全一致，Excel 2016 会根据次要关键字排序；在次要关键字完全一致时，会对下一关键字排序，以此类推，可以满足用户对排序的要求。

例如，将实训成绩表按照"班级"进行升序排序，若班级相同则根据"总分"进行降序排序，操作步骤如下。

① 单击"数据"选项卡"排序和筛选"组中的"排序"按钮，打开"排序"对话框。

② 设置"主要关键字"为"班级"，按"单元格值"进行"升序"排序。

③ 单击"添加条件"按钮，设置"次要关键字"为"总分"，按"单元格值"进行"降序"排序，如图 5-6-1 所示。

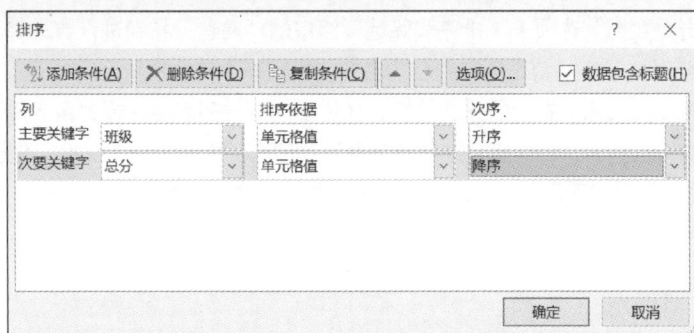

图 5-6-1
多条件排序设置

④ 单击"确定"按钮即可完成排序，如图 5-6-2 所示。

(a) 排序前

(b) 排序后

图 5-6-2
多条件排序前后结果比较

2. 数据筛选

数据筛选的主要功能是将工作表中满足条件的记录显示出来，将不满足条件的记录暂时隐藏。若在一个工作表中进行多次筛选时，下一次筛选的对象是上一次筛选的结果，最后的筛选结果受所有筛选条件的影响，它们之间的逻辑关系是"与"的关系。

在 Excel 中常用的数据筛选有自动筛选和高级筛选两种方式。

（1）自动筛选

要快速根据一列或多列数据中的条件筛选出数据，可以使用自动筛选。若只对一列数据进行筛选，可以直接单击"筛选"按钮，在弹出的下拉列表中选择筛选条件进行快速筛选；若是在多列数据中筛选数据，建议使用自定义自动筛选方式进行筛选。当然，一列数据也可以使用自定义自动筛选方式进行筛选。

例如，使用自定义自动筛选方式，筛选出平时成绩表中 CAD2000 课程成绩为 66 分的所有学生，操作步骤如下。

① 打开学生成绩簿，选择"平时成绩表"。

②　单击"数据"选项卡"排序和筛选"组中的"筛选"按钮进入自动筛选，此时，可以看到在平时成绩表的每个列标题名称右侧会出现一个筛选按钮 ▾ 。

③　单击 CAD2000 右侧的筛选按钮，在弹出的下拉列表中选择"数字筛选"→"自定义筛选"命令，打开"自定义自动筛选方式"对话框，如图 5-6-3 所示，设置 CAD2000 成绩为"66"，单击"确定"按钮即可。筛选结果如图 5-6-4 所示。

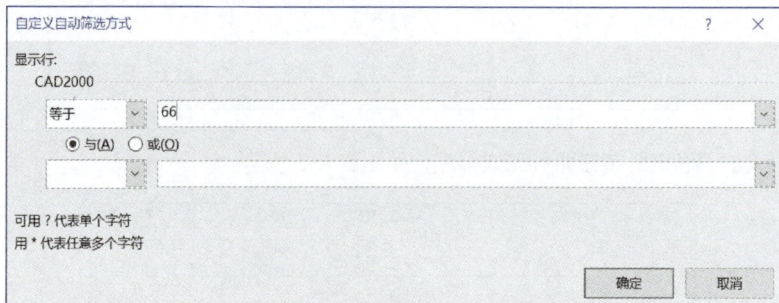

图 5-6-3
"自定义自动筛选方式"
对话框

学号	姓名	班组	名次	总分	平均分	数据库基础	机械制图	CAD2000	微机应用	VB
0106120304	李玲	一班	24	335.00	67	70	67	66	66	66
0106120305	王建	二班	22	336.00	67	70	67	66	66	67
0106120306	鲁玲	三班	27	334.00	67	66	66	66	66	70
平均分						71.78	71.75	66.10	66.18	64.18
最高分						89.00	89.00	78.00	89.00	90.00
最低分						45.00	57.00	25.00	62.00	52.00
及格人数						38	37	38	40	32
及格率						95%	93%	95%	100%	80%
占总评比例	25%									
参评人数	40					填表日期时间			2021/2/5 15:32	

图 5-6-4
筛选结果

（2）高级筛选

在对数据进行筛选的过程中，若筛选条件已经输入工作表的相应单元格中，这时就可以使用高级筛选。筛选条件可以是一个或多个条件。

进行"高级筛选"的方法为：首先选择要进行数据筛选的工作表，单击"数据"选项卡"排序与筛选"组中的"高级"按钮 ，打开"高级筛选"对话框，在其中分别单击拾取按钮 ，选择要筛选的数据列表区域和条件区域，获取区域数据，如图 5-6-5 所示，单击"确定"按钮即可筛选所需数据。

应用实践
制作班级情况表

图 5-6-5
"高级筛选"对话框

（3）取消筛选

取消筛选和新建筛选的过程相反，只要再次单击"数据"选项卡 "排序和筛选"组中的"筛选"按钮，则相应工作表中的每个列标题右侧筛选按钮将消失。

💡 **学习提示**

Excel 提供了强大的数据处理功能，可以方便地组织、管理和分析数据信息。用户可以借助数据清单技术处理结构化数据。工作表中符合一定条件的连续区域可以视为数据清单（如数据库、数据表），即数据清单是一张二维表，行表示记录，列表示字段。数据表中的第一行为字段名，其余各行为记录。

工作任务 5.6.2　表格数据的分类汇总

任务目标

PPT 第 7 讲
分类汇总

具备对工作表中的数据进行分类汇总的能力。

任务描述

学会对工作表中的数据进行分类汇总。

任务实现

分类汇总是指按照指定的类别将数据以指定的方式进行统计，从而快速将表格中的数据进行汇总和分析。分类汇总包括简单分类汇总和高级分类汇总。

1. 认识分类汇总要素

在使用分类汇总命令时，需要用户明确分类字段、汇总项和汇总方式这 3 个内容。

● 分类字段：指对数据类型进行分类的列。要求该列中应包含多个不同的值，并且在数据中有重复值的情况下进行分类汇总才有实际意义。例如，学生成绩簿中工作表的"班级"列就符合这个要求。

● 汇总项：指需要进行汇总计算的列。例如，学生成绩簿的各成绩表中各门课程可以作为汇总项。

● 汇总方式：指对选定汇总项（即列名称）的数据进行纵向汇总计算。汇总计算可以选择求和、计数、平均值、最大值、最小值等方式。

2. 分类汇总的使用

（1）简单分类汇总

简单分类汇总是指对数据中的某一列排序后进行分类汇总。例如，以班级进行分类，计算考试成绩表中各个班级各门课程的平均成绩，操作步骤如下。

① 打开学生成绩簿，选择"考试成绩表"。

② 选择"班级"列，单击"数据"选项卡"排序和筛选"组中的"降序"按钮。

③ 单击"数据"选项卡"分级显示"组中的"分类汇总"按钮，打开"分类汇总"对话框，在"分类字段"下拉列表框中选择"班级"选项，在"汇总方式"下拉列表框中选择"平均值"选项，在"选定汇总项"列表框中依次选择"数据库基础""机械制图"等复选框，其他保持默认设置，如图 5-6-6 所示。

④ 单击"确定"按钮即可，按班级简单分类汇总结果如图 5-6-7 所示。

分类汇总后，可以通过 Excel 工作窗口左上方提供的"1""2""3"分级显示小按钮，分级查看汇总内容，图 5-6-7 所示为 2 级分类汇总结果。

（2）高级分类汇总

与简单分类汇总相比，高级分类汇总可以对数据中某一列进行两种或以上方式的汇总计算，汇总结果更加清楚明了，方便用户分析和查看。例如，仍然以班级进行分类，重复简单分类汇总操作方法，汇总计算考试成绩表中各个班级各门课程的总和、最大值和最小值。汇总结果如图 5-6-8 所示（6 级分类汇总结果）。

图 5-6-6
分类汇总设置参数

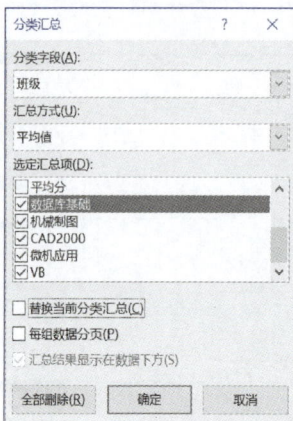

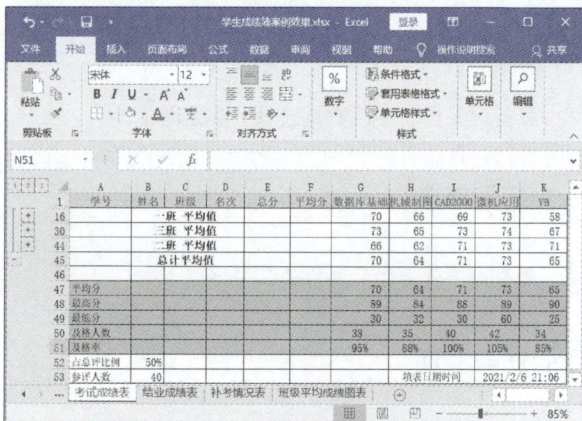

图 5-6-7
简单分类汇总

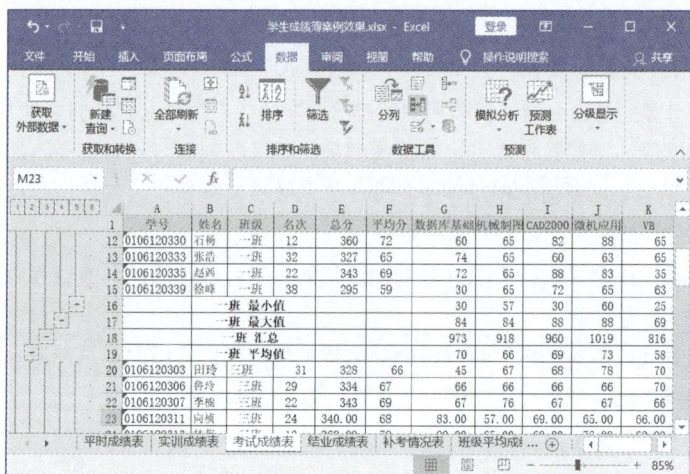

图 5-6-8
高级分类汇总

微课 5-10
分类汇总计算

5-8 学习指导
分析和打印学生
成绩表

5-9 学习工作单
分析和打印学生
成绩表

学习单元 5.7　用图表分析学生成绩表

🎯 单元目标

通过操作"学生成绩簿"实例，具备在 Excel 中创建图表的基本能力。

　　在 Excel 2016 中，可以用工作表中的数据绘制各种生动具体、形象直观、便于阅读与分析的图表，图表的显示与数据源的数据保持一致，如果数据源的数据发生了变化，图表的显示也会同步更新。同样，更新了图表的显示，数据源的数据也同步更新。

工作任务 5.7.1　认识图表

PPT 第 8 讲
创建与修改图表

任务目标

认识图表类型和图表组成结构。

任务描述

① 熟悉图表类型。
② 清楚图表的组成结构。

任务实现

1. 图表类型

图表以图形形式来直观、清晰地显示数值数据系列和数据的变化情况，使人更容易理解大量数据以及不同数据系列之间的关系，从而方便用户快速而准确地获得信息。

Excel 2016 为用户提供了多种图表类型，每一种图表类型又分为多个子类型，可以根据需要选择不同的图表类型和表现数据。常用的图表类型有柱形图、折线图、饼图、条形图、面积图、XY 散点图、股价图、曲面图、雷达图、树状图、直方图、组合图等。例如，柱形图又分为簇状柱形图、堆积柱形图、百分比堆积柱形图、三维簇状柱形图、三维堆积柱形图、三维百分比堆积柱形图、三维柱形图。

2. 图表的组成

图 5-7-1 所示为考试成绩表按班级进行分类汇总后创建的平均成绩图表。它以图形方式展现数据大小及关系，使用不同类型的图表可以轻松展现要表现的数据及意义，因此，无论哪一种图表，都是由以下部分组成。

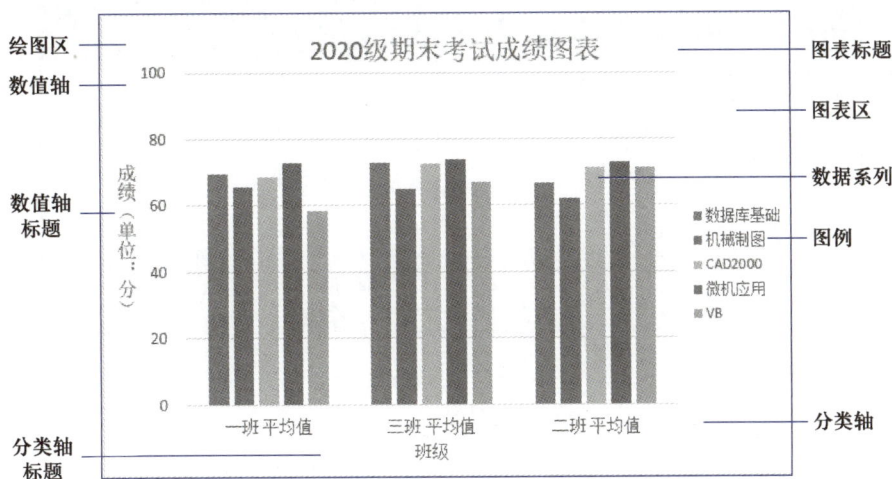

图 5-7-1
图表的组成

① 图表区：整个图表所在的背景区域，默认颜色为白色，可以根据需求进行调整与改变。

② 绘图区：即在图表中通过横坐标轴和纵坐标轴界定的区域，横坐标轴为分类轴，纵坐标轴为数值轴。它们的含义可以使用坐标轴标题加以标识和说明。

③ 数据系列：整个图表的主要部分，用于反映数据的大小。

④ 图例：图表中图形代表的数据，单击图例颜色，可以用所需的颜色显示数据。

微课 5-11
图表的组成

💡 **学习提示**

若要进一步直观认识图表的组成，可观看微课 5-11：图表的组成。

工作任务 5.7.2　创建图表

⚙ **任务目标**

具备创建图表的能力。

✏ **任务描述**

为考试成绩表按班级进行分类汇总后的 2 级分类汇总数据创建平均成绩图表。

⚙ **任务实现**

1. 创建图表

例如，为图 5-6-7 中的分类汇总数据创建平均成绩图表，操作步骤如下。

① 打开学生成绩簿，单击"考试成绩表"标签，进入 2 级分类汇总数据，按住 Ctrl 键依次选择产生图表的数据区域，如图 5-7-2 所示。

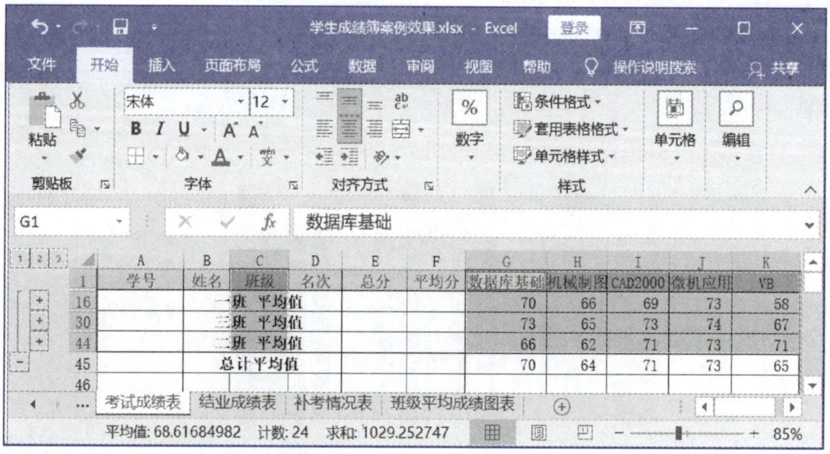

图 5-7-2
选择数据区域

② 在"插入"选项卡的"图表"组中，单击右下方的"启动对话框"按钮，弹出"插

入图表"对话框。

③ 在该对话框中选择"所有图表"选项卡，用户可以选择所需要的图表类型。

④ 从中选择"簇状柱形图"，就会在考试成绩表中插入"班级平均成绩图表"，最终效果如图 5-7-3 所示。

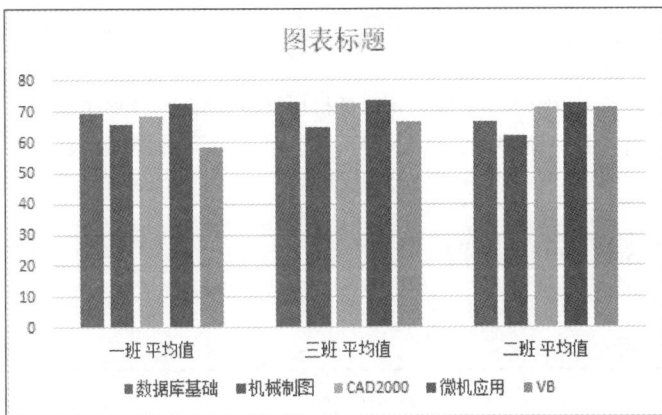

图 5-7-3
班级平均成绩图表

2．图表的修改

如果需要改变图表类型、切换系列与分类表示方式、修改用于绘制图表的数据源或移动图表位置等，可以在"图表工具"的"设计"选项卡中，使用图 5-7-4 所示的命令按钮完成。

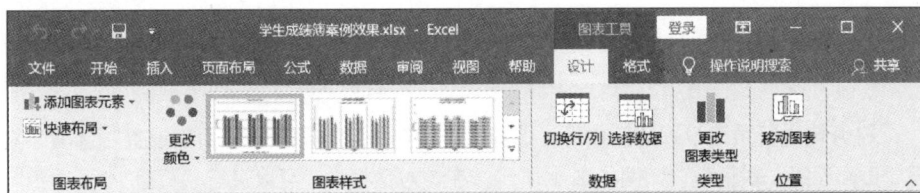

图 5-7-4
"设计"选项卡的命令
按钮

3．设置图表布局

对于创建的图 5-7-3 所示图表来说，如果要设置图 5-7-1 所示的图表布局格式,可继续使用 Excel 2016 提供的图表布局功能来完成。图表的布局主要用来设置图表的整体布局，其中包括图表中的数据标签、图例或图表标题等元素。若要对图表进行快速布局，可选择要布局的图表，在"图表工具"的"设计"选项卡中，单击"快速布局"按钮，打开布局下拉列表，如图 5-7-5 所示，从中选择一种图表布局样式即可完成快速图表布局。

图 5-7-5
"快速布局"下拉列表

💡 **学习提示**

若要进一步直观学习图表的结构组成，可观看微课 5-12：创建图表。

微课 5-12
创建图表

学习单元 5.8　打印成绩表

🎯 单元目标

> 具备在 Excel 2016 中打印工作表的基本能力。

制作完成一系列成绩表后，会根据需要打印这些工作表。Excel 2016 采用了"所见即所得"的技术，用户在打印前，通过"打印预览"功能可在屏幕上观察效果，如果满意即可打印输出。

工作任务 5.8.1　页面设置

⚙️ 任务目标

具备打印前设置表格页面的基本能力。

📝 任务描述

启动 Excel 2016，为打印工作表进行页面纸张大小、打印方向、页边距、页眉/页脚和打印标题行等页面设置。

🗄️ 任务实现

打开需进行页面设置的工作簿，选择"文件"→"打印"→"页面设置"选项，打开"页面设置"对话框，如图 5-8-1 所示。在该对话框中，可以进行"页面""页边距""页眉/页脚"和"工作表"的设置。

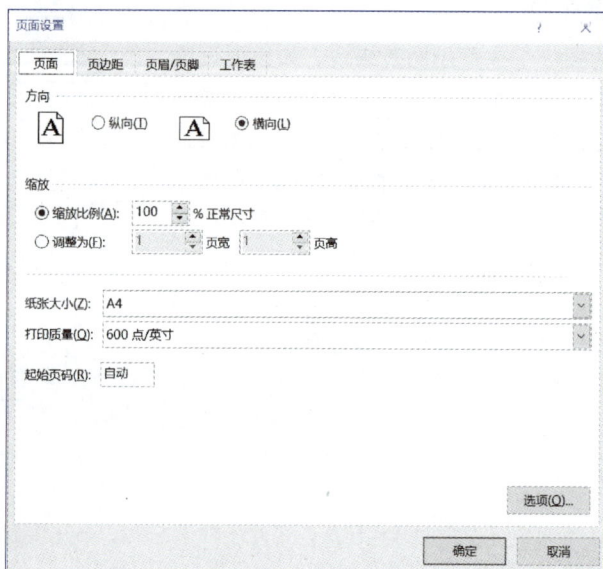

图 5-8-1
"页面设置"对话框

工作任务 5.8.2　打印

任务目标

具备打印工作表的能力。

任务描述

启动 Excel 2016，打印工作表。

任务实现

正式打印 Excel 工作表，操作步骤如下。

① 单击"文件"选项卡的"打印"选项，弹出如图 5-8-2 所示的打印预览窗口。

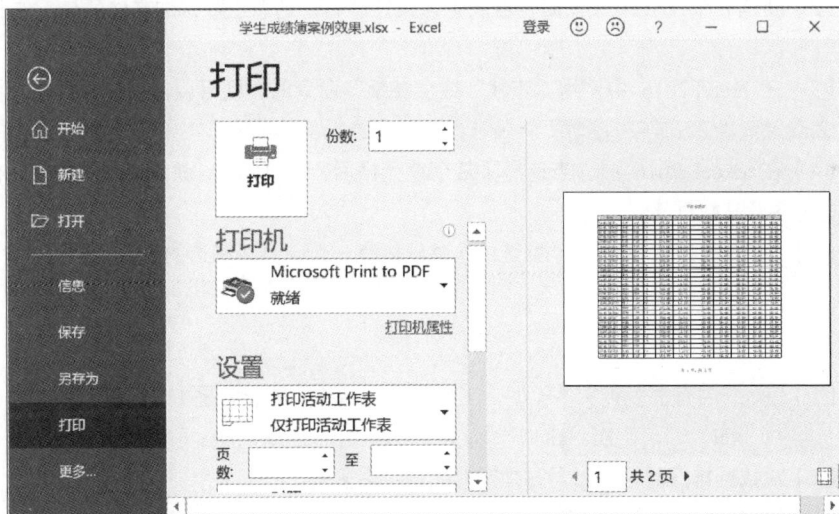

图 5-8-2
打印预览窗口

② 在其中进行相关设置后，单击"打印"按钮，即可打印。

学习提示

　　和 Word 一样，Excel 文件在打印前也必须先进行打印预览，且打印前需要安装打印机。若要进一步直观学习工作表的页面设置与打印方法，可观看微课 5-13：页面设置与打印。

微课 5-13
页面设置与打印

知识库

Excel 2016 是微软公司 Office 2016 办公软件中的组件之一，是目前世界上非常流行的电子表格编辑软件之一。它不仅具有强大的制表和绘图功能，而且还内置了数学、财务、统计和工程等 10 类 300 多种函数，同时提供了模拟运算表、方案管理器、单变量求解、规划求解和数据分析等多种分析方法和分析工具。它可以进行各种数据处理、统计分析和辅助决策操作，广泛应用于管理、统计、财政和金融等众多领域。

本 章 回 顾

　　本章主要通过实例，介绍工作簿、工作表、单元格的基本概念和它们之间的关系，通过本章学习，能启动和退出 Excel，创建工作簿与工作表，对工作表进行基本操作，对工作表中数据进行计算、统计、分析与管理，以及打印工作表。

5-10 学习评价表
制作学生成绩簿

思考与练习题

一、判断题

（1）在 Excel 2016 中，一个工作簿中可以包含多个工作表。　　　　　　　（　　）

（2）新建一个 Excel 文件后，若没有为文件命名，则系统默认的文件名是工作表 1。
　　　　　　　　　　　　　　　　　　　　　　　　　　　　　　　　　　（　　）

（3）在 Excel 2016 中使用"查找"或"替换"命令时，既可以按行查找，也可以按列查找。　　　　　　　　　　　　　　　　　　　　　　　　　　　　　　（　　）

（4）在 Excel 2016 中，当选择了某个单元格后，按 Delete 键，将会删除单元格中的数据内容及其数据格式。　　　　　　　　　　　　　　　　　　　　　（　　）

（5）在 Excel 2016 中，自动筛选的条件只能有一个，高级筛选的条件可以有多个。
　　　　　　　　　　　　　　　　　　　　　　　　　　　　　　　　　　（　　）

二、选择题

（1）Excel 中有很多种文件类型，工作簿文件名称的扩展名是（　　　）。

　　　A．.xel　　　　　B．.xlt　　　　　C．.xlc　　　　　D．.xlsx

（2）对数据排序时，可以同时指定的关键字最多有（　　　）个。

　　　A．1　　　　　　B．2　　　　　　C．3　　　　　　D．4

（3）如果想在单元格中输入一个编号 00010，应该先输入（　　　）。

　　　A．=　　　　　　B．′　　　　　　C．″　　　　　　D．（

（4）关于数据筛选，下列说法正确的有（　　　）。

　　　A．筛选是将不满足条件的记录删除，只留下符合条件的记录

　　　B．自动筛选只能将满足条件的前 10 项列出来

　　　C．筛选是将满足条件的记录放在一个新表中，供用户查看

　　　D．自定义筛选最多允许用户定义两个条件

（5）工作表中的数据共有 4 种类型，它们分别是（　　　）。

　　　A．字符、数值、日期、逻辑

　　　B．字符、数值、逻辑、时间

　　　C．字符、数值、日期、屏幕

　　　D．字符、数值、日期、时间

三、填空题

（1）在 Excel 中，若要计算表格中某行数值的平均值，可使用的统计函数是_____。

（2）在 Excel 中，在 A1 单元格设置其数字格式为整数，当输入"33.51"时，显示为_____。

（3）在 Excel 单元格中输入计算公式时，应在表达式前加一前缀字符_____。

（4）在 Excel 中，若要计算表格中某行数值的最大值，可使用的函数是_____。

（5）一个工作簿是一个 Excel 文件（扩展名为.xlsx），其最多可以含有_____个工作表。

思考与练习题答案

四、思考与问答题

（1）什么是单元格？如何设置单元格格式？

（2）Excel 2016 中有哪些常用的函数？

在线测试

（3）如何进行自定义筛选？

（4）简述创建图表的过程。

第6章 演示文稿制作软件 PowerPoint 2016

学习情境：制作最美中国演示文稿

6-1 任务工作单
制作最美中国多媒体
演示文稿

学习目标： 具备使用 PowerPoint 2016 制作演示文稿的基本的能力。

学习内容：

- 制作演示文稿的基本方法。
- 演示文稿的编辑。
- 文本与对象的插入。
- 文本与对象的格式化。
- 动画与动作设置。
- 演示文稿的播放与打印。

教学方法建议： 引导、解析、体验、反思。

Office 作为最常用的办公软件，不仅可以用其中的 Word 处理文档，Excel 分析数据，还可以利用 PowerPoint 制作演示文稿。PowerPoint 作为目前世界上最为流行的演示文稿编辑软件之一，能轻松制作出图文并茂、声形兼备的演示文稿，并为演示文稿添加形式多样的动画和声音效果。那么，PowerPoint 是怎样一步一步完成演示文稿的制作的呢？在制作过程中需要具备哪些知识？对每一类操作，实现的具体操作方法又是怎样的？在实现过程中有哪些需要注意的问题？那就从这里开始学习吧！

我想自己制作一份介绍九寨沟美丽风景的演示文稿

那 PowerPoint 是你最好的选择，它可以帮助实现你的目标……

学习单元 6.1　多媒体演示文稿制作

6-2 学习指导
创建演示文稿

6-3 学习工作单
创建演示文稿

PPT 第 1 讲
最美中国多媒体演示
文稿的制作要求与
效果

单元目标

> 具备对提出的任务解决方案进行初步分析，完成对素材的收集、组织和整体设计的基本能力。

演示文稿是信息社会中人们之间相互交流的一个重要工具，它能够制作出集文字、图形、图像、声音和视频等多媒体元素于一体的演示文稿。把自己所要表达的信息组织在一组图文并茂的画面中，可以用于如人文地理介绍、单位的组织结构介绍、公司产品介绍或自己的学术成果展示等用途。因此，多媒体演示文稿的制作是人们应具备的一种基本技能。

工作任务　使用 PowerPoint 制作最美中国演示文稿

任务目标

能初步认识样例中提供的制作最美中国演示文稿结构组成，明确实现的任务要求。

任务描述

了解样例中提供的演示文稿，明确实现的任务要求。

任务实现

使用 PowerPoint 制作一份最美中国的演示文稿，具体要求如下。

① 第 1 张幻灯片为标题灯片，要求以九寨沟的一幅图片为背景，并以合适的文字显示演示文稿的标题。

② 第 2 张幻灯片为九寨沟简介，以文本形式介绍九寨沟的概况，要求将文本框设置为三维效果，文字采用美观的项目符号。

③ 第 3~7 张幻灯片以图片和文本相结合的方式介绍九寨沟的 4 个主要景点，每幅图片设置不同的样式。

④ 第 8、9 张幻灯片分别以表格和图表的形式对比九寨沟、拉萨及青岛的气候情况，要求表格和图表的样式美观大方。

⑤ 第 10 张幻灯片以组织结构图的形式介绍九寨沟的一级保护动物，要求文字与图框相互适应并设置三维效果。

⑥ 第 11 张幻灯片为致谢，要求有一幅笑脸图并用艺术字样式显示"谢谢"，要求图形与艺术字的布局相互协调。

⑦ 要求整个演示文稿风格统一简洁，文本及图形样式美观。

⑧ 放映时要求前 10 张幻灯片有背景音乐，最后一张以掌声为背景音，并有切换和动画效果。

样例如图 6-1-1 所示。

案例
最美中国——神奇九
寨案例效果与素材

图 6-1-1
"最美中国——神奇九寨"
样例效果

💡 学习提示

在制作演示文稿前，应对演示文稿有一个整体设计，弄清楚要演示给观众的主要内容，并要确定如何组织这些内容的布局，还要考虑对象和内容的出现顺序及动画效果，力求演示文稿风格一致。要进一步直观认识本章制作最美中国演示文稿的具体要求和样例效果，可观看微课 6-1：最美中国演示文稿案例效果展示。

微课 6-1
最美中国 ——神奇
九寨案例效果展示

学习单元 6.2 走进 PowerPoint 2016

🎯 单元目标

清楚启动和退出 PowerPoint 2016 的方法，熟悉 PowerPoint 的工作窗口组成，具备使用 PowerPoint 工作窗口命令进行相关操作的基本能力。

PPT 第 2 讲
认识 PowerPoint 2016

PowerPoint 2016 是运行在 Windows 平台下制作演示文稿的软件，是微软公司推出的现代办公系列软件 Office 的核心组件之一。PowerPoint 主要用于制作演示文稿，近年来得到了广泛应用。

工作任务 6.2.1 进入和退出 PowerPoint 2016 工作窗口

⚙ 任务目标

具备进入和退出 PowerPoint 2016 工作窗口的基本能力。

任务描述

熟悉进入和退出 PowerPoint 2016 工作窗口的基本操作方法。

任务实现

1. 进入 PowerPoint 2016

方法 1：使用"开始"菜单。依次单击"开始"→"所有程序"→Microsoft Office →Microsoft Office PowerPoint 2016 选项。

方法 2：利用快捷方式。双击桌面的 PowerPoint 快捷方式图标。

2. 退出 PowerPoint 2016

方法 1：单击 PowerPoint 窗口标题栏右端的关闭按钮。

方法 2：按快捷键 Alt+F4。

学习提示

　退出 PowerPoint 2016 时，注意演示文稿文件的保存。要进一步直观学习启动和退出 PowerPoint 2016 的操作方法，可观看微课 6-2：进入和退出 PowerPoint 2016。

微课 6-2
进入和退出
PowerPoint 2016

工作任务 6.2.2　认识 PowerPoint 2016 工作窗口

任务目标

弄清 PowerPoint 2016 工作窗口界面的组成，具备使用工作窗口的基本能力。

任务描述

熟悉 PowerPoint 工作窗口的组成，学会工作窗口的使用。

任务实现

与 Word 和 Excel 相似，PowerPoint 窗口主要包括自定义快速访问工具栏、标题栏、功能区、编辑区、状态栏等部分，如图 6-2-1 所示。

1. 自定义快速访问工具栏

该工具栏上提供了最常用的"保存""撤销""恢复"和"从头开始"按钮，单击对应的按钮可执行相应操作。如需在快速访问工具栏中添加其他按钮，可选择其下拉菜单中的"其他命令"命令，在打开的"PowerPoint 选项"对话框中选择所需的命令添加即可。

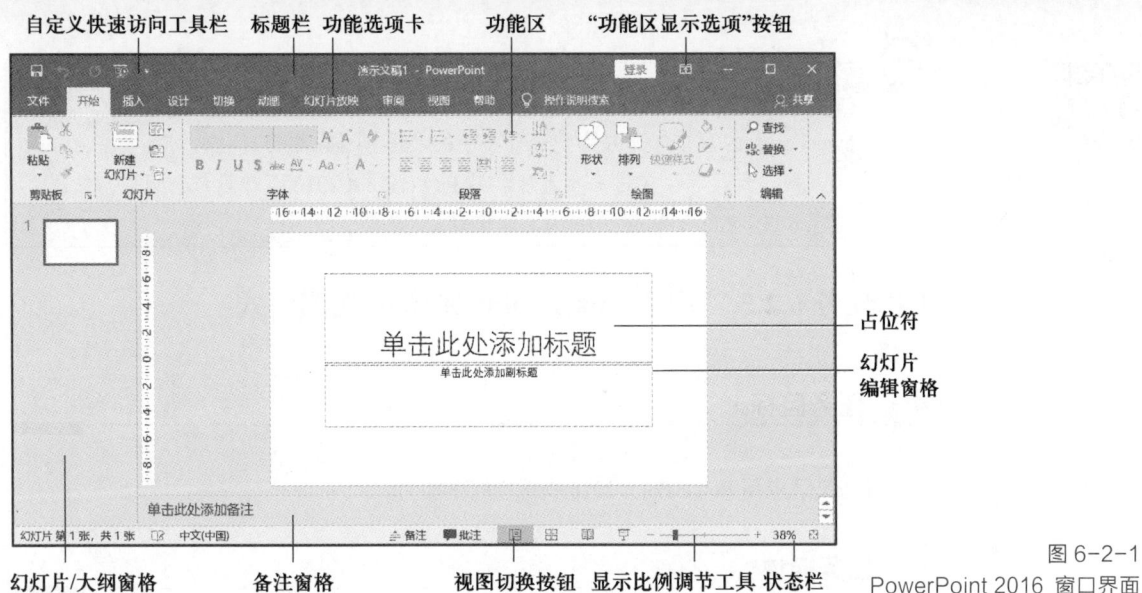

自定义快速访问工具栏　标题栏　功能选项卡　　功能区　　"功能区显示选项"按钮

占位符

幻灯片
编辑窗格

图 6-2-1
PowerPoint 2016 窗口界面

幻灯片/大纲窗格　　　　　备注窗格　　　　　视图切换按钮　显示比例调节工具　状态栏

2．标题栏

标题栏显示当前演示文稿的标题和文件名，其左端是快速访问工具栏，右端有"登录""功能区显示选项""最小化""最大化""向下还原"和"关闭"按钮。

3．功能区

功能区位于标题栏的下方，由选项卡组成，选项卡将 PowerPoint 2016 的功能进行分类显示，包括"文件""开始""插入""设计""切换""动画""幻灯片放映""审阅""视图""帮助"等选项卡。每个选项卡都包含多个命令组，如"开始"选项卡就由"剪贴板""幻灯片""字体""段落""绘图"和"编辑"6 个命令组组成。另外，有些组的右下角还有一个"对话框启动器"按钮，单击该按钮可打开相应的对话框。"文件"选项卡在左侧展示"新建""打开""保存""打印"等文件操作命令。

4．状态栏

状态栏位于 PowerPoint 窗口的底部，显示文稿中当前的幻灯片编号，总幻灯片数、视图切换按钮和显示比例等状态信息。

5．幻灯片/大纲窗格

该窗格可分别以"幻灯片"或"大纲"方式显示演示文稿的信息。在"大纲"窗格下，以大纲形式显示幻灯片文本。在"幻灯片"窗格下，以缩略图形式显示幻灯片，还可以轻松地重新排列、添加或删除幻灯片。

6．幻灯片编辑区

幻灯片编辑区是制作演示文稿的主要工作区，用户可以在此为幻灯片中添加文本，插入图片、表格、SmartArt 图形、图表、图形对象、文本框、电影、声音、超链接和动画。

7．备注窗格

在备注窗格中，可以输入当前幻灯片的备注内容以便放映演示文稿时进行参考。

微课 6-3
PowerPoint 2016 的
工作窗口

工作任务 6.2.3　了解 PowerPoint 2016 的视图模式

任务目标

具备灵活应用 PowerPoint 2016 视图模式的能力。

任务描述

了解 PowerPoint 2016 各种视图的模式特点和使用方法。

任务实现

PowerPoint 2016 提供了普通视图、大纲视图、幻灯片浏览视图、备注页视图、幻灯片放映视图、阅读视图和母版视图等 7 种视图。进入 PowerPoint 后默认为普通视图，用户可以利用图 6-2-1 所示中的各个视图切换按钮在各视图之间切换，也可以利用"视图"选项卡中的相应视图按钮进行切换。

1．普通视图

普通视图是创建演示文稿的默认视图，是主要的编辑视图。在普通视图下，窗口由 3 个窗格组成：左侧的幻灯片浏览窗格、右侧上方的幻灯片窗格和右侧下方的备注窗格。拖动窗格之间的分界线可以调整各窗格的大小，以便满足编辑需要。幻灯片窗格显示当前幻灯片的内容，包括文本、图片、表格、多媒体等各种对象。用户可以在此编辑幻灯片的内容。备注窗格中可以添加与幻灯片有关的注释内容。

2．大纲视图

大纲视图与普通视图类似，只是左侧窗格显示的是演示文稿的整体文本结构和文字内容，并清晰地显示幻灯片标题、一级文本、二级文本、三级文本、…，在此窗格通过调整文字段落的缩进级别，进行合并、拆分幻灯片。

3．幻灯片浏览视图

在幻灯片浏览视图中，一个屏幕可以显示多张幻灯片缩略图，可以直观地观察演示文稿的整体外观，便于进行多张幻灯片的顺序编排、复制、移动、插入和删除等操作，还可以设置幻灯片的切换效果并预览。

4．备注页视图

在普通视图的右下部有一个备注窗格，用户可以在此对幻灯片添加备注，但是，只能添加文本内容的备注。如果要在备注中添加图形，则只能在备注页视图下才能完成。在 PowerPoint 的窗口中没有备注页切换按钮，用户只能利用"视图"选项卡"演示文稿视图"组中的"备注页"按钮切换到备注页视图模式。备注页视图分为两部分，上方是当前幻灯片的缩略图，下方是对此幻灯片添加备注的位置，用户单击此处即可对幻灯片添加备注。

5．阅读视图

阅读视图主要用于在计算机中以方便审阅的方式查看演示文稿，而不通过大屏幕以全屏幻灯片放映方式查看。

6．母版视图

母版视图可以分为幻灯片母版、讲义母版和备注母版 3 种视图。可以对与演示文稿关联的每张幻灯片、备注页或讲义的样式进行全局更改，包括设置背景、颜色、字体、效果、占位符大小和位置等功能。

7．幻灯片放映视图

幻灯片放映视图是一种全屏显示的视图模式，在该视图中，用户所看到的演示文稿就是观众所看到的，也是用户将实际播放演示文稿的视图。用户可以用此视图检验演示文稿内容、幻灯片的切换与动画、时间、声音、影片等对象在实际放映中的效果。但是，在幻灯片放映视图下不能对幻灯片内容进行编辑，如果放映时发现了问题，可以停止放映，然后切换到其他视图再进行相应修改。

小窍门

要从头开始放映演示文稿，可以按快捷键 F5，按 Esc 键可以快速退出幻灯片放映视图。

学习提示

在默认情况下，打开 PowerPoint 时是以普通视图方式显示演示文稿幻灯片的内容，若要指定以其他视图方式显示演示文稿幻灯片的内容，可依次选择"文件"→"更多"→"选项"→"高级"→"显示"→"用此视图打开全部文档"选项，在弹出的列表中根据需要选择 PowerPoint 打开时显示的视图方式。若要进一步直观学习 PowerPoint 2016 的视图模式的使用，可观看微课 6-4：PowerPoint 2016 的视图模式。

微课 6-4
PowerPoint 2016 的
视图模式

学习单元 6.3　演示文稿的制作过程

PPT 第 3 讲
幻灯片的创建与
基本操作

单元目标

能创建和保存演示文稿，具备演示文稿中插入、删除、复制、移动幻灯片等的基本操作能力。

在 PowerPoint 中，一个演示文稿由多张幻灯片组成。首先要创建一个新的演示文稿并将其保存，然后才能向其中添加若干张幻灯片来组织演示文稿的内容。在制作演示文稿的过程中，可以对幻灯片进行选定、添加、删除、复制、移动等操作。

工作任务 6.3.1　创建和保存演示文稿

任务目标

具备创建和保存演示文稿的能力。

任务描述

① 了解演示文稿的组成。
② 创建一个新演示文稿。
③ 将新演示文稿以文件名"最美中国——神奇九寨"进行保存。

任务实现

1．演示文稿的组成

演讲者把自己要演示的内容组织在一起就构成了演示文稿，实际上一个演示文稿就是一个 PowerPoint 文件，其扩展名为.pptx。而在一个演示文稿中，往往又包含了多张幻灯片，因此，演示文稿的核心部分就是幻灯片，此外，演示文稿还包括大纲、备注、讲义等组成部分。在每一张幻灯片中可以插入文本、图形、图像、音频、视频、动画、表格、图表、超链接等多种对象。

2．幻灯片对象

演示文稿中的一张幻灯片就如一张白纸，最初上面什么都没有，用户通过不断添加新对象来丰富幻灯片的内容。在幻灯片中，插入的对象可以是文本、图形、图像、音频、视频、动画、表格、图表、超链接等。制作演示文稿的过程实际上就是在一张张幻灯片中插入、编辑多个对象。

3．创建演示文稿

当启动 PowerPoint 2016 后，它就自动创建一个名为"演示文稿 1"的新演示文稿。除了这种自动创建演示文稿的方法外，还可以在"新建演示文稿"任务窗格中选择其他方法来创建。打开"新建演示文稿"任务窗格的方法有以下两种。

方法 1：选择"文件"选项卡的"新建"命令。
方法 2：按快捷键 Ctrl+N。

4．保存演示文稿

演示文稿的保存方法有多种，根据保存的情景不同可以分为保存新文稿、保存已有文稿和换名保存等几种情况。

（1）保存新文稿

方法 1：选择"文件"选项卡的"保存"命令。

方法 2：选择"文件"选项卡的"另存为"命令。

方法 3：按快捷键 Ctrl+S。

方法 4：单击"快速访问工具栏"中的"保存"按钮█。

（2）保存已有文稿

方法 1：选择"文件"选项卡的"保存"命令。

方法 2：按快捷键 Ctrl+S。

方法 3：单击"快速访问工具栏"中的"保存"按钮█。

（3）换名保存

方法：选择"文件"选项卡的"另存为"命令。

> **学习提示**
>
> 利用"文件"选项卡的"新建"命令，允许用户创建空白演示文稿，也允许用户用模板和主题创建演示文稿。而用快捷键 Ctrl+N 则是自动采用空演示文稿的方式创建新演示文稿。若要进一步直观学习 PowerPoint 2016 创建和保存演示文稿的基本操作方法，可观看微课 6-5：创建和保存演示文稿。

微课 6-5
创建和保存演示文稿

工作任务 6.3.2　熟悉幻灯片的基本操作

任务目标

具备编辑演示文稿的能力。

任务描述

① 了解幻灯片版式的应用。

② 认识幻灯片的基本操作。

任务实现

幻灯片的基本操作主要包括版式应用、幻灯片的插入、复制与移动等。

1. 幻灯片版式的应用

打开演示文稿后，用户可以使用系统提供的幻灯片版式进行操作。在"开始"选项卡中单击"新建幻灯片"下拉按钮，弹出如图 6-3-1 所示的"Office 主题"选项栏，用户根据需要选择幻灯片版式，如选择"标题和内容"版式。其实，版式就是一种幻灯片的布局方式，使用版式就是对幻灯片进行快速布局，若选择空白版式则整个幻灯片的布局就由用户自己设置。

此外，用户单击"开始"选项卡中的"版式"下拉按钮，也会弹出图 6-3-1 所示的"Office 主题"选项栏。一般情况下，使用"版式"按钮所打开的"Office 主题"选项栏，主要用于对已存在的幻灯片重新进行版式设置。

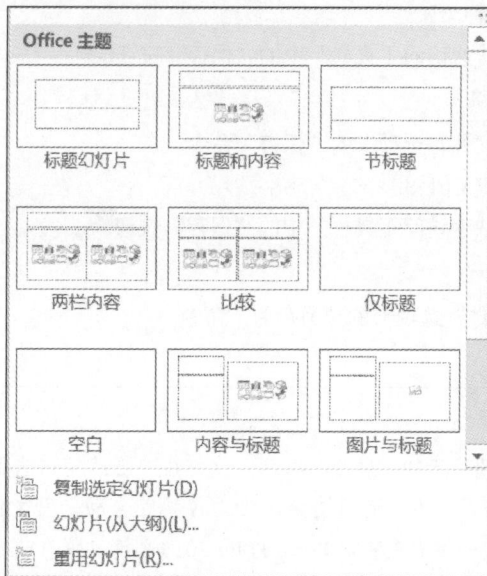

图 6-3-1
"Office 主题"选项栏

2. 幻灯片的插入

在新建一个演示文稿后，最初只有一张幻灯片，正是通过不断使用"新建幻灯片"按钮，在当前选中幻灯片后插入新的指定版式幻灯片。但是，这里幻灯片的插入一般应用于两张幻灯片之间，其操作包括以下两种方法。

方法 1：在普通视图下，将鼠标指针放置在幻灯片浏览窗格中两张幻灯片之间并右击，在弹出的快捷菜单中选择"新建幻灯片"命令。

方法 2：在普通视图下，选中一张幻灯片，单击"插入"选项卡"幻灯片"组中的"新建幻灯片"按钮。

小窍门

也可使用快捷键 Ctrl+M 插入新幻灯片。

3. 选定幻灯片

选定幻灯片是编辑演示文稿的一项经常性工作，它是插入、删除、复制和移动幻灯片的前提，可用来确定插入、删除、复制和移动幻灯片及其位置。被选定的幻灯片有红色粗线框，选定幻灯片有以下两种方法。

方法 1：选择连续多张幻灯片。单击第一张幻灯片，按住 Shift 键的同时单击最后一张要选定的幻灯片。

方法 2：选择不连续多张幻灯片。按住 Ctrl 键，单击要选定的各幻灯片。

4. 删除幻灯片

在演示文稿中，也经常需要删除不需要的幻灯片，按 Delete 键即可删除演示文稿中选定的幻灯片。

5．复制幻灯片

复制幻灯片可以有以下多种方法。

方法1：在幻灯片浏览窗格中选中要复制的幻灯片，单击"开始"选项卡"幻灯片"组中的"新建幻灯片"下拉按钮，从中选择"复制选定幻灯片"命令，则在复制的幻灯片后插入与复制幻灯片相同的幻灯片。

方法2：在幻灯片浏览窗格中选中要复制的幻灯片，单击"开始"选项卡"剪贴板"组中的"复制"按钮也可以复制幻灯片。

方法3：在幻灯片浏览窗格中，选择要复制的幻灯片并右击，在弹出的快捷菜单中选择"复制"命令也可以复制幻灯片。

6．移动幻灯片

移动幻灯片等同幻灯片位置的改变。选中所需要移动的幻灯片，按住鼠标左键，拖动幻灯片到目标位置处释放鼠标即可。

学习提示

在演示文稿的普通视图和幻灯片浏览视图下，都可以实现对幻灯片的选定、插入、删除、复制和移动。若要进一步直观学习幻灯片的基本操作方法，可观看微课6-6：幻灯片的基本操作。

微课 6-6
幻灯片的基本操作

学习单元 6.4　编辑幻灯片

单元目标

学会幻灯片中各种对象的插入与编辑方法，具备制作幻灯片的能力。

6-4 学习指导
幻灯片的编辑与
外观设置

幻灯片是演示文稿的基本组织单元，每一张幻灯片包含了文本、艺术字、图片、图形、声音、影片和超链接等多种对象。制作一个演示文稿，实际上就是不断向其中添加若干张幻灯片，再向每张幻灯片中插入文本、艺术字、图片、图形、声音、影片和超链接等多种对象并对这些对象进行格式化，以便将演示内容按合理的样式安置在幻灯片中。

工作任务 6.4.1　文本的输入与编辑

任务目标

具备在幻灯片中插入与编辑文本的能力。

6-5 学习工作单
幻灯片的编辑与
外观设置

任务描述

① 在幻灯片中插入文本。

② 格式化幻灯片中的文本。

任务实现

1. 插入文本

PPT 第 4 讲
幻灯片对象插入

文本是演示文稿中的主要内容，可以利用幻灯片中的文本占位符或文本框输入文本，文本占位符或文本框的方向决定了输入文本的排列方向。用占位符输入的文本在幻灯片和大纲中都是能看见的，而文本框输入的内容则只在幻灯片中可见。还有文本占位符是插入幻灯片所选版式自带的，就是在新建幻灯片上出现的虚线框，即占位符。而文本框则要利用"插入"选项卡"文本"组中的"文本框"按钮插入。例如，为"最美中国——神奇九寨"演示文稿插入标题幻灯片，具体的操作方法如下。

① 新建演示文稿，自动生成一张标题幻灯片，该幻灯片包括了两个文本占位符：标题占位符和副标题占位符。

② 单击标题占位符，在其中输入"最美中国"，单击副标题占位符，输入"神奇九寨"。

2. 格式化文本

对文本格式的设置可以使用"开始"选项卡"字体"组中的功能按钮，其设置和 Word 类似。

学习提示

微课 6-7
文本的输入与编辑

演示文稿中每张幻灯片的对象是不同的，但应把相关的内容组织在同一张或相邻的几张幻灯片中。利用"插入"选项卡可向幻灯片中插入多种不同的对象，如果新插入幻灯片时选择了合理的版式，那就可以直接双击占位符插入对象，且插入对象的布局也由占位符设计好了，因此能较大地提高工作效率。若要进一步直观学习文本输入与编辑的基本操作方法，可观看微课 6-7：文本的输入与编辑。

工作任务 6.4.2　插入和编辑对象

任务目标

具备在幻灯片中插入和编辑图片、图形、表格、图表、声音、影片、超链接等对象的能力。

任务描述

① 在幻灯片中插入图片、图形、表格、图表、声音、影片等对象。
② 编辑幻灯片中的图片、图形、表格、图表、声音、影片等对象。

任务实现

1．插入和编辑艺术字

（1）插入艺术字

利用艺术字，也可为幻灯片输入文本，实际上，艺术字是一种特殊的图片文字，它使文字的效果更加生动。插入艺术字的具体操作方法如下。

① 选定要插入艺术字的幻灯片。

② 在"插入"选项卡的"文字"组中，单击"艺术字"按钮，然后单击所需艺术字样式，这时幻灯片中显示出"艺术字"占位符。

③ 在"艺术字"占位符中输入艺术字。

（2）编辑艺术字

格式化艺术字的具体操作如下。

① 选中包含艺术字的幻灯片，单击选中艺术字，在艺术字四周会出现边框、8 个小圆圈和一个空心圆弧箭头，在功能区也会弹出"绘图工具"的"格式"选项卡，如图 6-4-1所示。

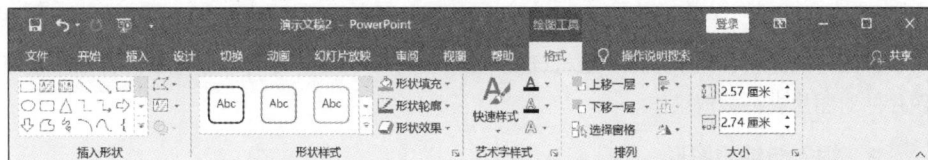

图 6-4-1
绘图工具"格式"
选项卡

② 将鼠标指针放在边框上，这时指针会变成十字箭头，按下鼠标左键并拖动可以调整艺术字的位置；将指针放在小圆圈上，会变成空心双箭头，按下鼠标左键并拖动可以调整艺术字大小；将指针放在空心圆弧箭头上，会变成实心圆弧箭头，按下鼠标左键并拖动可旋转艺术字。

③ 在"绘图工具"的"格式"选项卡的"艺术字样式"组中，单击相应功能按钮，设置艺术字的格式，如边框、背景、大小、阴影和三维效果等。

2．插入与修饰图片

（1）插入图片

图片是特殊的视觉语言，能加深对事物的理解和记忆，避免对单调的文字和乏味的数据产生厌烦心理，在幻灯片中使用图片可以使演示效果变得更加生动。将图片和文字有机结合在一起，可以获得极好的展示效果。可以插入的图片主要有两类，第一类是称为剪贴画的较早版本，第二类是以文件形式存放的图片。在 PowerPoint 2016 中，幻灯片插入的图片都是以文件形式存放的图片，可以通过"此设备…"选项或"联机图片"设置为幻灯片插入图片。"此设备…"选项是从计算机中插入图片，"联机图片"是从联机源插入图片。插入图片操作如下。

① 选择一张要插入图片的幻灯片。

② 在"插入"选项卡的"图像"组中，单击"图片"按钮，从中选择"此设备…"选项。

③ 在打开的"插入图片"对话框中找到需要的图片，单击"插入"按钮即可将图片插入幻灯片中。

（2）编辑图片

修饰图片可以设置图片的颜色、艺术效果、边框样式、叠放层次等效果，还可以删除图片背景、压缩图片并对图片进行裁剪操作。具体操作如下。

① 选中包含图片的幻灯片，单击选中图片，在图片四周会出现边框、8 个小圆圈和一个空心圆弧箭头，同时，在功能区也会弹出"图片工具"的"格式"选项卡，如图 6-4-2 所示。

图 6-4-2
"图片工具"的"格式"
选项卡

② 将鼠标指针放在边框上，这时指针会变成十字箭头，按下鼠标左键并拖动可以调整图片的位置；将指针放在小圆圈上，会变成空心双箭头，按下鼠标左键并拖动可以调整图片大小；将指针放在空心圆弧箭头上，会变成实心圆弧箭头，按下鼠标左键并拖动可旋转图片。

③ 在"图片工具"的"格式"选项卡中，单击相应功能按钮，如图 6-4-2 所示，可以设置图片的颜色、艺术效果、边框样式、叠放层次等效果，还可以删除图片背景、压缩图片并对图片进行裁剪操作。

3．插入与编辑图形

（1）插入图形

在幻灯片中还可以插入一些有趣的图形，具体操作如下。

① 选择需要插入图形的幻灯片。

② 在"插入"选项卡的"插图"组中，单击"形状"按钮，从中选择要插入的图形，此时鼠标指针变成十字形。

③ 按住鼠标右键拖动绘制图形，释放鼠标即可将自选图形插入到幻灯片中。

（2）编辑图形

编辑图形具体操作如下。

① 单击幻灯片中的图形对象，在图形四周会出现边框、8 个小圆圈、一个空心圆弧箭头和一些橙色小圆点，同时，在功能区也会弹出"绘图工具"的"格式"选项卡。

② 将鼠标指针放在边框上，这时指针会变成十字箭头，按下鼠标左键并拖动可以调整图形的位置；将指针放在小圆圈上，会变成空心双箭头，按下鼠标左键并拖动可以调整图形大小；将指针放在空心圆弧箭头上，会变成实心圆弧箭头，按下鼠标左键并拖动可旋转图形；将指针放在橙色圆点上，会变成实心箭头，按下鼠标左键并拖动可以调整图形形状。

③ 在"绘图工具"的"格式"选项卡中，单击相应功能按钮，可以设置图形的形状、颜色、填充、轮廓、合并、组合、对齐等效果。

4．插入与编辑 SmartArt 图形

SmartArt 图形 Office 办公软件中集成了文本、图形、图片和布局功能的综合信息表示形式，PowerPoint 2016 的 SmartArt 图形非常丰富，包括列表、流程、循环、层次结构、关系、矩阵、棱锥图、图片等类型，每个类型又包含多种子类型。下面以层次结构中的组织结构图为例，介绍 SmartArt 图形的插入与编辑方法。

（1）插入组织结构图

利用组织结构图，可以方便地组织需分层显示的内容，具体操作如下。

① 选择要插入组织结构图的幻灯片。

② 在"插入"选项卡的"插图"组中，单击 SmartArt 按钮 ，打开"选择 SmartArt 图形"对话框。

③ 在该对话框中，先选择左侧"层次结构"选项，再在右侧选择"组织结构图"，然后单击"确定"按钮，在幻灯片中插入组织结构图。

④ 单击结构图中的每一个小图框，输入相应文字，即可完成组织结构图。

（2）编辑组织结构图

具体操作如下。

① 单击幻灯片中组织结构图，在功能区也会弹出"SmartArt 工具"的"设计"选项卡，如图 6-4-3 所示。

② 拖动结构图边框，可以调整其位置；拖动结构图边框上的 8 个圆点，可以调整其大小。

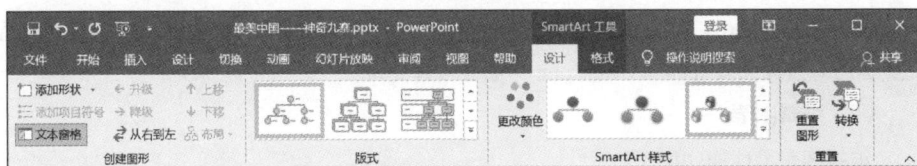

图 6-4-3
"SmartArt 工具"的
"设计"选项卡

③ 在"SmartArt 工具"的"设计"选项卡中，利用相应功能按钮可分别设置组织结构图的布局、颜色、样式等格式。

④ 在"SmartArt 工具"的"格式"选项卡中，如图 6-4-4 所示，利用相应功能按钮可分别设置组织结构图中文本的艺术字样式，也可设置文本框的样式。

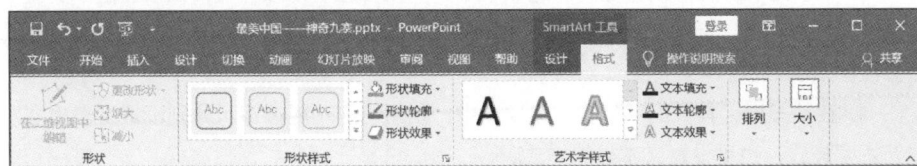

图 6-4-4
"SmartArt 工具"的
"格式"选项卡

5．插入与编辑表格

（1）插入表格

在演示文稿中往往会涉及数据的显示，这就要求在幻灯片中插入一个表格来显示数据，因此，表格也是幻灯片中的重要对象之一。在幻灯片插入表格的具体操作如下。

① 选择要插入表格的幻灯片。

② 在"插入"选项卡的"表格"组中，单击"表格"按钮 ，从中选择"插入表格"命令。

③ 在打开的"插入表格"对话框中输入列数和行数，然后单击"确定"按钮。

（2）编辑表格

编辑表格具体操作如下。

① 单击幻灯片中的表格，在功能区会弹出"表格工具"的"设计"和"布局"两个选项卡。它们的内容及使用与 Word 相似。

② 拖动表格外边框，可以移动表格的位置；拖动表格外边框上的 8 个小圆点，可以调整表格大小。

③ 在"表格工具"的"设计"选项卡中，利用相应功能按钮可分别设置表格样式、底纹、边框、文本艺术字样式等格式。

④ 在"表格工具"的"布局"选项卡中，利用相应功能按钮可分别设置表格行高、列宽、合并单元格、单元格对齐方式等格式。

6. 插入与编辑图表

（1）插入图表

① 选择要插入图表的幻灯片。

② 在"插入"选项卡的"插图"组中，单击"图表"按钮 ，打开"插入图表"对话框。

③ 在该对话框中，选择所需图表的类型，单击"确定"按钮后即可在幻灯片中插入示例图表，并同时启动 Excel 显示一个示例数据表。

④ 在 Excel 2016 中编辑数据，PowerPoint 2016 中的图表随着数据同步变化，在编辑完数据后可以关闭 Excel，PowerPoint 中图表创建完成。

（2）编辑图表

编辑图表具体操作如下。

① 单击幻灯片中图表，功能区会弹出"图表工具"的"设计"和"格式"两个选项卡。

② 拖动图表边框，可以移动图表的位置；拖动图表边框上的 8 个小圆点，可以调整图表大小。

③ 在"图表工具"的"设计"选项卡中，利用相应功能按钮可分别设置图表类型、布局、样式等格式。还可单击"数据"组中的"编辑数据"按钮，打开 Excel 2016 并在其中修改图表的数据。

④ 在"图表工具"的"格式"选项卡中，利用相应功能按钮可分别设置图表中文本的艺术字样式，也可设置文本框的样式。

7. 插入与编辑声音或影片

（1）插入声音或影片

在幻灯片中加入声音或影片，可使幻灯片声形兼备，更具吸引力。声音或影片的添加方法基本相同，这里以插入声音为例，介绍如何在幻灯片中插入声音或影片等多媒体元素。插入声音的具体操作如下。

① 选择要插入声音的幻灯片。

② 在"插入"选项卡的"媒体"组中，单击"音频"按钮 ，从中选择"PC 上的音频"命令，打开"插入音频"对话框。

③ 在该对话框中，选择要插入幻灯片中的音频文件，单击"插入"按钮将音频文件

小技巧
利用组合键生成内容简介

插入到幻灯片中，同时幻灯片中出现一个小喇叭图标代表音频文件。

（2）编辑声音或影片

编辑声音的具体操作如下。

① 单击幻灯片中声音图标，在功能区会弹出"音频工具"的"格式"和"播放"两个选项卡。

② 拖动声音图标，可以调整图形的位置；拖动图形四周边框上的小圆圈，可以调整图形大小；拖转圆弧箭头，可旋转图形。

③ 在"音频工具"的"格式"选项卡中，利用相应功能按钮可分别设置音频图标的背景、亮度、色彩、样式、大小等格式。

④ 在"音频工具"的"播放"选项卡中，利用相应功能按钮可分别设置音频文件开始结束时间、循环播放方式、播放时声音图标是否显示等选项，还可对音频文件进行剪裁。

💡 **学习提示**

幻灯片中对象的插入和编辑是两个密切相关的操作，虽然在本书中分成两个任务介绍，但在实际制作演示文稿的过程中，往往是结合在一起的。也就是说，在插入一个对象后就对其编辑，这样能更好地制作幻灯片。若要进一步直观学习对象插入和编辑的基本操作方法，可观看微课 6-8：对象的插入和编辑。

微课 6-8
对象的插入和编辑

工作任务 6.4.3 建立超链接

⚙️ **任务目标**

具备在幻灯片中插入与编辑超链接的能力。

📝 **任务描述**

① 在幻灯片中插入超链接。
② 编辑幻灯片中超链接。

🗂️ **任务实现**

1. 插入超链接

利用超链接，可以让演讲者在演示幻灯片时方便地从一张幻灯片切换到另一张幻灯片，或链接到另一个文件、网页等位置。插入超链接的具体操作如下。

① 在幻灯片中选中要创建超链接的对象。

② 在"插入"选项卡的"链接"组中，单击"超链接"按钮 🔗，或在对象上右击，在弹出的快捷菜单中选择"超链接"命令，打开"插入超链接"对话框，如图 6-4-5 所示。

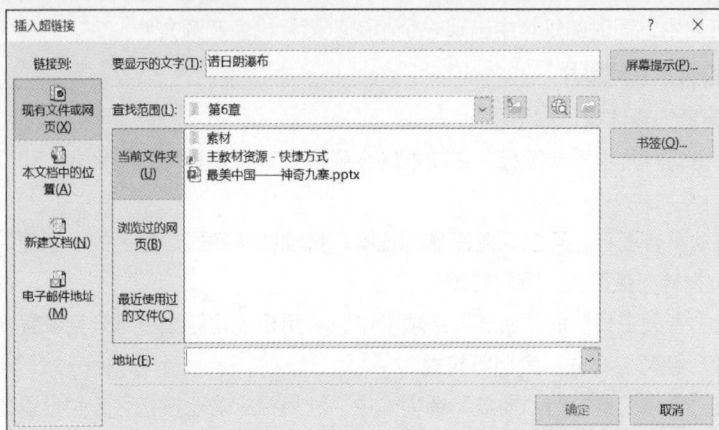

图 6-4-5
"插入超链接"对话框

③ 在该对话框中，选择要链接到的目标位置，可以是"现有文件或网页""本文档中的位置""新建文档"或"电子邮件地址"，设置后单击"确定"按钮，即可将超链接插入到幻灯片中。

2. 编辑超链接

编辑超链接的具体操作如下。

① 选中包含超链接的幻灯片，右击超链接对象，打开其快捷菜单，若选择"删除链接"命令则删除超链接，若选择"编辑超链接"命令将打开"编辑超链接"对话框。

② 在该对话框中可重新设置超链接的目标位置。

③ 单击"确定"按钮。

微课 6-9
幻灯片超链接

💡 学习提示

　　幻灯片中的超链接既可以用于在同一个演示文稿中不同幻灯片之间进行跳转，也可以链接到其他文件，从而精简主演示文稿的内容。若要进一步直观学习创建幻灯片超链接的基本操作方法，可观看微课 6-9：幻灯片超链接。

工作任务 6.4.4　设置动作按钮

⚙ 任务目标

具备设置动作按钮的能力。

📝 任务描述

① 为幻灯片中已有对象设置动作。
② 为幻灯片添加的动作按钮设置动作。

📋 任务实现

在幻灯片中设置动作可实现超链接的功能，如转到其他幻灯片、其他文件或网页，调用其他应用程序等。在 PowerPoint 中既可为幻灯片中的已有对象设置动作，也可利用动作按钮设置动作。

1. 为已有对象设置动作

具体操作如下。

① 选择幻灯片中要设置动作的对象。

② 在"插入"选项卡的"链接"组中，单击"动作"按钮★，打开"操作设置"对话框，如图 6-4-6 所示，可分别设置该对象在"单击鼠档"和"鼠标悬停"两种事件发生时的动作，"无动作"选项用于设定鼠标单击或经过对象时不产生任何动作，可用于取消先前的动作。

图 6-4-6
"操作设置"对话框

③ 设置完成，单击"确定"按钮，将动作应用于对象。

2. 添加动作按钮设置动作

具体操作如下。

① 选中需要添加动作按钮的幻灯片。

② 在"插入"选项卡的"插图"选项组中，单击"形状"按钮，在打开的下拉列表的最下方就是 PowerPoint 的"动作按钮"选项区，如图 6-4-7 所示。在其中列出了"后退或前一项""前进或下一项""转到开头""转到结尾""转到主页""获取信息""上一张""视频""文档""声音""帮助""空白"12 种动作按钮。

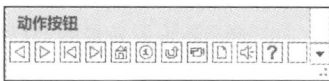

图 6-4-7
"动作按钮"选项区

③ 在"动作按钮"选项区中选中一种按钮，在幻灯片中按下鼠标右键拖动绘制出动作按钮后，打开"操作设置"对话框为其设置所需动作。

④ 选中动作按钮，在"绘图工具"的"格式"选项卡中，使用相应功能按钮可为动作按钮设置填充、线条和大小等格式，具体操作参照图形格式化方法。

⑤ 设置完动作按钮的幻灯片，放映时单击相关按钮就会产生相应的动作。

学习单元 6.5　幻灯片的外观设置

单元目标

能设置幻灯片的背景、母版、配色方案、设计模板，具备设置幻灯片外观的能力。

通过对幻灯片的外观设置可以使演示文稿具有统一的外观，这主要涉及幻灯片的背景、母版、配色方案、设计模板等几个方面的调整。

工作任务 6.5.1　设置幻灯片背景

PPT 第 5 讲
最美中国演示文稿
幻灯片外观设置

任务目标

具备设置幻灯片背景的能力。

任务描述

设置幻灯片背景。

任务实现

利用背景设置功能，不仅可以将背景设置为一种颜色，还可以设置渐变、纹理、图案或图片等效果。具体操作如下。

① 选择要设置背景的幻灯片，单击"设计"选项卡"自定义"组中的"设置背景格式"按钮，打开"设置背景格式"面板。

② 在"填充"选项区域中选中"图片或纹理填充"单选按钮，如图 6-5-1 所示。

③ 单击"图片源"下方的"插入"按钮，打开"插入图片"面板，选择"从文件"选项，打开"插入图片"对话框。

④ 选择一幅图片，单击"插入"按钮，返回"设置背景格式"面板，此时，选中的幻灯片背景已变成选定的背景图片。

⑤ 单击面板右上角的"关闭"按钮，完成对选定幻灯片背景的设置。如果要对演示文稿中所有幻灯片设置所选定的背景，则需要单击"设置背景格式"面板左下方的"应用到全部"按钮，再单击"关闭"按钮。

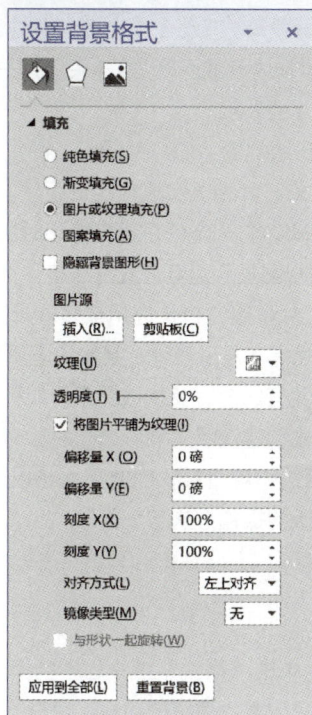

图 6-5-1
"设置背景格式"面板

学习提示

　　演示文稿外观的格式化既可以在新建演示文稿之前就设计好，然后再制作文稿中的幻灯片，也可以先做好演示文稿中的幻灯片，最后再统一调整演示文稿的格式。幻灯片背景设置应注意与幻灯片中其他对象相协调一致，从而保证幻灯片的美观。若要进一步直观学习设置幻灯片背景的基本操作方法，可观看微课 6-10：设置幻灯片背景。

微课 6-10
设置幻灯片背景

工作任务 6.5.2　设置幻灯片母版

任务目标

　　具备设置幻灯片母版的能力。

任务描述

　　利用母版改变幻灯片的外观。

任务实现

1．认识母版

母版是一组设置，目的是为方便、全局地修改演示文稿中所有幻灯片或多张幻灯片。

在母版中更改了字体、颜色、背景等，多张幻灯片都将相应改变；如母版中添加了内容或图形，多张幻灯片也都将同时添加内容或图形。这免去了逐一手动设置每张幻灯片的麻烦，更能统一演示文稿中各张幻灯片的外观。

在 PowerPoint 中有 3 种母版视图：幻灯片母版、讲义母版和备注母版。

● 幻灯片母版是设置所有幻灯片格式和风格的母版。

● 讲义母版仅用于讲义打印，它规定的是讲义打印时的格式。

● 备注母版规定以备注页视图显示幻灯片或打印备注页时的格式。

通常所说的母版是指幻灯片母版，也是应用最多的母版。演示文稿通常应具有统一的外观和风格，体现用户的信息等，通过设计、制作和应用幻灯片母版可以快速实现这一要求。母版中包含了幻灯片中共有的内容及构成要素，如标题、文本、日期、背景等，用户可直接使用之前设计好的格式创建演示文稿。

由于幻灯片母版是最常用的一种母版，因此下面将以幻灯片母版为例，讲解母版的设计和应用方法。其他两类母版的操作方法与之类似。

2. 编辑幻灯片母版

（1）占位符的调整

选中需要调整的占位符，单击"格式"工具栏中的"占位符"按钮，打开"设置自选图形格式"对话框，在其中可以对占位符的边框、填充、尺寸、位置等进行调整。

（2）文字的调整

选中母版中的文字，"格式"工具栏中就显示出默认设置格式，使用相关工具按钮进行调整。

（3）项目符号的调整

单击母版中要调整项目符号的行中任意位置，单击"格式"工具栏中的"项目符号和编号"按钮，打开"项目符号和编号"对话框进行设置。

（4）背景的调整

对母版的背景进行设置，可以使整套演示文稿具有相同的背景。打开母版幻灯片，单击"格式"工具栏中的"背景"按钮进行设置。

3. 制作幻灯片母版的方法

① 打开演示文稿，单击"视图"选项卡"母版视图"组中的"幻灯片母版"按钮，进入幻灯片母版视图，如图 6-5-2 所示。

② 在幻灯片母版视图中，左侧窗格显示不同类型的幻灯片母版缩略图，如选择"标题幻灯片"母版，可对显示在右侧编辑区的"标题幻灯片"母版进行编辑。

③ 选择标题占位符可以修改标题的字体和颜色，如修改为"微软雅黑""红色""加粗"；选择副标题占位符可以修改副标题的字体颜色，如修改为"华文隶书""橙色"45磅。单击"幻灯片母版"选项卡"母版版式"组中的"插入占位符"按钮，插入可选的占位符，调整到幻灯片右上角，并删除底部占位符。

④ 选择左侧窗格的"Office 主题幻灯片母版"，单击"幻灯片母版"选项卡"母版版式"组中的"母版版式"按钮，在打开的"母版版式"对话框中可添加、删除相应的占位符。单击"关闭母版视图"按钮，此时切换到普通视图下即可使用该母版。

⑤ 保存演示文稿为"PowerPoint 模板(*.potx)"文件，再次打开该文件，在普通视图

200

下可使用该母版。

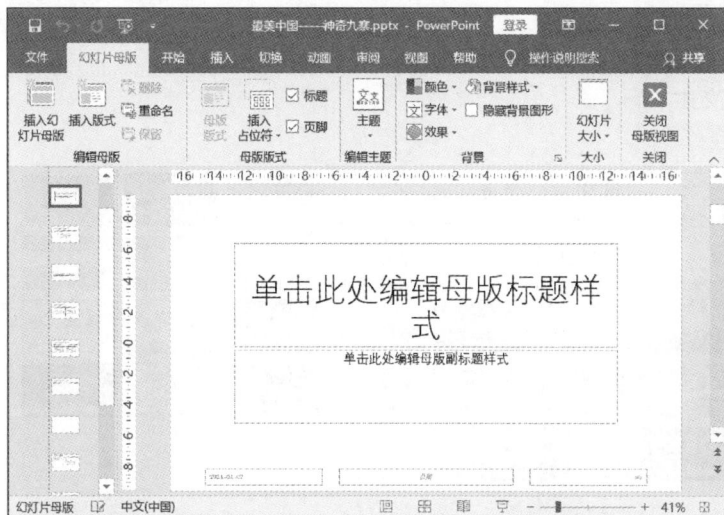

图 6-5-2
幻灯片母版视图

微课 6-11
幻灯片母版

💡 **学习提示**

　　如果在幻灯片母版视图中没有新建标题母版，而只有普通的幻灯片母版，则幻灯片母版中设计的格式会应用于演示文稿中所有幻灯片，包括标题幻灯片也会应用相同的母版格式。因此，如果标题幻灯片和其他幻灯片的格式一样，则不用单独设计标题母版，只需设计好普通幻灯片母版。若要进一步直观学习制作幻灯片母版的方法，可观看微课 6-11：幻灯片母版。

工作任务 6.5.3　设置幻灯片主题

任务目标

具备设置演示文稿主题的能力。

任务描述

利用主题调整演示文稿外观。

任务实现

　　PowerPoint 2016 提供了多个主题，每个主题包含一组设置好的颜色、字体和图形外观效果。在 PowerPoint 中，可以选择所需外观的标准主题来快速调整演示文稿的外观，具体操作如下。

　　① 打开演示文稿，为了查看对比效果，切换到幻灯片浏览视图。

　　② 选中第一张幻灯片，此时演示文稿的所有幻灯片还没有主题。

③ 单击"设计"选项卡"主题"组中右下角的下拉按钮，展开主题样式列表，如图 6-5-3 所示。

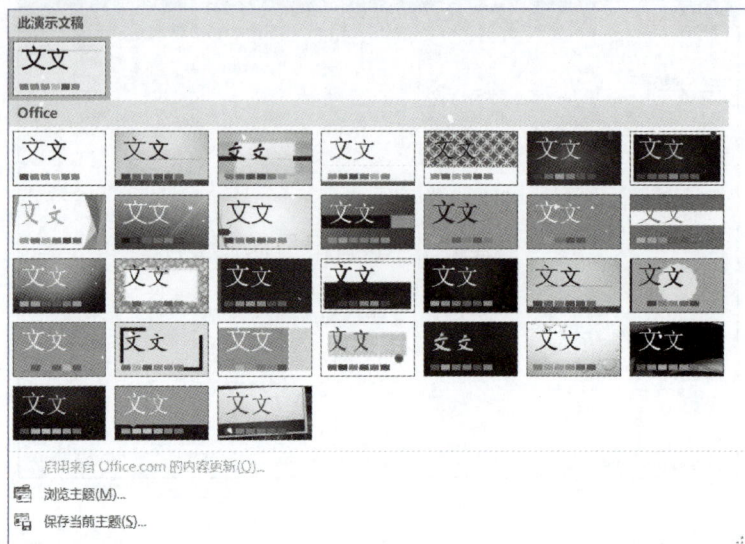

图 6-5-3
主题样式列表

④ 在其中选择所需要的主题样式，此时，演示文稿中所有幻灯片就应用了选定的主题样式。

> **！注意**
>
> 如果只对演示文稿中选定的幻灯片应用主题，则要在主题样式列表中所需主题上右击，再在弹出的快捷菜单中选择"应用于选定幻灯片"命令即可。

微课 6-12
主题设置

> **💡 学习提示**
>
> 如果预置主题不能满足用户的需求，可以单击"设计"选项卡"变体"组中右下角的下拉按钮，对主题的颜色、字体、效果和背景样式进行设置。用户还可以从网上下载主题保存到本地计算机中，需要时再手动访问计算机中的主题。若要进一步直观学习主题设置的方法，可观看微课 6-12：主题设置。

学习单元 6.6　动画效果设置

6-6 学习指导
动画效果设置

6-7 学习工作单
动画效果设置

🎯 单元目标

> 能设置演示文稿中幻灯片的切换效果，并为幻灯片中各个对象添加动画，具备设置动画效果的能力。

利用动画和切换效果都可以使静态的幻灯片在播放时动起来。动画是针对幻灯片中各个对象设计的，定义了这些对象的出现、退出、强调方式和动作路径。切换效果则是针对演示文稿中各张幻灯片设计的，定义了每张幻灯片的出现和退出效果，从而使幻灯片的更换有一个过渡效果。在实际操作中要反复预览播放，使动画与切换效果相互协调。

工作任务 6.6.1　设置幻灯片切换效果

任务目标

具备设置幻灯片切换效果的能力。

任务描述

设置幻灯片的切换效果。

任务实现

在演示文稿中，可以对整张幻灯片的出现或退出设置一些动画效果，从而使前后两张幻灯片交替时有一个过渡过程，这就是幻灯片切换的功能。在普通视图和幻灯片浏览视图下都能设置幻灯片的过渡效果，不过为了更好地查看效果，一般都是在幻灯片浏览视图下设置切换效果。具体操作如下。

① 打开演示文稿，切换到幻灯片浏览视图。

② 选中要设置切换效果的一张或多张幻灯片。

③ 在"切换"选项卡的"切换到此幻灯片"组中，选择要应用的切换效果后，单击"效果选项"按钮展开切换效果列表，设置切换的形状、方向效果。

④ 在"切换"选项卡的"计时"组中，单击"声音"下拉按钮设置切换伴音，单击"持续时间"微调按钮设置切换持续的时间，从而调整切换的速度。在"换片方式"选项区域中，选中"单击鼠标时"复选框，则放映时单击鼠标会切换到下一张幻灯片，选中"设置自动换片时间"复选框并输入时间，则放映时经过指定时间便自动切换到下一张幻灯片。

⑤ 重新选中其他幻灯片，执行步骤③～④，可为演示文稿中每一张幻灯片设置不同的切换效果。

学习提示

切换效果是针对演示文稿中各张幻灯片设计的，设置放映幻灯片时一张幻灯片显示完毕到下一张幻灯片完全呈现之前的过渡效果。若要进一步直观学习设置幻灯片切换的方法，可观看微课 6-13：幻灯片切换。

工作任务 6.6.2　自定义动画

任务目标

具备自定义动画的能力。

PPT 第 6 讲
最美中国演示文稿
动画效果设置

微课 6-13
幻灯片切换

应用实践
游戏开发——
幼儿识字游戏

应用实践
贺卡制作——圣诞
贺卡

任务描述

为幻灯片中各个对象自定义动画效果。

任务实现

如果要对幻灯片中各个对象设置灵活多样的动画效果，用户就必须自定义动画。具体操作如下。

① 打开演示文稿，选中要设置动画的幻灯片，并在幻灯片中选定要添加动画的对象。在"动画"选项卡的"动画"组中，单击右下角的下拉箭头，打开动画库列表。

应用实践
制作 3D 效果——
《红星闪闪》影片片头

② 在动画库列表的"进入"选项栏中选择一种动画效果，这里选择"飞入"，单击"效果选项"按钮展开切换效果列表，设置切换的形状、方向效果。用相同的方法可以为该对象设置"强调""退出"和"动作路径"等方面的动画效果。

③ 在"动画"选项卡的"计时"组中，单击"开始"下拉按钮设置动画开始方式，单击"持续时间"微调按钮调整动画持续的时间，从而调整切换的速度，单击"延迟"微调按钮调整动画延迟开始的时间。

④ 在"动画"选项卡的"高级动画"组中，单击"动画窗格"按钮，打开"动画窗格"面板，其中列出了幻灯片中的所有动画，可以查看和调整各动画的先后顺序。

应用实践
制作教学课件——
地球绕着太阳转

⑤ 在"动画窗格"中单击列表框中动画名称右侧的下拉按钮，从中可设置该动画的更多参数。

⑥ 选择"效果选项"命令，打开该动画的效果选项对话框，在其中可设置该动画出现的方向、伴音、播放后的效果、动画计时和文本动画方式等效果。

⑦ 利用步骤②～⑦，为幻灯片中其他对象设置各自的动画效果，所有动画效果都会出现在"动画窗格"面板的列表框中。

小技巧
快速应用动画方案

⑧ 单击"播放"按钮，查看动画效果，完成自定义动画的设置。

学习提示

自定义动画可以灵活地为幻灯片中的每个对象设置各自不同的动画效果，而且可以为对象添加进入、强调、退出和动作路径的动画效果，但自定义动画只能在普通视图下才能设置。若要进一步直观学习幻灯片动画使用技巧，可观看微课 6-14：幻灯片动画巧用。

微课 6-14
幻灯片动画巧用

6-8 学习指导
演示文稿的播放

学习单元 6.7　演示文稿的播放

6-9 学习工作单
演示文稿的播放

单元目标

能定义演示文稿的放映方式，熟悉演示文稿的播放方法和打印方法，具备播放与打印演示文稿的能力。

制作演示文稿的最终目的是要通过放映幻灯片展示给观众或打印为书面材料供读者参考,因此,在掌握了演示文稿的制作方法之后,还必须学习演示文稿的放映和打印技能。

在放映演示文稿前,需要设置一些放映参数来指定放映的时间、内容和方式。这主要包括设置演示文稿的排练计时、为演示文稿录制旁白、隐藏部分幻灯片、设置自定义放映和设置放映方式等。设置完成后,便可以切换到放映视图放映幻灯片。

在打印演示文稿前,同样需要查看打印效果和设置一些打印参数来指定输出的纸张类型、输出内容和输出顺序。这主要包括使用"页面设置"功能指定纸张类型和方向,使用打印预览查看打印效果,使用打印功能指定打印机、打印内容、打印份数并最终打印输出成书面材料。

工作任务 6.7.1　设置放映方式

任务目标

具备定义放映方式的能力。

任务描述

设置演示文稿的放映方式。

任务实现

在放映演示文稿前要设置相应的放映参数,以控制放映过程,具体操作如下。

① 在"幻灯片放映"选项卡的"设置"组中,单击"设置幻灯片放映"按钮,打开"设置放映方式"对话框,如图 6-7-1 所示。

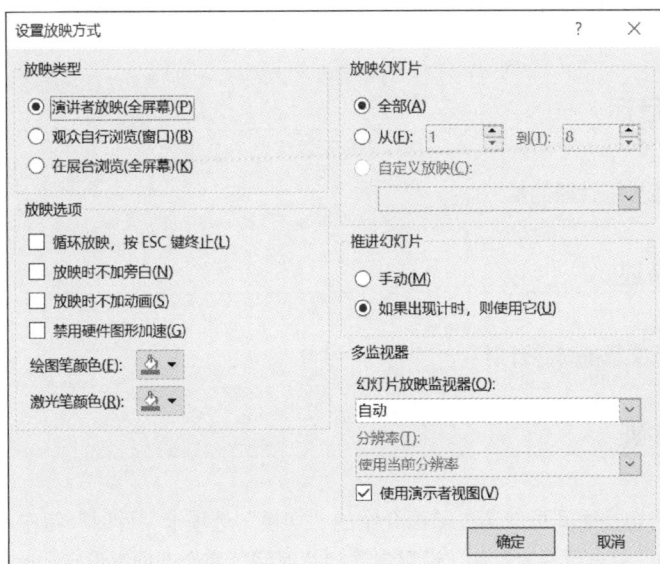

PPT 第 7 讲
幻灯片的放映与
打包

图 6-7-1
"设置放映方式"对话框

② 在"放映类型"选项区域中，提供了 3 种放映方式，用户可选择其中一种方式放映幻灯片。

- "演讲者放映（全屏幕）"是最常用的放映方式，放映过程由演讲者控制。
- "观众自行浏览（窗口）"以窗口形式放映幻灯片，且窗口中提供了相应菜单命令。
- "在展台浏览（全屏幕）"是一种自动放映方式，放映完毕后会自动重新放映。

③ 在"放映幻灯片"选项区域中，提供了 3 种方法指定放映的幻灯片范围，具体如下。

- 选择"全部"，会放映演示文稿中未被隐藏的全部幻灯片。
- 选择"从…到…"，要求用户在两个数值框中分别输入开始放映和结束放映的幻灯片编号，即只放映指定范围中未被隐藏的幻灯片。
- 选择"自定义放映"，要求用户在下拉列表框中选择一个自定义放映名称，即只放映该自定义放映中包含的未被隐藏的幻灯片。

④ 在"放映选项"选项区域中可设置是否循环放映、是否播放旁白、是否显示动画效果，还可以为放映时的绘图笔和激光笔指定一种颜色。

⑤ 在"推进幻灯片"选项区域中，用户可以指定放映时幻灯片的切换方式是手动切换还是采用排练计时自动进行。

⑥ "多监视器"选项区域用于设定在多个监视器的情况下幻灯片显示的位置和分辨率。

微课 6-15
设置放映方式

💡 学习提示

演示文稿放映参数的设置将会影响演示文稿的播放效果，这些功能可以在演示文稿的"幻灯片放映"选项卡中进行设置。在演示文稿中设置"排练时间""旁白""自定义放映"等参数可以让用户针对不同的演讲环境和不同的观众，定义不同的放映方式和放映内容。若要进一步直观学习设置放映方式的基本方法，可观看微课 6-15：设置放映方式。

工作任务 6.7.2 排练计时

⚙️ 任务目标

具备设置排练计时的能力。

📝 任务描述

设置演示文稿的排练计时

🔧 任务实现

幻灯片的切换时间可以通过前面介绍的"切换"选项卡"计时"组中"换片方式"选项区域中的"单击鼠标时"和"设置自动换片时间"两个选项来设定。此外，还可以利用"排练计时"来设置幻灯片的切换时间，具体操作如下。

① 在"幻灯片放映"选项卡的"设置"组中，单击"排练计时"按钮，进入幻灯片放映视图，同时弹出"录制"工具栏，如图 6-7-2 所示。

② 演讲者根据内容试讲，幻灯片放映时间框中显示当前幻灯片所用时间，一张幻灯片讲完后，单击"下一项"按钮进入下一张幻灯片试讲，如此多次即可调试设置每张幻灯片的播放时长。

③ 单击"关闭"按钮结束放映，弹出信息框，询问是否保存排练计时，单击"是"按钮将保存排练计时，否则放弃，如图 6-7-3 所示。

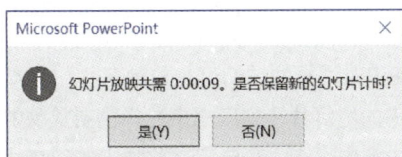

图 6-7-2
"录制"工具栏

图 6-7-3
询问信息框

💡 **学习提示**

　　排练计时可以实现演示文稿按事先设定的时间自动播放，不需要用户播放时手动翻页，只要时间设定合适，即可让用户脱离讲台的约束。若要进一步直观学习设置排练计时的基本方法，可观看微课 6-16：排练计时。

微课 6-16
排练计时

工作任务 6.7.3　自定义放映

⚙️ **任务目标**

具备自定义放映方式的能力。

📝 **任务描述**

设置演示文稿的自定义放映方式。

🔧 **任务实现**

利用"自定义放映"针对多个不同的演讲环境放映不同的内容。具体操作如下。

① 在"幻灯片放映"选项卡的"开始放映幻灯片"组中，单击"自定义幻灯片放映"按钮，从中选择"自定义放映"命令，打开"自定义放映"对话框，如图 6-7-4 所示。

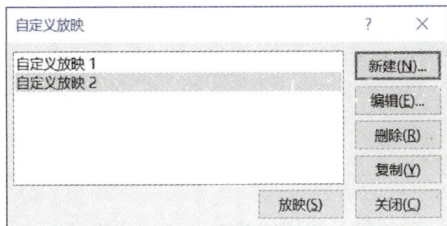

图 6-7-4
"自定义放映"对话框

② 单击"新建"按钮，打开"定义自定义放映"对话框，如图 6-7-5 所示。

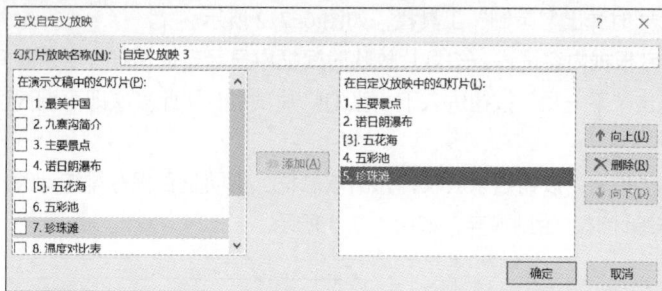

图 6-7-5
"定义自定义放映"
对话框

③ 在该对话框的"幻灯片放映名称"文本框中输入新建自定义放映的名称，在"在演示文稿中的幻灯片"列表框中选择需要放映的幻灯片，单击"添加"按钮可将其加入自定义放映内容中，在"在自定义放映中的幻灯片"列表框中选择不需要放映的幻灯片，单击"删除"按钮可将其从自定义放映内容中删除。此时，被隐藏幻灯片的编号有方括号，表示不会放映出来。

④ 单击"确定"按钮，返回"自定义放映"对话框，此时新添加的自定义放映名称便显示在"自定义放映"列表框中，选择一个自定义放映名称，单击"编辑"按钮可重新定义该自定义放映，单击"删除"按钮可删除该自定义放映，单击"复制"按钮可复制该自定义放映，单击"放映"按钮可放映该自定义中包含的幻灯片。

⑤ 单击"关闭"按钮，完成自定义放映的设置。

小技巧
PPT 的特殊播放模式

💡 **学习提示**

　　自定义放映可以让用户针对不同的演讲环境和不同的观众，定义不同的放映方式和放映内容，而不必删除或隐藏演示文稿中不需播放的幻灯片，提高了演示文稿的灵活性和兼容性。若要进一步直观学习自定义放映的基本方法，可观看微课 6-17：自定义放映。

微课 6-17
自定义放映

工作任务 6.7.4　幻灯片放映

🛠 任务目标

具备播放演示文稿的能力。

📝 任务描述

① 启动放映。
② 控制放映过程。
③ 结束放映。

🖥 任务实现

演示文稿是在放映视图放映，最终以放映的方式展现给观众。

1．启动放映

启动放映就是将演示文稿转换到放映视图播放出来，主要有下面几种方法。

方法 1：按快捷键 F5。

方法 2：在"幻灯片放映"选项卡的"开始放映幻灯片"组中，单击"从头开始"按钮📽️。

方法 3：在"幻灯片放映"选项卡的"开始放映幻灯片"组中，单击"从当前幻灯片开始"按钮📽️。

方法 4：单击视图切换工具栏中的"幻灯片放映"按钮📺。

方法 5：按组合键 Shift+F5。

其中，前 2 种方法进入放映视图后是从第一张幻灯片开始放映，后 3 种方法则是从当前选定的幻灯片开始放映。

2．控制放映

在放映时除了让演示文稿中的内容依次展现给观众外，往往需要灵活控制幻灯片的放映过程，这主要可以使用"控制放映"快捷菜单和"放映"工具栏两种方法。

（1）利用"控制放映"快捷菜单控制放映

具体操作如下。

① 在放映幻灯片的过程中，右击将弹出"控制放映"快捷菜单。

② 从中选择"下一张""上一张"命令可上、下翻页；选择"上次查看过的"命令可转向上次查看过的幻灯片；选择"查看所有幻灯片"命令会以缩略图方式显示所有幻灯片以便播放者选择播放的位置；选择"放大"命令可放大幻灯片显示比例；选择"自定义放映"，在打开的子菜单中，可指定事先设置好的自定义放映名称，放映该自定义放映中的幻灯片；选择"显示演示者视图"命令可以按演示者模式播放幻灯片，屏幕会被分为 3 个区域，分别显示当前幻灯片、下一张幻灯片和备注内容；选择"屏幕"，在打开的子菜单中可按"黑屏"或"白屏"方式暂停放映；选择"指针选项"，在打开的子菜单中可选择绘图笔在屏幕上标注重点；选择"帮助"命令，可查看幻灯片放映帮助信息；选择"结束放映"命令可结束放映。

（2）利用"放映"工具栏控制放映

在放映幻灯片的过程中，屏幕左下角有一个半透明的"放映"工具栏。使用"放映"工具栏控制放映具体操作如下。

① 单击"上一张"按钮◀、"下一张"按钮▶可实现上、下翻页。

② 单击"绘图笔"按钮✏️，可调用绘图笔、激光笔和银光笔。

③ 单击"全部幻灯片"按钮▦，可显示全部幻灯片。

④ 单击"放大"按钮🔍，可放大幻灯片显示比例。

⑤ 单击"菜单"按钮，相当于右击打开"控制放映"快捷菜单。

3．结束放映

放映完后，可以使用下面几种方法结束放映。

方法 1：右击，打开"控制放映"快捷菜单中选择"结束放映"命令。

方法 2：单击"放映"工具栏中的"菜单"按钮，打开"控制放映"快捷菜单，选择"结束放映"命令。

方法 3：按 Esc 键。

学习提示

在实际放映演示文稿时，除了要求灵活应用前面介绍的放映方法，更重要的是要求演讲者做到仪表端庄、举止大方、声音洪亮、语言流畅，幻灯片的展示与自己的演讲内容相协调，并要注意根据观众的反应灵活调控，这些能力应在日常学习生活中进行综合提高。若要进一步直观学习幻灯片放映的方法，可观看微课 6-18：幻灯片放映。

工作任务 6.7.5　幻灯片的打印与打包

任务目标

具备打印演示文稿的能力。

任务描述

① 设置演示文稿的页面。
② 对演示文稿进行打印预览及打印输出。

任务实现

演示文稿除可以放映给观众之外，也可打印输出成书面材料以备查看。在打印前要将幻灯片大小参数设置好，并通过打印预览查看打印效果，设置好后便可打印输出。

1. 幻灯片大小设置

幻灯片大小设置可设置幻灯片长宽比例、纸张的类型和方向，具体操作如下。

① 在"设计"选项卡的"自定义"组中，单击"幻灯片大小"按钮，从中可以选择设置幻灯片长宽比例为"标准（4:3）"或"宽屏（16:9）"，也可以选择"自定义幻灯片大小"命令，打开"幻灯片大小"对话框进行自定义设置，如图 6-7-6 所示。

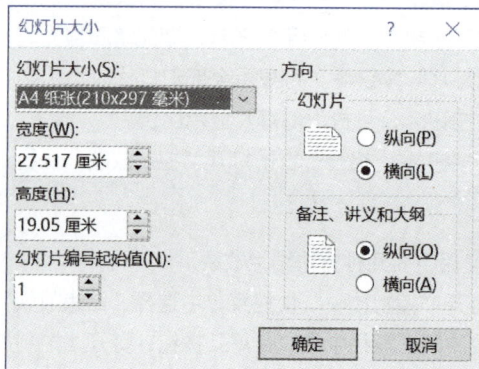

图 6-7-6
"幻灯片大小"对话框

② 在"幻灯片大小"下拉列表框中选择纸张类型，或直接在"宽度"和"高度" 文本框中输入纸张的宽度与高度。

③ 在"幻灯片编号起始值"文本框中输入要打印幻灯片的起始编号。

④ 在"方向"选项区域中，选择幻灯片、备注、讲义和大纲的输出方向。

⑤ 单击"确定"按钮，完成幻灯片大小的设置。

2．打印预览及打印输出

打印预览可以让用户以所见即所得的方式查看输出效果，具体操作如下。

① 选择"文件"选项卡的"打印"命令，打开打印预览窗口。

② 利用打印预览窗口左侧选项按钮可对打印范围、布局、顺序等进行设置。

③ 选项设置完成后，单击"打印"按钮即可打印输出。

3．打包

在 PowerPoint 中，使用打包功能可以将演示文稿及相关的字体、音乐、视频文件一并输出到文件夹或 CD 中，以便用户在各种环境中进行放映操作。具体操作如下。

① 选择"文件"选项卡的"导出"命令，在右侧区域选择"将演示文稿打包成 CD"选项，再单击右侧的"打包成 CD"选项，打开"打包成 CD"对话框，如图 6-7-7 所示。

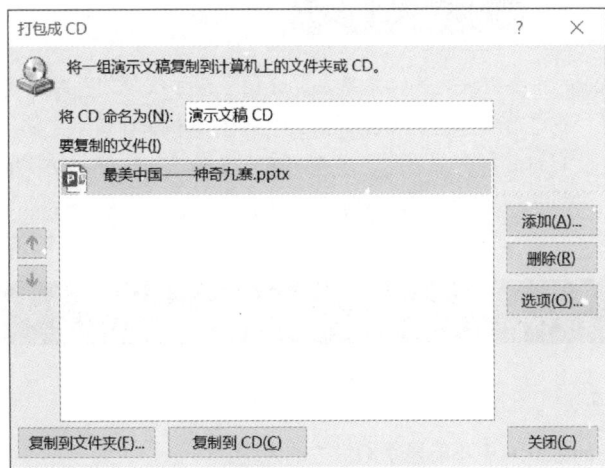

图 6-7-7
"打包成 CD"对话框

② 单击"添加"按钮，添加与演示文稿相关的文件。

③ 单击"选项"按钮，设置打包时是否包含链接文件和嵌入字体，还可设置打开和修改时的密码。

④ 单击"复制到文件夹"按钮，将打包的结果保存到指定文件夹中，也可单击"复制到 CD"按钮，将打包结构存放到光盘，但必须事先准备好刻录机和光盘。

⑤ 打包完成后，自动打开目标文件夹，可查看打包内容。

💡 **学习提示**

　演示文稿打印的一个重要参数是设定打印内容，可以按"幻灯片""讲义""备注页"和"大纲视图"等不同的方式打印输出演示文稿的内容。如果要输出多份演示文稿，

微课 6-19
幻灯片的打印与打包

则应在"打印份数"文本框中输入数值，并最好选择"逐份打印"，这样输出的内容不用重新整理即可装订成册。幻灯片打包之后可以在尚未安装 PowerPoint 的计算机上播放。若要进一步直观学习幻灯片的打印与打包的操作方法，可观看微课 6-19：幻灯片的打印与打包。

知识库

随着社会信息化的不断加深，办公自动化已广泛应用于各个领域和各种场合。而作为 Microsoft Office 重要成员之一的 PowerPoint，也越来越受到人们的重视，成为人们学习、生活和工作的重要助手。

在学校的求学期间，除了要观看老师演示的教学课件外，也可以用 PowerPoint 在比赛和交流中展现自我、展示自己的社团和集体，为同学、亲人做一份精美的节日贺卡，给自己做一个精美的数码相册。在毕业时，需要用 PowerPoint 做成演示文稿参加论文答辩，向老师汇报自己的学习成果。在求职的过程中，如果能用 PowerPoint 做成一份图文并茂、声形兼备的自我简介，能帮助从众多竞争者中脱颖而出。在走上工作岗位后，PowerPoint 更是必不可少的一把利器，用它可以制作公司简介、会议简报、项目进度报告、工作流程、商务计划、市场推广计划、产品宣传片等文稿，帮助解决工作中层出不穷的问题，使自己在工作中出类拔萃。

本 章 回 顾

PowerPoint 是 Microsoft Office 的重要组件之一，本章主要介绍了演示文稿的基本概念，制作过程和播放与打印方法。通过本章的学习，能启动和退出 PowerPoint 2016，创建和保存演示文稿，对演示文稿进行编辑和润饰，在幻灯片中插入对象和对其进行格式化，实现动画定义和动作设置，以及播放和打印演示文稿。

6-10 学习评价表
制作最美中国多媒体演示文稿

思考与练习题

一、判断题

（1）PowerPoint 2016 中不能显示幻灯片的大纲。　　　　　　　　　　（　　）

（2）在幻灯片浏览视图下可以编辑幻灯片中的每个对象。　　　　　　　（　　）

（3）利用绘图工具栏可将图片设置为透明背景。　　　　　　　　　　　（　　）

（4）被隐藏的幻灯片在幻灯片放映视图和幻灯片浏览视图下都不可见。　（　　）

（5）录制幻灯片演示时会自动记录幻灯片的排练计时。　　　　　　　　（　　）

二、单选题

（1）PowerPoint 启动后的默认视图是（　　）。

　　A. 普通视图　　　B. 幻灯片浏览视图　　C. 幻灯片放映视图　　　D. 备注页视图

（2）第一次选择"文件"选项卡中的"保存"命令，会打开的对话框是（　　）。

　　A. 保存　　　　B. 打开　　　　　　C. 另存为　　　　　　　D. 都不对

（3）在"艺术字样式"组中，不能设置艺术字文本的（　　）。

　　A. 字体　　　　B. 填充　　　　　　C. 轮廓　　　　　　　　D. 效果

（4）PowerPoint 2016 中可以使用的动作按钮的个数是（　　　）。

  A. 10　　　　B. 11　　　　C. 12　　　　D. 13

（5）可改变幻灯片布局的任务窗格是（　　　）。

  A. 幻灯片版式　B. 幻灯片放映　　C. 自定义动画　　　D. 幻灯片切换

三、多选题

（1）在幻灯片中可以插入的对象有（　　　）。

  A. 文本　　　　B. 图片　　　　C. 声音　　　　D. 影片

（2）SmartArt 图形包括（　　　）。

  A. 列表　　　　B. 流程　　　　C. 层次结构　　　D. 矩阵

（3）动作设置可以指定的鼠标动作包括（　　　）。

  A. 单击　　　　B. 双击　　　　C. 拖动　　　　D. 悬停

（4）在"页眉和页脚"对话框中可为幻灯片指定（　　　）。

  A. 日期和时间　B. 幻灯片编号　　C. 页脚　　　　D. 页眉

（5）可以设置阴影效果的对象包括（　　　）。

  A. 图片　　　　B. 图形　　　　C. 文本　　　　D. 声音

四、填空题

（1）PowerPoint 中的_____任务窗格提供了一系列创建演示文稿的方法。

（2）一个演示文稿由多张_____构成。

（3）可将演示文稿按_____、_____、_____或_____等方式打印输出。

（4）要终止放映幻灯片，可直接按_____键。

（5）单击_____选项卡的_____按钮并选择_____命令，可插入其他演示文稿中的幻灯片。

思考与练习题答案

在线测试

五、思考与问答题

（1）幻灯片切换有什么功能？

（2）演示文稿有哪几种放映方式？它们有什么区别？

（3）如何在放映演示文稿时调用其他程序？

（4）幻灯片中可以插入哪些对象？

（5）你认为演示文稿会对生活和学习有什么帮助？

第 7 章　计算机网络基础与应用

7-1 任务工作单
利用 Internet 搜索和
浏览信息

学习情境：利用因特网搜索和浏览信息

学习目标：了解计算机网络的基本知识；能利用 Internet 搜索和浏览信息；能收发电子邮件；具备使用与网络相关的常用软件完成信息下载、压缩等能力。

学习内容：

- 计算机网络的基本概念。
- 计算机网络的分类和组成。
- Internet 的基本知识。
- Internet 的地址与域名。
- Internet 的基本服务。
- Internet 的接入。
- 信息检索。
- 电子邮件（E-mail）的使用。
- 下载、压缩与即时通信软件的使用。

教学方法建议：引导、解析、体验、反思

　　网络让世界变成了一个地球村，拉近了人们的距离，提高了办事效率，拓展了人们的知识来源，丰富了人们的生活水平。现在人们越来越离不开网络了，网络已经成为人们学习、工作、生活中不可缺少的一部分。但是，在享受网络带来方便的同时，也经常被各种各样的网络问题所困扰。那么，什么是计算机网络？如何组建计算机网络？计算机网络主要应用于哪些方面？在网络环境中，需要注意哪些事项呢？那就从这里开始学习吧！

计算机网络对我们真是太重要了

那你要多学习网络知识，注意文明上网哟

7-2 学习指导
计算机网络基础与
应用

7-3 学习工作单
计算机网络基础与
应用

PPT 计算机网络基础
与应用

学习单元 7.1　计算机网络基础知识

单元目标

能对计算机网络有一个初步的认识。

现在计算机网络是世界上最热门的话题之一，计算机网络的主要功能是实现资源共享和高效通信。目前，计算机网络已经成为获取信息最为快捷的手段。Internet 也是一个全球性的发展最快的计算机网络，它的出现和发展，在促进社会经济发展、信息传递、人际交流、国家安全等方面起到了越来越重要的作用，正在影响和改变着整个世界。

工作任务 7.1.1　了解计算机网络的形成和发展

任务目标

了解计算机网络的形成和发展。

任务描述

① 理解计算机网络的定义。
② 了解协议的概念和常用协议。
③ 了解计算机网络的主要发展阶段。

任务实现

1．计算机网络的定义

将不同地理位置上具有独立功能的计算机系统通过通信设备和通信线路连接起来，在网络协议和软件的支持下实现数据通信和资源共享的系统。

2．协议的概念和常用协议

为进行网络中的数据交换而建立的规则、标准或约定称为网络协议。如果将在网络中传输的信号比喻为高速公路上行驶的汽车，那么可以将协议理解为汽车必须遵守的交通规则。

最著名的协议是 TCP/IP（Transmission Control Protocol/Internet Protocol，传输控制协议/网际互联协议），它是一个协议簇，包括很多协议，如电子邮件协议、远程登录协议、文件传输协议等。在 Internet 上，TCP/IP 已经得到了广泛应用，如果计算机要访问 Internet，或局域网要使用 Internet 技术，就必须安装 TCP/IP。TCP/IP 已经成为目前网络协议的代名词。

3．计算机网络的发展

计算机网络在经历了 60 多年的发展后，已经覆盖了工作和生活的各个方面，无论是宽带上网办公，还是 Wi-Fi 无线上网视频，都需要使用计算机网络。归纳起来，计算机网络的发展包括以下 4 个阶段。

（1）面向终端的计算机通信网时期

20 世纪 60 年代初，面向终端的联机系统以单台计算机为中心，其原理是将地理上分散的多个终端通过通信线路连接到一台中心计算机上，利用中心计算机进行信息处理，其余终端都不具备自主处理能力。此时的网络并不是真正意义上的计算机网络，它只是计算机网络的雏形。

（2）通信互联的计算机网络时期

20 世纪 60 年代后期，随着计算机技术和通信技术的进步，出现了将多台计算机通过通信线路连接起来为用户提供服务的网络，这就是计算机与计算机之间互联的网络。其典型代表是美国国防部高级研究计划署开发的 ARPA 网（ARPAnet）。最初 ARPA 网主要用于解决大面积设施出现故障时如何保障军事通信的问题。

（3）遵循国际标准化协议的计算机网络时期

20 世纪 70 年代末，计算机网络进入遵循国际标准化协议的计算机网络时期，1982 年，互联网协议组（TCP/IP）被标准化，并允许互联网络在全球范围内扩散。1984 年，国际标准化组织（International Standard Organization，ISO）正式颁布了国际标准 ISO 7498，即开放系统互联基本参考模型。遵循国际化标准协议的计算机网络具有统一的网络体系结构，生产厂家只需按照共同的国际标准开发产品，便可保证不同生产厂家在同一个网络中相互通信。

（4）向智能化方向发展的计算机网络

20 世纪 80 年代，计算机网络开始进入一个全新的发展时期。这一时期的特点是以 Internet 为代表的互联网开始有所发展，数值化大容量光纤通信网络使得政府机构、企业、大学和家庭计算机相互通信。1984 年，美国提出智能网的概念，并将其用于提高通信网络开发业务的能力。1990 年，ARPA 网停止使用，被 Internet 取代。建立了工作 Web 所需要的工具，如超文本传输协议、超文本标记语言、Web 浏览器、HTTP 服务器软件、Word、Web 服务器和 Web 页面。自 1995 年以来，Internet 得到极大的发展，包括通过电子邮件、即时信息、语音电话、双向交互视频呼叫、万维网及其论坛、博客等即时通信的兴起。如今 Internet 已成为一个覆盖全球的国际性网络，在我国网民规模在十亿以上，以"双十一"为代表的网络购物、共享单车、网约车、短视频等相关应用在快速增长，同时，随着计算机网络的发展日新月异，不断有新的技术和产品出现，超级计算机、虚拟现实、人工智能、区块链、云计算、物联网、大数据和移动互联网等信息技术正引领互联网朝着智能化、精细化的方向发展。

💡 **学习提示**

面对计算机网络时代的到来，计算机网络使用道德守则比任何时候都重要。在美国特拉华州立大学曾有一个规定：新生入学后必须接受一次计算机使用道德方面的教育。经过短期培训后，学生还必须参加一次以守则为内容的网上考试，成绩合格者才有资格使用校园网。若要进一步学习计算机网络的形成与发展，可观看微课 7-1：计算机网络的形成和发展。

微课 7-1
计算机网络的形成和
发展

工作任务 7.1.2　认识计算机网络的功能与分类

任务目标

了解计算机网络的功能与分类。

任务描述

① 了解计算机网络的功能。
② 熟悉计算机网络的分类。

任务实现

1. 计算机网络的功能

计算机网络的主要功能体现在以下几个方面。

- 数据通信：计算机网络的基本功能之一。它可以将地理上分散的计算机网络连接起来，进行集中管理和控制，如银行结算系统、计算机集成制造系统等。

- 资源共享：计算机网络中的资源有数据资源、软件资源、硬件资源 3 类。网络中的用户能够部分或全部使用计算机网络资源，使计算机网络中的资源互通有无、分工协作，从而大大提高各种硬件、软件和数据资源的利用率。它是计算机网络最有吸引力的功能。

- 提高系统的可靠性和可用性：可靠性的提高主要表现在计算机网络中每台计算机都可以借助于计算机网络相互成为后备机，一旦某台计算机出现故障，其他计算机可以马上承担起原先由该故障机所担负的任务，避免系统的瘫痪，使得计算机的可靠性得到大大提高。可用性是指当计算机网络中某一台计算机负载过重时，计算机网络能够进行智能判断，并将新的任务转交给计算机网络中较空闲的计算机去完成，这样就能均衡每台计算机的负载，提高计算机的可用性。

- 分布与协同处理：在计算机网络中，每个用户可根据情况合理选择计算机网络内的资源，以就近原则快速处理。对于较大型的综合问题，通过一定的算法将任务分交给不同的计算机，从而达到均衡网络资源、实现分布处理的目的。此外，利用网络技术，能将多台计算机连成具有高性能的计算机系统，以并行方式共同处理一个复杂问题，这就是当今称为协同式计算的一种网络计算模式。

2. 计算机网络的分类

从各种媒体上，人们可以看到众多的计算机网络名称，这是从不同角度对计算机网络进行的分类。从地理范围划分是一种认可度最高的网络划分方法，按此法可将网络划分为局域网、城域网和广域网。

- 局域网（Local Area Network，LAN）用在地理位置较近的场合，如一个家庭或一栋办公楼。这是最常见的一种网络，它的覆盖范围通常不超过 10 km。其特点是网络涉及距离短、速率高、误码率低、配置和管理简单。

- 城域网（Metropolitan Area Network，MAN）范围介于局域网和广域网之间，一般不超过 100 km。在一个城市，一个城域网通常连接多个局域网。
- 广域网（Wide Area Network，WAN）也称为远程网，它通常在不同城市和国家的局域网或城域网之间互联。其特点是距离远、速率低、衰减比较严重。

另外，网络结点之间按不同的几何形状相连，就有了按网络拓扑结构将网络划分为星形网、总线网、环形网、树形网的分法，还有按网络用途可分为教育网、科研网、商业网、企业网等多种分法。

工作任务 7.1.3　了解计算机网络的组成

任务目标

能初步认识组建计算机网络系统的部件。

任务描述

① 明确构成计算机网络的三大部分，以及每部分中包含哪些部件。
② 熟悉主要部件的功能。

任务实现

根据网络的定义，一个典型的计算机网络主要由计算机系统、数据通信系统、网络软件三大部分组成。

1. 计算机系统

计算机系统是网络的基本模块，主要完成数据信息的收集、存储、处理和输出任务，为网络内其他计算机提供共享资源。计算机系统根据在网络中的用途可分为服务器（Server）和工作站（Workstation）。

- 服务器：为网络中各用户提供服务并管理整个网络，是整个网络的核心。根据其所担负的网络功能的不同，可将服务器分为文件服务器、打印服务器、通信服务器、备份服务器等多种类型。
- 工作站：又称客户机，是连接到网络中的各台计算机，相当于网络中一个普通用户，它可以使用网络上的共享资源。

2. 数据通信系统

数据通信系统是连接网络基本模块的桥梁，它提供各种连接技术和信息交换技术。数据通信系统主要由接口设备、传输介质和网络互连设备组成。

- 接口设备：主要有网络适配器（又称网卡），它负责主机与网络的信息传输控制，是一个可插入 PC 扩展插槽中的网络接口板。还有一类设备是调制解调器，它能把计算机的数字信号翻译成可沿普通电话线传送的脉冲信号，而这些脉冲信号又可被线路另一端的调制解调器接收，译成计算机可懂的语言，进而实现两台计算机之间的通信。

- 传输介质：是传输数据信号的物理通道，用于将网络中各种设备连接起来。常用的有线传输介质有双绞线、同轴电缆、光纤等，无线传输介质有无线电微波信号、激光等。
- 网络互连设备：用来实现网络中各计算机之间的连接、网与网之间的互联及路径选择。常用的网络互连设备有中继器（Repeater）、集线器（Hub）、网桥（Bridge）、路由器（Router）和交换机（Switch）等。

3.　网络软件

网络软件是网络的组织者和管理者，在网络协议的支持下，为网络用户提供各种服务。网络软件是实现网络功能不可缺少的软环境，它主要由网络操作系统、网络通信软件和协议软件、网络应用软件组成。

- 网络操作系统：是网络系统管理和通信控制软件的集合。它负责整个网络中软硬件资源的管理、网络通信和任务的调度，并提供用户与网络之间的接口。目前，计算机网络操作系统有 UNIX、Windows NT、Windows Server、NetWare 和 Linux。
- 网络通信软件和协议软件：网络通信软件是控制自己的应用程序与多个站点进行通信，并对大量通信数据进行加工和处理。网络协议软件是实现计算机网络中各部分所遵循的一组标准和规则的集合。
- 网络应用软件：在网络环境下直接面向用户的软件，它为用户提供信息资源的传输和资源共享服务。为了更好地利用网络，还需要网络管理软件，提供性能管理、配置管理、网络运行状态监视与统计等功能。

微课 7-2
计算机网络的组成

💡 **学习提示**

若要进一步学习计算机网络的组成，可观看微课 7-2：计算机网络的组成。

学习单元 7.2　Internet 基础

🎯 **单元目标**

了解 Internet 的基本情况，明确 Internet 提供的基本服务，能实现与 Internet 的连接。

通俗地讲，Internet 是将位于世界各地的成千上万台计算机连接在一起形成的可以相互通信的计算机网络系统，它是当今最大、最著名的国际性资源网络。Internet 的魅力在于它所提供的信息交流和资源共享环境。

工作任务 7.2.1　了解 Internet 的发展

⚙ **任务目标**

能对 Internet 的起源与发展有基本的认识。

任务描述

① 明确 Internet 的定义。

② 了解 Internet 的发展。

任务实现

1. Internet 的定义

有人说 Internet 是一个无尽的宝藏,也有人说 Internet 是一个深渊。无论怎样认识它,它的出现彻底改变了人们的工作方式和生活方式。正确认识和充分利用 Internet 是人们应该具备的能力。

那么,究竟什么是 Internet? 简单地说,Internet 是在全球范围、由采用 TCP/IP 协议簇的众多计算机网相互连接而成的最大的开放式计算机网络。

Internet 的定义包含以下 3 个方面的内容。

- Internet 是一个基于 TCP/IP 协议簇的国际互联网络,也就是说,凡是连入 Internet 的机器必须使用 TCP/IP 协议。
- Internet 是一个网络用户的团体,用户使用网络资源,同时也为该网络的发展壮大贡献力量。
- Internet 是所有可被访问和利用的信息资源的集合。

2. Internet 的起源与发展

Internet 的发展已远远超过它作为一个网络的含义,它是信息社会的缩影,人们有必要了解 Internet 的起源与发展。

Internet 的前身是美国国防部高级研究计划署（Advanced Research Projects Agency, ARPA）于 1969 年研制的用于支持军事研究的计算机实验网络 ARPAnet。1986 年,美国国家科学基金会在美国政府的资助下,租用了电信公司的通信线路,组建了一个新的 Internet 主干网——国家科学基金会(National Science Foundation,NSF)网络,简称 NSFnet,其用以连接当时的六大超级计算机中心和美国的大专院校学术机构。1989 年,NSFnet 全面取代 ARPAnet,成为 Internet 最重要的通信骨干网络。1995 年,Internet 的所有权由 NSF 转给 3 家公司作为商用,结束了 Internet 被严格限制在科技、教育和军事领域的历史。1994 年,美国政府提出"国家信息基础设施行动纲领"计划,继而激起全球性建设信息高速公路的热潮。

3. Internet 在中国的发展

Internet 在中国的发展历程可以大致划分为以下 3 个阶段。

- 第一阶段（1987—1993 年）:研究试验阶段。在此期间,中国一些科研部门和高等院校开始研究 Internet 技术,网络应用仅限于小范围内的电子邮件服务。
- 第二阶段(1994—1996 年):1994 年 3 月,作为第 71 个国家级网正式加入 Internet,这是中国 Internet 发展过程中具有历史意义的一年。同年 5 月,在中国科学院高能物理研究所实现与 Internet 的 TCP/IP 连接。Internet 开始进入公众生活,利用

Internet 开展的业务与应用逐步增多。

- 第三阶段（1997 年至今）：Internet 在我国快速发展的阶段。据中国国家信息中心信息化研究部分析统计，到 2020 年，固定宽带接入用户达到 4 亿户，3G/LTE 用户达到 12 亿户，固定宽带家庭普及率达到 70%，城市宽带接入能力达到 50 Mbps，农村宽带接入能力达到 12 Mbps，网民数量达到 11 亿人，总人口达到 14.5 亿人，网民占总人口的 75%。

微课 7-3
互联网时代

学习提示

现在已经进入 Web 3.0 的网络时代，它通过改变传统软件行业的技术和经济基础来改变现有的一切。新的 Web 3.0 强调的是任何人在任何地点都可以创新，代码编写、协作、调试、测试、部署、运行都在云计算上完成。当创新从时间和资本的约束中解脱出来，它就可以欣欣向荣。若要进一步直观学习互联网发展，可观看微课 7-3：互联网时代。

工作任务 7.2.2　认识 Internet 地址与域名

任务目标

能理解 Internet IP 地址与域名相关知识。

任务描述

① 明确 IP 地址的含义和表示方法，弄清 IP 地址的分类。
② 理解域名和域名的表示方法。

任务实现

1. IP 地址

Internet 是基于 TCP/IP 协议的。在 TCP/IP 网络中，为了能在网络上准确地找到一台计算机，TCP/IP 协议为每个连到 Internet 上的计算机分配了一个唯一的地址，它就是 IP 地址。

IP 地址由网络地址和主机地址两部分构成。要标识一台主机，应按照 Internet 的层次结构，先根据 IP 地址中的网络标识号找到相应的网络，再在这个网络上根据主机号找到相应的主机。

IP 地址由 32 位二进制数组成，分成 4 个字节，每个字节之间用点隔开，其格式为 ×.×.×.×。为了便于理解和书写，每个字节的二进制数用十进制表示，其取值范围为 0～255，这种记录方法称为"点—分"十进制表示法，如 63.191.28.101。

为了充分利用 IP 地址空间，Internet 委员会定义了 5 种 IP 地址类型，以适合不同容量的网络，根据 IP 地址第一个数字的不同分为 A（1～126）、B（128～191）、C（192～223）、D（224～239）、E（240～255）5 类。

2. 域名

单纯用数字表示的 IP 地址非常难于记忆，于是人们将每个 IP 地址映射为一个有意义的字符串，这个字符串就称为域名（Domain Name）。例如，北京大学的 WWW 主机，其 IP 地址为 124.17.20.6，就可以用一个有意义的字串 www.pku.com.cn 来代替。

域名的一般格式为：主机名. 机构域名. 领域名. 顶级域名。其中，顶级域名分为以下两类。

- 组织性域名：基于该域的功能或领域划分，如 com 和 edu，分别为工商业域名和教育界域名。
- 地域性域名：根据所在的地理位置划分，如 cn 和 us 是顶级域名，分别指中国和美国。

域名系统是一个分布式的主机信息数据库，采用客户机/服务器模式。当一个应用程序要求把一个主机域名转换成 IP 地址时，该应用程序成为域名系统中的一个客户。该应用程序需要与域名服务器建立连接，把主机名传送给域名服务器，域名服务器经过查找，把主机的 IP 地址回送给应用程序。

💡 学习提示

其实，域名也是 Internet 分配给每一个广域网（或主机）的名字。若要进一步直观学习 IP 地址的含义、分类和表示方法，可观看微课 7-4：IP 地址。

微课 7-4
IP 地址

工作任务 7.2.3　了解 Internet 的基本服务与接入方式

⚙ 任务目标

了解 Internet 基本服务与应用，能将自己的设备终端接入 Internet。

📝 任务描述

① 了解 Internet 的基本服务与应用。
② 熟悉 Internet 的接入方式。

应用实践
架设家庭无线网

⚙ 任务实现

1. Internet 基本服务与应用

Internet 的价值不在于其庞大的规模或所应用的技术含量，而在于其所蕴含的海量的信息资源和方便快捷的通信方式。Internet 向用户提供了各种各样的功能，这些功能均是基于向用户提供不同的信息而实现的。Internet 向用户提供的这些功能也被称为"互联网的信息服务"或"互联网的资源"，常见的有以下几种。

（1）万维网（World Wide Web，WWW）

WWW 又称 3W 或 Web，中文译名为万维网或环球信息网。WWW 的创建是为了解决 Internet 上的信息传递问题。在 WWW 创建之前，信息的发布主要通过 E-mail、FTP 和 Telnet。但由于 Internet 上的信息散乱地分布在各处，因此除非知道所需信息的位置，否则无法对信息进行搜索。有了 Web 服务，就可以采用超文本和超媒体技术，将不同文件通过关键字建立链接，提供一种交叉式查询访问。在一个超文本的文件（即网页）中，被链接的对象可以在同一台主机上，也可以在 Internet 的另一台主机上。

（2）文件传输服务（File Transfer Protocol，FTP）

通过 FTP 程序（服务器程序和客户端程序）在 Internet 上实现远程传输，允许用户从一台计算机向另一台计算机传输文件。用户使用 FTP 从远程服务器向自己的计算机传输文件，称为下载（Download）。用户使用 FTP 从自己的计算机向远程服务器传输文件，称为上传（Upload）。

FTP 是一种实时的联机服务，在进行工作前必须首先登录到对方的计算机，登录后才能进行文件搜索和文件传送的有关操作。普通的 FTP 服务需要在登录时提供相应的用户名和密码，当用户不知道对方计算机的用户名和密码时就无法使用 FTP 服务。为此，一些信息服务机构为方便 Internet 用户使用其公开发布的信息，提供了一种"匿名 FTP 服务"。

（3）电子邮件服务（Electronic Mail，E-mail）

电子邮件好比是邮局的信件，不同之处在于，电子邮件是通过 Internet 与其他用户进行联系的快速、简洁、高效、价廉的现代化通信手段。

（4）远程登录（Telnet）

Telnet 是一种基于 TCP/IP 的终端仿真协议。当通过 Telnet 连接登录到网络上的一台主机时，就可以和使用自己的计算机一样来使用该主机的所有资源。远程登录时通常需要身份验证，即只有确认了用户名和密码之后才能进入。

（5）网络新闻组（Netnews）

网络新闻组是 Internet 用户为交换意见、信息而组成的一种用户交流网络，它是一种逻辑网络，用户通过它可以掌握最新话题和新闻。如果用户有困难或问题，网络新闻中会有数以万计的专家全力提供帮助和解答；如果用户有高见，也可尽情地在网络新闻组中发表。

（6）电子公告板（Bulletin Board System，BBS）

BBS 是 Internet 的信息服务系统之一。BBS 提供的信息服务涉及的主题相当广泛，包括财经、旅游、计算机应用等各个方面，世界各地的人们可以开展讨论，交流思想，寻求帮助。它就像实际生活中的公告板一样，用户在这里可以把自己参加讨论的文字"张贴"在公告板上，或者从中读取其他人"张贴"的信息，每条信息也能像电子邮件一样被复制和转发。

2．Internet 接入方式

如果需要将计算机、智能电视、手机、平板设备、网络摄像头等网络终端设备接入网络。那么，可以将这些设备连接到一台无线宽带路由器，然后与 ISP（互联网服务提供商）提供的入网接口连接即可接入 Internet。

应用实践
电子文献信息检索
与阅读

学习单元 7.3　信息检索

单元目标

具备借助网页浏览工具及技巧实现网页浏览的基本能力。

Internet 是一个网络上的网络，或者说是一个全球范围内的网间网，它是一个信息的海洋，这些信息分布在全球各地无以计数的不同类型的服务器上，用户连接到 Internet 后，要访问 Internet 上的信息，就必须借助网页浏览工具。

工作任务 7.3.1　认识 IE 浏览器

任务目标

具备使用 IE 浏览器实现信息浏览的基本能力。

任务描述

① 认识 IE 的操作界面。
② 设置与使用 IE。

任务实现

Internet Explorer（IE），是 Windows 自带的用于访问 Web 的工具。这类工具其实还有很多，如常用的 Google（谷歌）、Firefox（火狐）等，因此，浏览器不是唯一的，且在功能上都有自己的独到之处。

1. IE 窗口简介

使用 IE 浏览器打开中央电视台主页，如图 7-3-1 所示。IE 窗口和 Windows 标准窗口相似，由标题栏、菜单栏、工具栏、地址栏、工作区和状态栏等部分组成。IE 的地址栏是用于输入要访问网址的地方。

图 7-3-1
IE 窗口

2．设置浏览器主页

这里的主页是指启动浏览器后，浏览器首先打开的网页，并不是目前正在查看的网站的主页，因此，更准确地说，应该把它称为起始页。起始页是可以改变的，若用户特别喜欢某个网站，希望每次打开浏览器后都能首先看到它，那么可以将其设置为起始页，操作步骤如下。

① 打开浏览器窗口，选择"工具"→"Internet 选项"菜单命令，打开"Internet 选项"对话框，如图 7-3-2 所示。

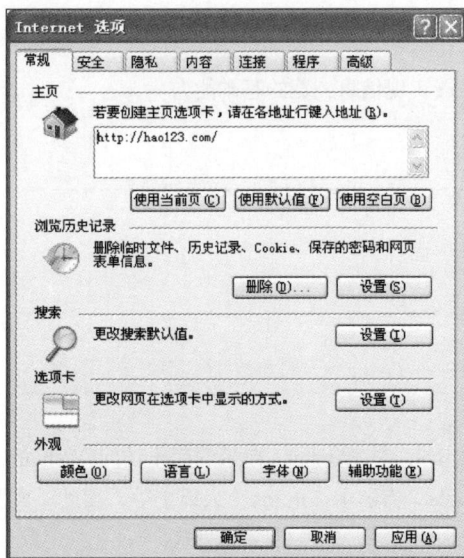

图 7-3-2
"Internet 选项"对话框

② 在该对话框中，选择"常规"选项卡，在"主页"文本框中输入浏览的网址，如 http://hao123.com。

③ 单击"确定"按钮，再次启动浏览器，就会将输入网址作为起始页。

3．设置网页的字体和编码

（1）设置网页的字体

浏览网页时，有的网页的字体可能太大或太小，用户可以改变网页字体的大小，操作步骤如下。

① 打开浏览器窗口，选择"查看"→"字体大小"菜单命令。

② 在打开的子菜单中选择一条命令，完成字体大小的设置。

（2）设置编码

上网时可能经常会遇到这样的情况，网页文字虽然是中文的，但有乱码现象。实际上，这个问题是由于浏览器和网页的编码不一致造成的，此时，就必须重新设置编码。操作步骤如下。

① 打开浏览器窗口，选择"查看"→"编码"菜单命令。

② 在打开的子菜单中选择一种编码，完成编码的设置。

4．保存网页

在浏览网页时，经常需要将有用的信息保存下来以便以后使用，操作步骤如下。

① 打开浏览器窗口，找到要保存的网页。

② 选择"文件"→"另存为"菜单命令，打开"另存为"对话框。

③ 在该对话框中，设置保存位置和文件类型，设置完成后，单击"保存"按钮。

小技巧
浏览器的隐私保护
功能

5．保存网页上的图片和背景

在打开一个网页后，如果用户只是对网页上的图片或背景感兴趣，可以通过"图片另存为"或"背景另存为"命令进行保存，操作步骤如下。

① 打开一个网页，将鼠标指针指向图片或背景，然后右击。

② 在弹出的快捷菜单中选择"图片另存为"或"背景另存为"命令，即可将图片或背景保存为文件。

6．打印网页

浏览器提供了打印网页功能，操作步骤如下。

① 选择"文件"→"页面设置"菜单命令，打开"页面设置"对话框，进行页面设置。

② 选择"文件"→"打印"菜单命令，打开"打印"对话框，进行打印设置后，单击"确定"按钮即可打印网页。

> **学习提示**
>
> WWW 是基于 Internet 的信息服务系统，它向用户提供一个以超文本技术为基础的多媒体的全图形浏览界面。WWW 服务器上的第一个页面称为主页（Homepage），由它引导用户访问本地或其他 WWW 网址上的页面。若要进一步直观认识浏览器，可观看微课 7-5：浏览器。

微课 7-5
浏览器

工作任务 7.3.2　网上信息的搜索

任务目标

能使用搜索引擎实现网上信息的搜索。

任务描述

① 熟悉搜索引擎的功能。

② 使用搜索引擎技术检索信息。

任务实现

1．搜索引擎简介

Web 提供的网络资源极其丰富，如何找到自己需要的资料也是困扰很多人的问题。利用搜索引擎或分类检索可以较方便地找到所需的相关信息。

提供搜索引擎及分类检索服务的网站很多，如百度、360 等。在检索信息时，如果有目标地去找，那么使用搜索引擎会事半功倍。

2．搜索引擎使用技巧

搜索引擎可以帮助用户在 Internet 上找到特定的信息，但它们同时也会返回大量无关的信息。如果多使用一些下面介绍的技巧，将会花尽可能少的时间找到需要的确切信息。

（1）使用类别

许多搜索引擎都显示类别，如新闻、音乐和图片，如果单击其中一个类别，然后使用搜索引擎，这样在一个特定类别下进行搜索所耗费的时间较少，而且能够避免出现大量无关的 Web 站点。

（2）使用关键字

如果想要搜索以"鲤鱼"为主题的 Web 站点，则可以在搜索引擎中输入关键字"鲤鱼"。但是，搜索引擎会因此返回大量无关的信息，如谈论烹饪的"糖醋鲤鱼"或介绍钓鱼方法的 Web 站点。为了避免这种问题的出现，可以使用更为具体的关键字，如"鲤鱼养殖"。也就是说，如果提供的关键字越具体，搜索引擎返回无关 Web 站点的可能性就越小。

（3）使用布尔运算符

许多搜索引擎都允许在搜索中使用两个不同的布尔运算符：AND 和 OR。如果想搜索所有同时包含单词"hot"和"dog"的 Web 站点，只需要在搜索引擎中输入关键字：hot AND dog；如果想要搜索所有包含单词"hot"或单词"dog"的 Web 站点，只需要输入关键字：hot OR dog，搜索会返回与这两个单词有关的 Web 站点。

微课 7-6
网上信息的搜索

> **学习提示**
>
> 搜索引擎是一种在 Internet 的各种资源中浏览和检索信息的工具，这些网络资源包括 Web 页、FTP 文档、新闻组、E-mail 及各种多媒体信息。若要进一步直观学习网上信息搜索的方法和技巧，可观看微课 7-6：网上信息的搜索。

学习单元 7.4　网络沟通与交流

单元目标

> 认识电子邮件服务，能收发电子邮件。

应用实践
收发电子邮件

近年来，随着计算机通信技术的飞速发展，传统的通信手段已经发生了深刻变化。现在，电子邮件已经成为 Internet 中最普及的服务之一，彻底改变了人们的通信方式，逐渐成为大众化的通信手段。目前，电子邮件的服务范围覆盖了全球 170 多个国家和地区。

工作任务 7.4.1　收发电子邮件

小技巧
脱机写邮件

任务目标

具备使用 Outlook Express 收发电子邮件的基本能力。

任务描述

使用 Outlook Express 收发电子邮件。

任务实现

电子邮件是目前 Internet 上另一项使用最广泛的基本服务之一。通过电子邮件，用户可以方便快速地交换信息。它允许用户采取邮件附件方式，让不同格式的文件在电子邮件中进行传递。

1．电子邮件账户

电子邮件在发送与接收过程中都要遵循 SMTP、POP3 等协议，这些协议能确保电子邮件在各种不同系统之间的传输。其中，SMTP 负责电子邮件的发送，POP3 用于接收 Internet 上的电子邮件。它们就像传统邮寄信件的两个邮局，前者是寄信的邮局，后者是收信的邮局。

使用电子邮件时，用户必须先申请一个邮箱账号，从而得到一个电子邮箱地址。例如 tom@yahoo.com，在电子邮箱地址中，@是电子邮箱专用符号（读音同英文单词 at），它把邮箱地址分为两部分，@前的 tom 是用户个人的账号，可以称为用户账号或用户名，是用户标识，@后的 yahoo.com 是提供电子邮箱的服务器名称。也就是说，一个电子邮箱地址可标记为：用户账号@邮件服务器名称。

小技巧
备份邮件账号

2．收发电子邮件

（1）使用邮件服务器网站收发邮件

收发邮件最简单的方法是登录电子邮件服务器网站，如 163 邮箱就登录 http://www.163.com，然后输入自己的电子邮箱地址和密码，便可进入邮箱收发邮件。

（2）使用 Outlook Express 收发邮件

Outlook Express 是 Windows 中包含的提供基本功能的电子邮件程序。它功能强大，用户可以轻松地实现收信和发信，而且使用起来非常轻松，省去了再次登录到服务器。只要通过 Outlook Express 即可实现收信和发信，发信效率比登录到服务器更快捷，发送的信件也比较有特色。Outlook Express 是目前最流行的功能最强大的电子邮件软件之一。

学习提示

在 Outlook Express 中，第一次收发电子邮件需要按向导提示设置账户，完成账户设置之后，接收、发送和管理电子邮件就非常方便和高效。若要进一步直观学习收发电子邮件的方法，可观看微课 7-7：收发电子邮件。

微课 7-7
收发电子邮件

工作任务 7.4.2　使用网络电话

任务目标

了解网络电话及其应用。

任务描述

① 认识网络电话。
② 使用网络电话。

任务实现

网络电话是利用计算机通过 Internet 来拨打对方的固定电话和手机，可以分为软件电话和硬件电话。个人用户一般采用的是软件电话，用户可在计算机上下载网络电话软件，在注册相应的网络电话账号并为账号充值之后，便可用计算机来打电话。网络电话既可以打国内电话，也可以打国际长途，其最大的好处就是资费标准比传统电话费便宜。

目前，网络电话软件较多，如 KC、UUCall、中华通、Skype 等，这些网络电话使用方法基本相同。下面以 KC 网络电话为例简单介绍网络电话的操作技能。

1. 下载并安装网络电话

① 登录 KC 网络电话官方网站（http://www.keepc.com）。
② 单击"免费下载"链接进入下载页面。
③ 单击"电脑版下载"链接并设置保存路径即可下载。
④ 双击下载的软件，安装 KC 网络电话。

2. 进入网络电话

① 启动 KC 网络电话，进入登录界面。
② 单击登录界面上的"注册账号"按钮，进入用户注册页面。
③ 在用户注册页面中输入手机号、登录密码、确认密码、验证码等信息后完成注册。
④ 在登录界面中输入用户手机号码和密码，单击"登录"按钮，进入 KC 网络电话拨打界面，如图 7-4-1 所示。

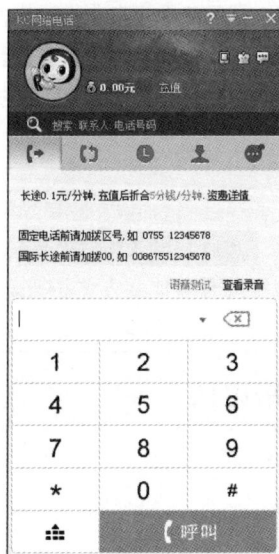

图 7-4-1
KC 网络电话拨打界面

3. 拨打网络电话

KC 网络电话的拨打非常方便，可以用以下 4 种方法。

方法 1：在电话号码框中输入要拨打的号码进行拨打。

方法 2：用软件的拨号盘直接拨号进行拨打。

方法 3：使用 KC 网络电话支持的 USB 手柄或者 USB 话机进行拨打。

方法 4：双击"联系人"或者"通话记录"中的用户号码进行拨打。

4. 其他操作

KC 网络电话除了可以轻松拨打电话外，还可以发送短消息、管理联系人、查看通话记录、设置系统等，具体的操作方法可参照软件的帮助说明。

> **学习提示**
>
> 　　KC 网络电话是一款绿色软件，大小不到 4 MB，无须烦琐的安装过程，直接下载到桌面便可以登录使用。使用 KC 网络电话时会自动在 Windows 的"我的文档"→My KC 文件夹中生成 KCMini 文件夹，以保存一些临时信息。卸载时删除 KC 文件以及"我的文档"→My KC→KCMini 文件夹即可，不会在系统中残留文件。若要进一步直观学习拨打网络电话的方法，可观看微课 7-8：拨打网络电话。

微课 7-8
拨打网络电话

学习单元 7.5　网络软件获取

单元目标

> 具备利用网络搜索与下载软件的能力。

　　随着网络应用的不断普及和深入，互联网已成为当今社会最大的一个资源库，人们通过网络可以轻松获取自己需要的软件。从网络获取软件一般要先搜索软件，然后下载搜索到的软件。

工作任务 7.5.1　搜索软件

任务目标

具备从网络中搜索软件的能力。

任务描述

从网络中搜索软件。

任务实现

Internet 中的资源成千上万、杂乱无章，要从网络获取软件，首先必须从浩瀚的网络信息中搜索到自己所需要的软件。搜索软件可以通过网络搜索引擎来实现，下面以百度为例介绍搜索软件的基本方法，具体操作如下。

① 双击桌面 IE 浏览器，在地址栏中输入百度网址（www.baidu.com），进入百度首页。

② 在搜索框中输入软件名称，单击"百度一下"按钮，页面显示搜索到的信息。

③ 在搜索结果中查看最符合要求的栏目，然后双击栏目标题，完成软件的搜索。

学习提示

软件搜索一般有多条结果，用户一定要选择安全可靠的网站（建议选该软件的官方网站）作为软件的来源，以尽量避免下载到含病毒的软件。若要进一步直观学习搜索软件的方法，可观看微课 7-9：搜索软件。

微课 7-9
搜索软件

工作任务 7.5.2　迅雷下载软件的使用

任务目标

具备使用迅雷下载软件在网络中下载信息的基本能力。

任务描述

迅雷软件下载软件的使用。

任务实现

迅雷、网际快车（FlashGet）、网络蚂蚁（NetAnt）、影音传送带、电驴等都是常用的下载工具。下面以迅雷为例介绍下载软件的基本方法，具体操作如下。

① 利用搜索引擎搜索所需的软件链接。

② 右击要下载的文件，在弹出的快捷菜单中选择"使用迅雷下载"命令，打开"新建任务"对话框，如图 7-5-1 所示。

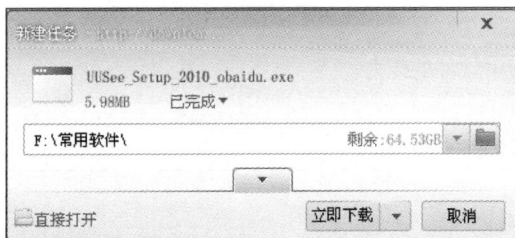

图 7-5-1
"新建任务"对话框

③ 在该对话框中，用户可以设置存放文件的地址路径、文件名等基本信息，单击"立即下载"按钮。

④ 打开"迅雷"窗口，如图 7-5-2 所示，用户可以在窗口中随时查看下载进度，直到下载完成。

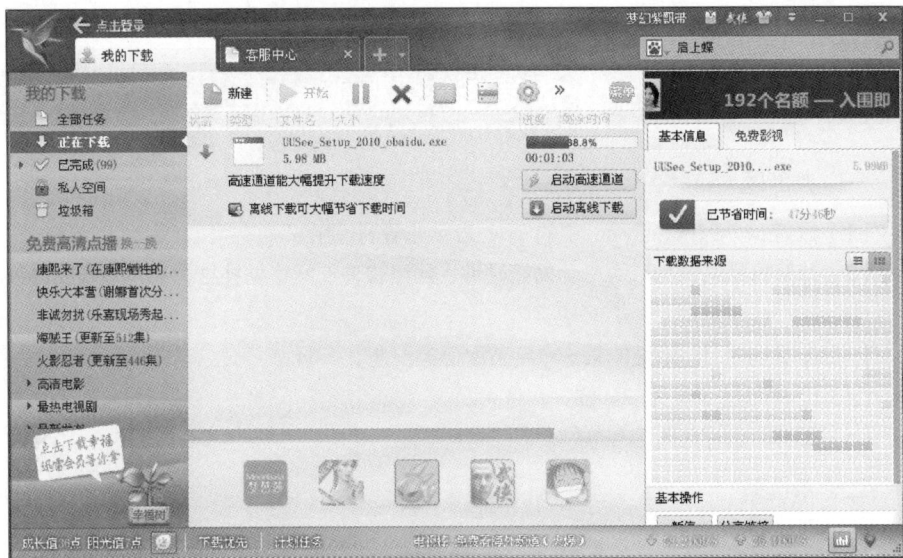

图 7-5-2
"迅雷"窗口

⑤ 下载完毕后，打开相应的文件夹即可找到已下载的软件。

学习提示

已下载的软件，建议使用杀毒软件杀毒并提示安全后，才能在本地计算机上安装使用，从而保护本地计算机的安全。若要进一步直观学习下载软件的使用方法，可观看微课 7-10：迅雷下载软件的使用。

微课 7-10
迅雷下载软件的使用

知识库

将要改变世界的第二代互联网

现在，中国已经建成了世界上第一个同时也是规模最大的纯 IPv6 网络，并且与美国的 Internet 2、欧洲的 GEANT 2 和亚太地区的 APAN 实现了高速互联。这个科研项目中很值得一提的是，中国掌握了建设互联网的关键设备——路由器，尤其是 IPv6 路由器技术。在中国的纯 IPv6 网络中，80%使用的是自己的路由器。多国相差无几的起步，使第二代互联网的变革在信息经济上提供了共同的机会。从 IPv4 到 IPv6，将全面带动用于网络的芯片、计算机、服务器、系统软件、中间件、路由器，以及应用、服务等各类信息产业的发展。

本 章 回 顾

　　本章介绍了计算机网络的概念、发展、分类和特点，Internet 的定义、发展与应用以及相关概念，介绍了 IE 浏览器的使用和搜索引擎的使用技巧，介绍了如何收发电子邮件、拨打网络电话、下载软件的使用等基本内容。

7-4 学习评价表
利用 Internet 搜索和
浏览信息

思考与练习题

一、判断题

（1）域名 www.jyxy.gov.cn 中的 gov 表示非营利性组织。　　　　　　　（　　）

（2）计算机网络的构成可分为网络硬件、网络软件、网络拓扑结构和传输控制协议。

　　　　　　　　　　　　　　　　　　　　　　　　　　　　　　　　　（　　）

（3）A 类网中 IP 地址的第一个字节取值范围是 1～64。　　　　　　　　（　　）

（4）IP 地址的长度为 24 位。　　　　　　　　　　　　　　　　　　　　（　　）

（5）因特网也称为国际互联网。　　　　　　　　　　　　　　　　　　　（　　）

二、单选题

（1）www.edu.cn 是 Internet 上一台计算机的（　　　）。

　　A. 域名　　　　B. IP 地址　　　　　C. 非法地址　　　　D. 协议名称

（2）合法的 IP 地址是（　　　）。

　　A. 202.144.300.65　　　　　　　　　B. 202,112.144.70

　　C. 202.112.144.70　　　　　　　　　D. 202.112.70

（3）在 Internet 中，用户通过 FTP 可以（　　　）。

　　A. 浏览远程计算机上的资源　　　　B. 上传和下载文件

　　C. 发送和接收电子邮件　　　　　　D. 进行远程登录

（4）WWW 中的超文本指的是（　　　）的文本。

　　A. 包含图片　　B. 包含多种文本　　C. 包含链接　　　D. 包含动画

（5）（　　　）是指为网络数据交换而制定的规则、约定与标准。

　　A. 接口　　　　B. 层次　　　　　　C. 体系结构　　　　D. 通信协议

三、多选题

（1）局域网的覆盖范围一般为（　　　）。

　　A. 几千米　　　B. 不超过 10 km　　C. 10～100 km　　D. 数百千米以上

（2）Internet 上提供的主要信息服务有（　　　）。

　　A. WWW　　　　B. HTTP　　　　　　C. FTP　　　　　　D. Telnet

（3）网络互联时，通常采用（　　　）。

　　A. 路由器　　　B. 调制解调器　　　C. 交换机　　　　D. 集线器

（4）有线传输介质通常有（　　　）。

　　A. 红外线　　　B. 双绞线　　　　　C. 光纤　　　　　　D. 微波

四、填空题

（1）在 Internet 上，各种网络和各种不同类型的计算机相互通信的基础协议是_____。

（2）在 Internet 上，计算机之间文件传输使用的协议是_____。

（3）将远程主机上的文件传送到本地计算机上，称为文件_____。

（4）计算机网络的组成有_____、_____、_____三大部分。

（5）IP 地址分为_____和_____两部分。

五、思考与问答题

（1）什么是计算机网络？计算机网络的主要功能是什么？

（2）常见的传输介质有哪几种？

（3）使用计算机网络应遵守的道德守则有哪些？

思考与练习题答案

在线测试

参考文献

[1] 教育部考试中心. 全国计算机等级考试一级教程——计算机基础及 MS Office 应用 [M]. 北京：高等教育出版社，2021.

[2] 阚宝朋. 计算机网络技术基础[M]. 北京：高等教育出版社，2019.

[3] 林永兴. 大学计算机基础——Office 2016[M]. 北京：电子工业出版社，2020.

[4] 马建. 物联网技术导论[M]. 北京：机械工业出版社，2021.

[5] 林子雨. 大数据导论[M]. 北京：高等教育出版社，2020.

[6] 王鹏. 云计算与大数据技术[M]. 北京：人民邮电出版社，2018.